▲我国老一辈科学家的科学精神和严谨治学的作风对后人有深□
美国 Johns Hopkins 大学教授)；黄志洵的先父、化学家黄子卿□
士)；物理学家周培源 (原北京大学校长、中国科学院院士)。
教授的学术思想，请参阅本书的有关论文。

▲2004 年

▲2003 年 11 月 7 日，原中国工程院院长宋健院士在北京
座谈会"，图为会后院士与科学家们合影。自左至右：
作者，宋健院士，林金院士 (中国运载火箭技术研究院
所)，耿天明教授 (首都师范大学)，曹盛林教授 (北京

▲2014 年至□
学问题的系列
光的物理学研

▲2004 年 11 月 26—28 日香山科学会议召开，主题是"宇航科学前沿与光障问题"（Frontier Issues on Astronautics and Light Barrier）。本书作者在会上作中心议题报告，题为"超光速研究的 40 年——回顾与展望"。

▲2013 年，本书作者获得科技部批准设立的"华夏高科技产业创新奖"的特别创新奖（Special Innovation Award by the China High-tech Industry Originality Awards），获奖项目为"超光速的理论与实验研究"。此图为所获奖状与证书。

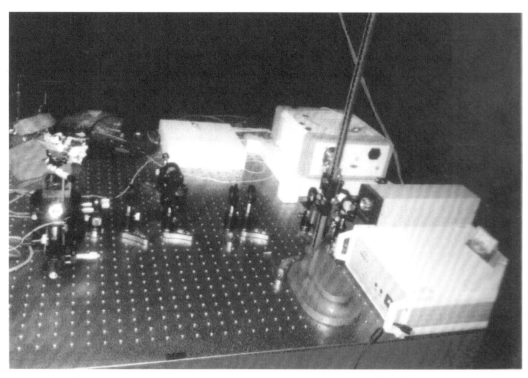

▲本书作者领导的团队于 2013 年建立的激光实验系统（波长 632.8nm）。

▲英国国家物理实验室（NPL）赠送中国计量科学院昌平基地一颗苹果树，据说它是 Newton 当年"被落下的苹果打中头部"的那株树的一部分。本书作者与其合影（2010 年）。

THE LIGHT OF PHYSICAL OPEN THOUGHTS

物理学之光

——开放的物理思想

黄志洵　著

HUANG Zhi-Xun

北京航空航天大学出版社

BEIHANG UNIVERSITY PRESS

图书在版编目（CIP）数据

物理学之光：开放的物理思想 / 黄志洵著. －－北京：北京航空航天大学出版社，2022.3

ISBN 978－7－5124－3745－6

Ⅰ. ①物… Ⅱ. ①黄… Ⅲ. ①理论物理学－文集
Ⅳ. ①O41－53

中国版本图书馆 CIP 数据核字（2022）第 037454 号

物理学之光：开放的物理思想

责任编辑：李　帆
责任印制：秦　赟
出版发行：北京航空航天大学出版社
地　　址：北京市海淀区学院路 37 号（100191）
电　　话：010－82317023（编辑部）　　　　010－82317024（发行部）
　　　　　　010－82316936（邮购部）
网　　址：http：//www. buaapress. com. cn
读者信箱：bhxszx@ 163. com
印　　刷：北京雅图新世纪印刷科技有限公司
开　　本：787mm×1092mm　1/16
印　　张：19
字　　数：387 千字
版　　次：2022 年 3 月第 1 版
印　　次：2022 年 3 月第 1 次印刷
定　　价：158.00 元

序

因工作的关系，我一直比较留意自然科学领域的一些重要理论进展，尤其那些能突破传统观念、论述严谨、理论自洽也与实验互恰，又主要形成于本土的原创性工作。本书作者黄志洵先生即是在这方面令人印象深刻、让我十分敬佩的一名严肃学者。黄先生是中国传媒大学信息工程学院的教授，电磁场理论与微波技术专家、博士生导师、中国科学院电子学研究所客座研究员和一些全国性科研奖项的获奖者。在资源远不及别处丰富的条件下，多年来他一直关注世界性前沿科学问题，坚持深耕微波和光这两大领域，率领硕士、博士生和客座研究人员的团队，以"咬定青山不放松"的精神和意志，无惧艰难和非难埋头钻研，在核心物理学领域争得一席之地，得到国内外许多学者的关注和赞许。他的研究成果多数在国内发表，少数用英文写作刊登在国外刊物上。有的外国专家由于钦佩他的工作，并在学术交流中产生思想共鸣感情，和他成了好朋友。他的情况也曾引起中国科技界一些老领导（如原电子工业部副部长、中国电子学会理事长孙俊人院士，原国家科委主任、中国工程院原院长宋健院士，原总参通信部副部长杨千里少将等）的注意和关切。他的创新研究成果影响到电子界、计量界、物理界的许多方面，甚至航天界也重视他的工作。可以说，中国科技界已经有许多人知道黄先生的拼搏故事，并对他表示由衷敬意。

黄志洵先生在波物理领域耕耘数十载，著述甚丰。仅与他结识后十几年间收集到我书架的部分著作，就有六册之多，包括有关超光速研究的系列著作：《超光速物理问题研究》《超光速研究及电子学探索》《超光速研究的理论与实验》《超光速研究新进展》《波科学的数理逻辑》《现代物理学研究新进展》等。2014 年、2017 年和 2020 年，他每年各出版一种基础科学著作。这些书并非科普作品，而是在不同时期所写学术论文的合集，并分别冠名为《波科学与超光速物理》《超光速物理问题研究》《微波和光的物理学研究进展》。它们形成一个专门系列（合计约 210 万字），全部精装，用铜版纸印刷，表明出版社对黄先生学术著作的重视。他近年沥尽心血完成的这三部书一起构成现代物理学创新专著集，是黄先生对中国科学乃至世界科学作出的重大贡献。黄先生敢为人先、孜孜求索、创新不止的科学追求，值得我辈特别是年轻一代的尊敬和学习。

我认为，黄先生能有此成就，是经历了漫长的磨炼和积淀的。远的不说，即以黄志洵先生的这部新作《物理学之光——开放的物理思想》而言，是他一贯坚持创新思想的进一步升华和集大成者。其中的论文，反映了黄先生近年来对真理的不懈追求，尊重权威但不迷信权威，勇于挑战"成熟"理论而又极其严谨的治学态度。他治学严谨，始终坚持不同于某些"常理"但基于严谨实践的正确观念。黄先生以其一生秉持并以其行动倡导这些极其宝贵的科学精神，这也是他留给我们这个国家以创新和追求科学真理为己任的新一代学人的宝贵财富。令我本人非常感佩！本书内容丰富，见地深刻，值得花时间认真学习。

当然，写此序言并不表示我完全读懂并且同意书中的所有观点，更多地可能出自对黄先生在严肃科学问题上敢于创新的感佩。但是，促进学术繁荣本身就需要不同意见的比较、碰撞甚至争论，才能暴露出真正的问题所在，从而为寻求真理探得理性之路。黄先生主张，一方面应学习西方科学界好的东西，另一方面不要对西方亦步亦趋，也不可拿他们的昨天当作我们的明天。对于这一点，我深表赞同。近年来，中国科技发展迅速、成绩巨大，但缺乏新科学思想仍是一大症结。黄先生呼吁"建设有中国特色的基础科学"，其实也是这个意思。他有三句话得到了许多人的欣赏——"得青年才俊而教育之，其乐无穷！为洞悉自然而求索之，其乐无穷！弃旧思谬识而更新之，其乐无穷！"这三句话不仅是黄先生人格的写照，也是他几十年培育人才始终不懈追求真理的概括。这是当代中国知识分子应有的气度。

程津培 [1]

2021 年 8 月 19 日

---

[1] 程津培，中国科学院院士，原科技部副部长。

前　言

一

中国改革开放 40 年以来，建设事业飞速发展。不仅城乡面貌焕然一新，在一些尖端科技（如高铁、航天、超级计算机、量子通信等）方面也是（或基本上是）世界领先。热爱祖国是中国知识分子最突出的传统，大家对此无不欢欣鼓舞。但是，我作为一名老年科学工作者，在这个时间节点上总觉得还有些话要说。这里引用了我过去文章中的两个小段落，首先是论文《建设具有中国特色的自然科学》[见《中国传媒大学学报（自然科学版）》，2014，（6）.1–12.]的摘要：

> 本文提出的供讨论的观点是：国内基础科学发展相对落后（缺乏全新的重大的科学思想，没有一流的世界级的研究成果）；是时候了，中国应该在经济发展的基础上进行有中国特色的科学研究。这意味着过去的做法必须改变，不要总是跟着西方人亦步亦趋，也不要过分迷信和崇拜西方的权威。不能西方科学界搞什么我们就搞什么。要认识到西方科学界也会出错，名人和大师也会犯错误。中国科学家要增强自信心，勇于创新，敢于对现存知识的某些方面质疑。不再用别人的昨天装扮自己的明天。

此文发表后获得了积极的反响。后来我又写了一篇文章《再论建设具有中国特色的基础科学》[见《中国传媒大学学报（自然科学版）》，2016，（4）.1–14.]，其核心观点与前文类似，但讲得更深刻些：

> 在基础性自然科学发展中，国内缺乏杰出的新科学思想，因而缺少世界级科学

大师。究其原因，首先是中国科学家习惯于紧跟西方同行，相信他们的理论和实验工作都是最先进的，并产生自卑心理。其次，认为如果某个科学理论已被大众认同，想必不会有什么问题。

在科学研究中欧美国家确有优秀传统，有众多杰出的科学家及了不起的科学思想。但在近年来，为认识自然界本性的研究面临很大困难，西方科学家呈现出焦虑感，也出现了胡乱猜测甚至不诚实的现象。因而他们让我们觉得困扰，并感到其理论常与实际相悖。有时候他们用数学取代物理。为了获得研究经费，一些欧美科学家诱导本国政府出巨资上大项目。在这些情况下，中国科学家不能再紧跟西方，应当敢于提出新思想，勇于对原有知识的某些方面质疑。最重要的是走自己的路，不再用别人的昨天装扮自己的明天。我们必须敢于标新立异，不再受权威的约束。物理学研究需要数学的帮助，但数学形式主义并不可取，因为有时候一个方程式过不去不等于无法成就整个工程。中国科学家要有自信，可以完成建设具有中国特色的基础科学的任务。

必须指出，我并非仅为上述理念的呼吁者，而且是这些观点的实践者。如 2020 年 12 月笔者的著作《微波和光的物理学研究进展》一书在国防工业出版社出版（该书收入 28 篇论文，约 70 万字），2021 年 8 月 24 日就有外国出版公司向国防工业出版社提出希望出此书的英文版。

《物理学之光——开放的物理思想》一书是挑战传统理论的尝试。本书约 38 万字，用开放性思维和方法研究物理学中的若干重要理论问题，强调追求真理时既是对老道理的有所颠覆，又是对来自实践的正确观念的坚持。全书包含 14 篇科学论文，分为 5 个部分。第一部分是"波科学理论"，给出了对电磁波、声激波、光激波的新研究；第二部分是"狭义相对论（SR）及有关问题"，对现存理论的矛盾和不足给出较透彻的阐述；第三部分是"广义相对论（GR）及有关问题"，不仅剖析了原有理论不能令人满意的方面，还讨论了引力势对光速的影响以及引力造成的光偏折；第四部分是"黑洞物理及引力波"，其中批评了"奇点物理"的概念和方法，并详细分析了美国 LIGO 所谓的"引力波发现"；第五部分是"GPS 系统的误差修正"，内容既涉及 SR，也有关 GR。最后是附录。

本书内容丰富，分析深刻，坚持科学研究中理论自洽、实验可靠的原则。我治学严谨，尊重权威但不迷信权威，在多方面有创新思想。对书中一些论文，内行的专家学者曾给予"非常好"的评价。本书的出版将对学术讨论起推动作用，并强化不懈地追求真理的信念。本书适合高等学校师生阅读，也可供科学研究人员参考。

二

回忆自己的成长史，有两件事使我感触很深：一是从青年时代起反复读好书，二是得到老科学家的指点和帮助。有几种书给我以极大的启迪，例如美国的 *Radiation Laboratory Series*，英国的 *Microwave Mesurements*（H. Barlow 和 A. Cullen），中国的《微波原理》（黄宏嘉）。这些书我反复阅读，爱不释手，为其深入的数学分析和清晰的物理概念所折服。它们不仅对我成长为一名微波工程专家帮助甚大，甚至影响了我毕生的写作风格。我有幸向几位微波理论大家学习，例如林为干院士、黄宏嘉院士；蔡金涛院士则以他在（美国）国家标准局（NBS）工作的经验和对网络与传输系统的分析使我得到教益。这些前辈对我的指导帮助真是受益颇深。就说林先生，他于 2004 年 3 月 30 日在为我的一本书所写的序言中说：

> 黄志洵从事电子学方面的研究、教学工作已有数十年，成果累累。他曾主持设计并研制成功多种电子仪器、设备，其中有的是国内外首创。在理论研究方面，他率先把截止波导理论整理为一个完整的体系，并做了若干创造性的发展。例如，关于圆波导特征方程的精确求解；关于用表面阻抗微扰法推导圆波导衰减常数的精确算式；关于截止衰减器纵向非线性的算法；关于导出内壁有介质层的圆波导的普遍性特征方程等。另外，关于横电磁室（包括 GTEM 室）的分析计算他也做了许多工作。一个时期以来黄志洵积极从事电磁波波速问题的研究；他不仅发现了截止波导内消失波波型在一定条件下会发生负相速、负群速的现象，而且最早提出用量子隧道效应来分析处理波导这种传统上是宏观性质的器件。
>
> 黄志洵出身于一个科学世家，他的父亲黄子卿院士（过去叫学部委员）是我在西南联大时期的老师之一。我觉得，他秉承了其父的特点和精神，那就是：热爱祖国、为人正直、献身科学、严谨治学。

虽然林先生已去世多年，但如今重读他的遗墨，仍为他对晚辈的细致观察和鼓励所感动。至于黄宏嘉先生，他对电磁源激发理论和耦合波理论的数学处理，给我留下深刻印象。

另一位是工程控制论专家、航天专家宋健院士。正是他使我从纯兴趣出发做超光速研究转变到趋向一个目标——探索未来人类做超光速宇航的可能性。实现这个目标非常难（有人认为是不可能），但做些预研是可以的。结识宋院士正是因为超光速研究；

2002 年我有一本小书《超光速研究新进展》出版，宋院士看后于 2003 年 9 月 1 日给我打来电话，他说：

> 你的书早就看了，我有浓厚兴趣，因此最近又看了一遍。现在，超光速研究的环境宽松些了，不是离经叛道的事情。Einstein 相对论对速度的约束，到处起作用。从宇航角度讲，半人马座的比邻星距地球 4.3 光年，天狼星距地球 8.8 光年；如飞船永远不能超光速，那么人类大概永远不能越出太阳系。宇航受到限制，只能在太阳系里打转，是令人沮丧的限制。
>
> 20 年前，主流科学界均不承认有超光速的可能。航天系统的一位专家林金曾对我说："究竟为什么光速 c 不能超过？Einstein 理论是否有缺陷，有随意性？"他说，10 年前到美国 Houston 进修时，问一位中国著名理论物理学家："粒子不能超光速是否铁定了？"那位物理学家回答说："这个事没有人敢反对，我劝你也不要做。"
>
> 有一次，一位高能粒子物理学家对我说："反粒子是通过检测器发现的，本来应该自上而下走的径迹却是由下而上走。"我问："如果是超光速粒子，径迹是否也会反过来？"他讲："不是说光速不能超吗？只好是反粒子了。"
>
> 你的书，对超光速问题讲了很多。我想，现在的形势不同了，不是多年前研究 Cherenkov 辐射的时期了。据报道，慢光速、零光速都做成功了。超光速也可能会有突破……你书中提到，按狭义相对论，超光速时出现"虚质量"，这或许不成问题——电磁学里的电感、电容，不也是"虚"的吗?!

后来宋健主持召开了一系列大会小会，他有的讲话也很精辟。例如 2003 年 11 月 7 日说：

> 科学研究允许标新立异，不要太受权威的思想约束。关于超光速，国内外不断有报道出来，昨天《参考消息》还译发了 *New Scientist* 杂志的文章——"超越光速"。从黄志洵的书《超光速研究新进展》来看，似乎有很多"可以超光速"的证据。有人说发现了反粒子，也许实际上却是超光速粒子？另外，超光速问题也关系到未来的宇宙探索。物质究竟为何不能超光速呢？据说是因为 $v > c$ 时，一个式子的根号会成为虚数。但我们搞工程的人，有时不大承认那种"数学公式上的困难"是绝对不可克服的困难。总之，超光速研究涉及的面非常广，要解放思想来研究，要组织合理的实验。

在宋健领导下，2004 年 11 月召开了香山科学会议，这里我不再多说。

2006 年 3 月 30 日，宋健在回答郑州的袁一先生的信中写道：

> 没有什么东西可称为永恒不变的真理，相对论也不例外。应该允许大家讨论、实验，在实践中检验真理……关于 GPS 能否检验"收缩因子存在性"的问题，至今让研制 GPS 的人头痛。航天部门的林金教授已多年研究此问题，目前还介入指导"中国 GPS 系统"的研制。

2007 年宋健所著《航天纵横：航天对基础科学的拉动》出版，上海的季灏先生写信提出了一些意见。9 月 28 日宋健在给季灏先生的回信，除了表示接受之外又说：

> 您的实验表明"粒子在电磁场中受力随速度增加而减小"，很可信。粒子速度如达到光速（c），电磁力应减小到零……另外，没有物理定律不准速度 v 超过光速。而且我猜想，不久就会有实验检验"质量随速度变"一事。

2014 年我出版了新作《波科学与超光速物理》，宋健阅后给予鼓励，说此书增强了他对研究超光速的信心。他在这个时期一直没有中断对物理学问题的思考，例如在 2016 年，为了纪念因病去世的专家林金，我写了一篇文章《试论林金院士的有关光速的科学工作》[见《前沿科学》，2016，(4)．4 – 18.]。宋健院士是《前沿科学》的编委会主任，他给我写来一信，其中说：

> 喜读大作，很高兴，是对这位可敬朋友的很好纪念。文中强调了两点：林的测量证明在相对运动中往返光速不相等；用飞船自主导航不存在光障问题。这两点使我对超光速飞行的未来抱有厚望。一个"恶无限"会成为自然法则，和 Big Bang 一样不可信。SR 和 GR 的数学美征服了很多人，但数学不是物理。已建议发表大作。物理界现在承认并未掌握万物之理。

2016 年也是美国宣布"发现引力波"的年份。2017 年 10 月 3 日，Nobel 委员会宣布，LIGO 的 3 位美国科学家因对发现引力波的贡献获得当年的 Nobel 物理奖。但是，仍然有多国（中国、英国、德国、丹麦、巴西）的科学家提出质疑，当时我也写过对 LIGO 和 Nobel 委员会的批评文章。事情在 2018 年有新发展：英国科学刊物 *New Scientist* 于 11 月 3 日出版的一期上，刊登了一篇文章 *Wave goodbye? Doubts are being raised about 2015's breakthrough gravitational waves discovery*（与波再见？关于 2015 年的突破性引力波发现，怀疑升高）。文章说，丹麦哥本哈根的玻尔物理研究所（Niels Bohr Institute）的一个团队对噪声影响等作研究的结论是："The decisions made during the LIGO analysis are opaque at best and probably wrong."（根据 LIGO 分析而作的判断，往最好说也是愚笨的，甚至可能是错误的）。12 月 4 日，宋健院士给我写了一封短信，指出"*New Scientist* 文章质疑 LIGO 2016 年发现的引力波，但在 2017 年 10 月三位中国科学家（梅晓春、黄志洵、胡素辉）合写的一篇评论，内容与此文大多重合。可见质疑者并非仅你们三人。"他对引力波似乎由期望变成了失望。

以上所述并非仅为怀旧，这当中蕴含了对今后的研究具有指导意义的东西。

三

狭义相对论（SR）中运动的有质粒子的长度（l）、质量（m）、能量（E）随速度 v 变化。当 v 增大，l 减小，而 m 和 E 增大。如果 $v = c$，运动粒子的质量、能量成为无限大，故 Einstein 断言讨论超越光速 c 是无意义的。然而在实际中从未发现过物体长度随速度增加而减小。对质量而言，Newton 力学中质量与速度无关。质量随速度变化来自 1904 年的 Lorentz 公式 $m = m_0 \left[1 - \left(\dfrac{v}{c} \right)^2 \right]^{-1/2}$，即使它适用于电子，也不能像 SR 那样推广于一切动体。实际上缺少 Lorentz 质速公式适用于中性粒子和中性物体的实验，故所谓"光障"不一定真的存在。

一个重要问题是如何解释 1987 年的事件，当时距地球大约 16 万光年的大麦哲伦星云中的一颗超新星（SN1987a）爆发；2 月 13 日 10 时 35 分，南半球几个天文台收到它的光，立即公布这一消息。几个有大型中微子探测设备的实验室马上查阅数据记录磁带，结果有 3 个实验室（日本、美国、苏联）都有在 7 时 35 分收到中微子的记录（11 个、8 个、5 个）。中微子比光子早到 3h。虽然后来又有 4.7h 的说法，但究竟是几个小时并不重要，要紧的是发生这种情况的一个可能原因是中微子以超光速运动。

主流物理界对"中微子以超光速运行"的观点是反对的，但这并未使坚持该观点的物理学家放弃研究，有的甚至更积极地提出证据。2012 年艾小白提出，检验、促进 OPERA 实验的最佳方法是检测 μ 中微子的能量速度关系。2013 年 R. Ehrlich 发表题为《快子中微子和中微子质量》的论文，2015 年 R. Ehrlich 发表题为《6 个观测符合电子中微子是质量 $m_{ve}^2 = -0.11 \pm 0.016 \mathrm{eV}^2$ 的快子》的论文。对于后者，英国物理科学新闻网站 2012 年 11 月 26 日报道说："通过称重法找到速度比光子还要快的粒子"；国内的《参考消息》报译载了这篇短文，标题是"称重法证明中微子或超光速"。

2021 年 3 月 18 日，VOA 英语听力网发表消息称：哥廷根德国大学（Germany's University of Goettingen）的 Erik Lentz 团队提出，未来的太空旅行必须是超光速。他们的建议有两个要点：1. 用孤立子（Solitons）作为推进系统的基础；2. 用曲相推进（warp drive）技术减少飞行时间。他们认为研究很艰难，但并非不可能；未来 10 年或许大有进展。

所谓曲相推进来自 1994 年墨西哥物理学家 Miguel Alcubierre 写的论文 *The warp drive*：*hyper-fast travel within general relativity*［见：*Class Quant. Grav.*，1994，（5）. 73 – 77］。文章认为，虽然狭义相对论（SR）不承认超光速运动的可能性，但利用广义相对论（GR）的时空弯曲却可能实现超光速。我和许多专家（如李惕碚院士、王令隽教授、梅晓春研究员等）一样是不认同时空弯曲的，但我们不妨了解一下 warp drive 的含义。这是企图通过某种方式改变时空使得太空飞船能够以任意大的速度飞行。通过在飞船后面产生一个局域的时空扩张，以及在飞船前面形成一个相反的收缩，处于扰动区域外的观察者可能会观测到飞船是以超光速飞行。Alcubierre 说，SR 认为没有物体可以按照超光速运动，但是在 GR 中描述应更准确——没有物体能在本地以超光速飞行（In GR, nothing can travel locally faster than the speed of light）。他认为可以设想利用时空的扩张以一个任意大的速度远离某地，同样也可以利用时空的收缩以任意速度抵达某地。假设太空飞船沿 Descartes 坐标系的 x 轴运动，设想找到一个度规，该度规可以"推动"飞船沿着由时间的随机函数 $x(t)$ 描述的轨道飞行。有这种性质的度规由数学式给出。进一步分析绘图表示，可看到体积元素在飞船后面扩张，在飞船前面压缩……

我认为，warp drive 仅为在 GR 框架内摆弄数学工具，并不可信。但既然现在有人致力于此，我们也需要有一些了解。根本问题在于航天事业的迅猛发展，使得超光速研究仍在继续。

※　　　　　※　　　　　※

以上内容可以使读者了解本书的思想背景和有关情况。现在对我曾得到的支持和帮助表示感谢：

——程津培院士既是科学家，也曾是科技部的领导人之一。程先生学术观点开明，多年来的热情关怀和鼓励使我心存感激；这次又为本书作序。

——中国传媒大学校领导，以及信息工程学院院长刘剑波教授，对本书的出版给予坚定的支持。

——著名的广义相对论专家梅晓春研究员一直与笔者切磋讨论，使笔者受益良多；这次又同意把合作论文（梅先生为第一作者）收入于本书中，从而为此书增色。

——在美国工作的理论物理学家王令隽教授，一直以其深刻的思想和文字使笔者动容，并在"黑洞理论"问题上大有教益。同时，王教授还是本书的审稿人。

——挚友逯贵祯教授在本书"附录"中完成对笔者的系列著作（共3种）的推介。

——航天界元老之一郭衍莹研究员就GPS误差修正问题与笔者多次讨论，提出了一些很好的意见。

——空气动力学专家、超光速的热情研究者杨新铁教授给予许多帮助。

在此对以上组织和个人表示最深切的谢意！

黄志洵

2021年8月

目　录

Contents

波科学理论

- 关于电磁波特性的一组新方程
- 速度研究的科学意义
- 从声激波到光激波

式中 Ψ 可为电场强度或磁场强度，而 $\Psi = \Psi(x,y,z,t)$；这与 Euler 的 3D 波方程是相同的。所以，波方程的微分形式既简单，又概括了力学、声学、电磁学这些领域的波动，显然也可以用到光学。至此，人们的认识水平已大大高于 Newton 时代。

Maxwell 的电磁波方程可简记为 MWE，可以把它与 SE 做比较。公式（4）可写作

$$\left[\frac{\hbar^2}{2m}\nabla^2 - U + j\hbar\frac{\partial}{\partial t}\right]\Psi(\vec{r},t) = 0 \tag{4a}$$

而公式（7）可写作

$$\left[\nabla^2 - \varepsilon\mu\frac{\partial^2}{\partial t^2}\right]\Psi(\vec{r},t) = 0 \tag{7a}$$

可见，以上两式最大的不同处在于：SE 有粒子质量 m，而 MWE 没有。在 J. Maxwell 做研究的时候并没有光子（photons）的概念；因此他不是认定电磁波与光子对应，而光子的静止质量为零，只是在推导中根本没有（场与波的）质量参数的出现，因为对场与波实在无法谈论质量。

3 不应把光子看成点粒子

所谓点粒子（dot particle）指的是这样的粒子，它没有几何尺寸和体积，也没有质量，实际上只是一个数学点。现有教科书中虽然没有这样说光子，但在实际上都把狭义相对论（SR）作为基础物理理论，而当 SR 用在光子身上时就必然出现"光子是点粒子"的结果。在 SR 中有运动体长度缩短公式[7]

$$l = l_0\sqrt{1 - \left(\frac{v}{c}\right)^2} \tag{8}$$

式中 v 是运动速度，l_0 是静止时物体沿运动方向的长度，c 是光速。对光子而言 $v = c$，故 $l = 0$；因此 Einstein 光子无体积（尺缩到零，成为一个点）。光子作为一种有动质量、动量、能量的粒子，却无体积，这一观点意味着在 SR 中光子是点粒子。

其次，粒子物理学通常假定 Lorentz-Einstein 质速公式为真

$$m = \frac{m_0}{\sqrt{1 - \dfrac{v^2}{c^2}}} \tag{9}$$

式中 v 是粒子速度，c 是光速，m_0 是 $v = 0$ 时的静止质量（rest mass）。物理学教科书从未说过上式不适用于光子，因此人们不妨一试；取 $m = 0$，$v = c$，则有 $m = 0/0$；m 成为任意大小，是不可接受的。问题只能出在以下三方面：①质速公式不对；②光子静质量不是零；③光子运动速度不是光速 c。显然这三者任何一个成立都与 SR 不符；实际上，Einstein 用自己的 SR 理论却解释不了自己发现的粒子（光子）。

我们人类天天、时时身处光子的海洋中，而光子的形象竟然是不知形状、无尺寸（无体积）、无质量的东西，这太荒唐了！物理学的发展史曾提供过把电子当作点粒子时的教训。众所周知，量子场论（QFT）和量子电动力学（QED）被认为是很有成就的学科；然而 QFT 和 QED 的短板是著名的发散问题，根源在于这是一种点粒子场论。梁昌洪[8] 在对经典场（静电场）的自作用能问题做论述时指出，早在 1940 年 R. Feynman 就注意到"电子自作用能无限大"给电磁场理论造成了突出的问题，而这是由于描述电子的模型是点粒子。这就是说，点电荷的自作用存在发散困难。如把电子看成没有结构的点，它产生的场对本身作用引起的电磁质量就是无限大。1964 年 P. Dirac[9] 关于 QED 的演讲中谈到重整化，他首先论述的正是这个电子质量问题。电子质量当然不会是无限大，不过电子与场相互作用的这个质量会有变化；Dirac 指出，无法对"无限大质量"赋予什么意义。人们在"去掉无限大项"的情况下继续计算，得到的结果（如 Lamb shift 和反常磁矩）都与观测相符；因此就说"QED 是个好理论"，不必为它操心了。Dirac 对此极为不满，因为所谓"好理论"是在忽略一些无限大时获得的——这既武断也不合理。Dirac 说，合理的数学允许忽略小量，却不允许略去无限大（只是因为你不想要它）。总之，Dirac 认为 QFT 的成功"极为有限"。

尽管光子与电子不同，但把它当作点粒子总归缺乏合理性。必须指出，运动中的光子具有确定的能量 E 和动质量 m

$$E = hf \tag{10}$$

$$m = \frac{E}{c^2} = \frac{hf}{c^2} \tag{11}$$

因而光子有确定的动量

$$p = mc = \frac{hf}{c} \tag{12}$$

这些基本特性的事实，虽然不证明光子是物质粒子（如同电子）；但我们却不能说："光（光子）不是物质"。因此，必须抛弃把光子当成点粒子的观点和处理方法。

4　Maxwell 电磁理论与 Proca 重光子理论的比较

Maxwell 电磁理论在工程技术中有非常广泛的应用，而且卓有成效。这一事实却使许多人把该理论理想化，认为是绝对正确的东西。但是，光子学说的提出，正是因为 Maxwell 电磁理论解释不了光电效应。既如此，有什么理由把 Maxwell 电磁理论理想化呢？1936 年 A. Proca[10] 提出新的电磁场方程组是合乎逻辑的结果；Proca 假定对光子而言静质量 $m_0 \neq 0$；因此 Proca 理论又称为重光子理论。本文着重论述这个问题；并且，我们将推导出一组新的电磁波方程，即 Proca 波方程。这工作本应由 A. Proca 自己完成，但不知为什么他并没有做。现在笔者就来做这件事，并期待引起专家学者们的注意。

我们知道，电磁场方程组在规范变换下的不变性称为规范不变性，这种变换形成局部规范群 U(1)，意思是代表变换的矩阵是一维的，即在 U(1) 下场方程的不变性。在 Maxwell 场方程的 Lagrange 理论中，用电磁场的 Lagrange 密度这样的量，对场变量变分即得到 Maxwell 方程。如放弃 U(1) 规范不变性，Lagrange 量需要修改——增加一个与 m_0 有关的项，由此进行推导就得到 Proca 方程组。这时，矢势 $\vec{A}$ 和标势 Φ 直接出现在方程组中，规范变换失去了意义，规范不变性受破坏。如果这一点不是绝对不可接受，那么我们就不能无视 Proca 方程组的存在。可以证明，光子的静质量 $m_0 \neq 0$ 时，数学上的变分原理和物理上的量子电动力学（QED）思维导致下述的方程组成立

$$\nabla \cdot \vec{D} = \rho - \kappa^2 \varepsilon_0 \Phi \tag{13}$$

$$\nabla \cdot \vec{B} = 0 \tag{14}$$

$$\nabla \times \vec{H} = \vec{J} + \frac{\partial \vec{D}}{\partial t} - \frac{\kappa^2}{\mu} \vec{A} \tag{15}$$

$$\nabla \times \vec{E} = -\frac{\partial \vec{B}}{\partial t} \tag{16}$$

这是符合 QED 的扩展的 Maxwell 方程组，即 Proca 方程组。式中 $\vec{A}$ 是磁矢势，Φ 是电标势，系数 κ 为

$$\kappa = \frac{m_0 c}{\hbar} \tag{17}$$

取 $\vec{D} = \varepsilon \vec{E}$，$\vec{B} = \mu \vec{H}$，该方程组又可写作

$$\nabla \cdot \vec{E} = \frac{\rho}{\varepsilon} - \kappa^2 \Phi \tag{13a}$$

$$\nabla \cdot \vec{B} = 0 \tag{14a}$$

$$\nabla \times \vec{B} = \mu \vec{J} + \frac{1}{c^2} \frac{\partial \vec{E}}{\partial t} - \kappa^2 \vec{A} \tag{15a}$$

$$\nabla \times \vec{E} = -\frac{\partial \vec{B}}{\partial t} \tag{16a}$$

如果光子无静质量（$m_0 = 0$），则立即得到人们熟悉的 Maxwell 方程组。另外还可以证明，在使用 Proca 方程组的情况下，电磁波的相速、群速为

$$v_p = \frac{c}{\sqrt{1 - \left(\dfrac{\kappa c}{\omega}\right)^2}} \tag{18}$$

$$v_g = c \sqrt{1 - \left(\dfrac{\kappa c}{\omega}\right)^2} \tag{19}$$

令

$$\omega_c = \kappa c = \frac{m_0 c^2}{\hbar} \qquad (20)$$

式中 ω_c 称为截止角频率，故得

$$v_p = \frac{c}{\sqrt{1 - \left(\dfrac{\omega_c}{\omega}\right)^2}} \qquad (18a)$$

$$v_g = c \sqrt{1 - \left(\dfrac{\omega_c}{\omega}\right)^2} \qquad (19a)$$

因此，即使是在真空条件下 v_p、v_g 也与 ω 有关，呈现真空中电磁波速的色散效应；只有 $\omega \to \infty$ 时，真空中相速、群速才与 c 取得一致。显然，"真空中光速不变"的原理已失去意义。

以上讨论使我们得到下述结论：①Proca 电磁场方程组并不是对 Maxwell 方程组的全盘否定，而是前者比后者更全面。或者说，Proca 方程组的出现揭示了 Maxwell 方程组的近似性。②光子静止质量不为零的理论是与狭义相对论（SR）不相容的物理理论。③Proca 理论与量子电动力学（QED）却保持一致；这证明了笔者一直持有的观点，即量子理论与相对论在根本上不相容。

表1 给出了两大理论体系的比较；其中的本质性的评价为笔者的个人观点，仅供参考。

表1 两大理论体系之比较

	Maxwell 电磁理论	Proca 重光子理论
光子的静止质量	$m_0 = 0$	$m_0 \neq 0$
矢势的独立偏振态数	2	3
波的特征	横波	横波、纵波
规范变换	是规范场	规范不变性破坏
真空中光速值	$c = (\varepsilon_0 \mu_0)^{-1/2}$	$\omega \to \infty$ 时 $c = (\varepsilon_0 \mu_0)^{-1/2}$
光速不变原理	遵守	不遵守
对静态场 Coulomb 定律的态度	承认	部分承认
与狭义相对论比较	基本一致	不一致
本质性的评价	有很大贡献；但有悖论及与物理实际不符处	较全面、较与实际相符

5 Proca 电磁波方程的推导

怎样认识光子与电磁波的关系？这问题看来简单，实际上并不容易回答。笔者的审慎态度是这样表述的——通常认为光子对应的波动为电磁波；但如认定光子是微观粒子的一种，则它应当有几率波性质，然而现实并没有光子的几率波方程与此相联系，难于为光子定义波函数。

那么该如何看待光子的波函数（wave function）和波方程（wave equation）？笔者的回答是——有一种看法认为自由态光子的波函数就是电磁平面波函数；与此相应，认为 Maxwell 电磁波方程就是自由态光子的波方程。但这仅为一种简单化的看法，并未提供呈现光子物理形象的动力学。光子波方程的问题仍需研究。

本文前面已给出公式（7a），并说它是 MWE，即 Maxwell 波方程。那么，是否应该有与此对应的 PWE，即 Proca 波方程呢？回答是肯定的。但不知为什么，A. Proca 本人未作推导，也就没有这样的一份理论遗产。笔者有兴趣于此，做了此事，在本文中介绍出来（并作为文章的重点）。前面已给出由式（13）（14）（15）（16）组成的 Proca 方程组，对式（16）两边取旋度，可得

$$\nabla \times \nabla \times \vec{E} = -\nabla \times \frac{\partial \vec{B}}{\partial t} = -\mu \frac{\partial}{\partial t}(\nabla \times \vec{H})$$

把式（15）代入，有

$$\nabla \times \nabla \times \vec{E} = -\mu \frac{\partial}{\partial t}\left[\rho \vec{v} + \varepsilon \frac{\partial \vec{E}}{\partial t} - \frac{\kappa^2}{\mu}\vec{A}\right]$$

也就是

$$\nabla \nabla \cdot \vec{E} - \nabla^2 \vec{E} = -\varepsilon\mu \frac{\partial^2 \vec{E}}{\partial t^2} - \mu \frac{\partial}{\partial t}(\rho \vec{v}) + \kappa^2 \frac{\partial \vec{A}}{\partial t}$$

亦即

$$\nabla^2 \vec{E} - \varepsilon\mu \frac{\partial^2 \vec{E}}{\partial t^2} = \nabla\nabla \cdot \vec{E} + \mu \frac{\partial}{\partial t}(\vec{\rho}) - \kappa^2 \frac{\partial \vec{A}}{\partial t}$$

由式（13）有 $\nabla \cdot \vec{E} = \frac{\rho}{\varepsilon} - \kappa^2 \Phi$，代入后得

$$\nabla^2 \vec{E} - \varepsilon\mu \frac{\partial^2 \vec{E}}{\partial t^2} = \nabla\left(\frac{\rho}{\varepsilon}\right) + \mu \frac{\partial}{\partial t}(\vec{\rho}) - \kappa^2 \frac{\partial \vec{A}}{\partial t} \tag{21}$$

这是用电场强度 $\vec{E}$ 表示的 Proca 电磁波方程（PWE），其中 $\vec{A}$ 满足 $\vec{B} = \nabla \times \vec{A}$；对于自由空间（$\rho = 0$）就有

$$\nabla^2 \vec{E} - \varepsilon\mu \frac{\partial^2 \vec{E}}{\partial t^2} + \kappa^2\left(\nabla\Phi + \frac{\partial \vec{A}}{\partial t}\right) = 0 \tag{22}$$

由于 Lorentz 规范，$\vec{E} = -\left(\nabla \Phi + \dfrac{\partial \vec{A}}{\partial t}\right)$，故得

$$\nabla^2 \vec{E} - \varepsilon\mu \frac{\partial^2 \vec{E}}{\partial t^2} - \kappa^2 \vec{E} = 0 \tag{22a}$$

等式左方比经典电磁波方程多了一项。

现在推导用磁场强度 $\vec{H}$ 表示的 Proca 电磁波方程；由式（15）出发，两边取旋度

$$\nabla \times \nabla \times \vec{H} = \nabla \times \vec{J} + \nabla \times \frac{\partial \vec{D}}{\partial t} - \frac{\kappa^2}{\mu}(\nabla \times \vec{A})$$

然而

$$\nabla \times \frac{\partial \vec{D}}{\partial t} = \varepsilon \frac{\partial}{\partial t}(\nabla \times \vec{E})$$

把式（16）代入

$$\nabla \times \frac{\partial \vec{D}}{\partial t} = -\varepsilon\mu \frac{\partial^2 \vec{H}}{\partial t^2}$$

故得

$$\nabla \times \nabla \times \vec{H} = \nabla \times \vec{J} + \nabla \times \frac{\partial \vec{D}}{\partial t} - \frac{\kappa^2}{\mu}(\nabla \times \vec{A})$$

也就是

$$\nabla\nabla \cdot \vec{H} - \nabla^2 \vec{H} = -\varepsilon\mu \frac{\partial^2 \vec{H}}{\partial t^2} + \nabla \times (\rho\vec{v}) - \frac{\kappa^2}{\mu}\vec{B}$$

亦即

$$\nabla^2 \vec{H} - \varepsilon\mu \frac{\partial^2 \vec{H}}{\partial t^2} = \nabla\nabla \cdot \vec{H} - \nabla \times (\rho\vec{v}) + \frac{\kappa^2}{\mu}\vec{B}$$

由式（14），得到

$$\nabla^2 \vec{H} - \varepsilon\mu \frac{\partial^2 \vec{H}}{\partial t^2} = -\nabla \times (\rho\vec{v}) + \frac{\kappa^2}{\mu}\vec{B} \tag{23}$$

这是用磁场强度 $\vec{H}$ 表示的 Proca 电磁波方程；对于自由空间（$\rho = 0$）得

$$\nabla^2 \vec{H} - \varepsilon\mu \frac{\partial^2 \vec{H}}{\partial t^2} - \frac{\kappa^2}{\mu}\vec{B} = 0 \tag{24}$$

亦即

$$\nabla^2 \vec{H} - \varepsilon\mu \frac{\partial^2 \vec{H}}{\partial t^2} - \kappa^2 \vec{H} = 0 \tag{24a}$$

这个 PWE 也是比经典电磁波方程在等式左端多了一项。式（22a）及式（24a）组成完整的 PWE。总的讲，PWE 的解与 κ 有关（也就是与光子静质量 m_0 有关），这是与经典电磁波方程［式（7a）］在本质上不同之处。然而这一组 PWE 和 SE［式（4a）］并列，前者和 SE 一样在方程中包含了质量参数；这也表示不再无视电磁波的物质性。

6 结束语

光子可能有静质量，其值虽微小却不应忽略。在采用 Proca 方程组以代替 Maxwell 方程组的情况下，本文导出了一组新的电磁波方程，即 PWE。公式（22a）及（24a）是本文的主要结果，它们填补了现有知识的一项空白。如何完善及应用这一组方程，尚待进一步研究。

参考文献

［1］黄志洵. 单光子技术理论与应用的若干问题［J］. 中国传媒大学学报（自然科学版），2019，26（2）：1-16.

［2］Schrödinger E. Quantisation as a problem of proper values［J］. Ann d Phys, 1926, 79（4），80（4），81（4）.（又见：Schrödinger E. 薛定谔讲演录［M］. 北京：北京大学出版社，2007.）

［3］黄志洵，姜荣."相对论性量子力学"是否真的存在［J］. 前沿科学，2017，11（4）：12-38.

［4］Lakes R. Experimental limits on the photon mass and cosmic magnetic vector potential［J］. Phys Rev Lett, 1998, 80（9）：1826-1829.

［5］罗俊. 光子有静止质量吗？［A］10000 个科学难题（物理学卷）［M］. 北京：科学出版社，2009.

［6］Maxwell J. A dynamic theory of electromagnetic fields［J］. Phil Trans, 1865（155）：459-612.

［7］黄志洵. 运动体尺缩时延研究进展［J］. 前沿科学，2017，11（3）：33-50.

［8］梁昌洪. 电磁理论前沿探索札记［M］. 北京：电子工业出版社，2012.

［9］Dirac P. Lectures on quantum mechanics［M］. Yeshiva University Press, 1964.（又见：Dirac, P. Directions in physics［M］. New York：John Wiley, 1978.）

［10］Proca A. Sur la thèorie ondulatoire des èlectrons positifs et nègatifs［J］. Jour de Phys, Rad Ser, 1936, 7：347-353.

速度研究的科学意义*

摘要：科学技术的发展史其实就是不断改进和提高速度的历史，因为更高速度表示可以用更少时间克服更大距离。本文突出了在航天时代加快航天器速度的迫切需要。指出近年来多国科学家进行的超光速研究极大地促进了对速度问题的探索。

波动是物质运动的独特表现形式，目前对波速度要有新认识。波速研究是波科学探索的一个重点和突破口。本文认为超前波存在，而负波速是超光速的一种特殊形态。我们对波科学中的群速公式做重新推导和阐述，证明2000年的WKD负群速实验并非"在计算上有错误"，指出这个问题也关系到对超前波和因果性的理解。

关键词：速度；超光速；负波速；超前波

The Scientific Meaning of Researches on Velocity

Abstract：The history of science and technology is actually a history of continuous improvement and increase in speed, because higher speed means that it can overcome a larger distance in less time. In this paper, we focus the urgent requirement of the speed improvement of spacecraft for aerospace age. In recent years, the study on faster-than-light by scientists from many countries has greatly promoted the exploration of the velocity problem.

Wave is a unique form of material movement. Now, we need have the new understanding of the wave speed. The study of wave velocity is a key point and breakthrough in the exploration of wave science. Actually, the advanced waves are present in nature, and the negative wave velocity is a special form of superluminal speed. In this article, the group velocity formula is re-

---

* 本文原载于《中国传媒大学学报（自然科学版）》，第27卷，第2期，2020年4月，1—14页。

proved and discussed. It is proved that the WKD negative group velocity experiment in 2000 was not "error in calculation", and pointed out that this problem is also related to the understanding of advanced waves and the causality.

Keywords：velocity；faster-than-light；negative wave velocity；advanced waves

1　引言

速度是联系时间与空间的物理量。更高速度表示为克服同样距离人类所花费的时间代价更小，故高速度是科学发展和社会进步的标志。奥运会的口号"更高、更快、更强"，这"更快"主要体现在一些竞赛项目里，例如赛跑、竞走、游泳。现在跑百米的最好成绩是 9.63s，这意味着平均速度 $v = 10.38\text{m/s}$。跑马拉松的最好纪录是 2 小时 1 分，即 $121\text{min} = 7260\text{s}$，而距离是 42km；故平均速度 $v \cong 21\text{km/h} = 5.8\text{m/s}$。交通运输领域当然追求高速度，例如中国高铁达到 $v = 350\text{km/h}$。2018 年有报道说，中国研究团队对高速飞机做风洞测试，该飞机从北京飞到纽约只用 2h。不久前美国太空探索技术公司宣布说，他们有一个用火箭实施城际旅行的构想，目标是从一地到另一地所需时间不超过 1h。

上述速度数据给我们有益的启示，例如知道世界上最好的马拉松运动员的成绩，其平均速度是最好短跑运动员平均速度的 54%；中国高铁的速度是马拉松冠军跑出的平均速度的 17 倍；等等。本文将提供自然界、航天技术中的许多有意思的数据。

速度研究涉及一些理论问题。例如，速度定义以 Newton 力学为基础，是一个宏观概念；那么该定义是否可以用来描写微观粒子（如电子、质子、光子、中微子）的运动？人们发现，实际情况是照常使用，那么这是否与 Heisenberg 测不准关系式（不确定性原理）产生矛盾？又如，波动速度（velocity of waves）的概念与物体速度有何区别，为什么前者中的"负速度"并不一定表示"运动方向相反"？再如，对物理相互作用的速度应如何认识？量子纠缠态的超光速传播速度又说明了什么？如此等等。虽然笔者于 2017 年发表过一篇文章《对速度的研究和讨论》[1]，但还有再做论述的必要。

本文首先讨论自然界的各种速度和人为干预后高速度的数据和变化，突出叙述在今天这个大航天时代的人类努力及成就。讨论的次序为：宏观物质速度，微观粒子速度，波动速度。我们对著名的 WKD 实验的理论计算再做分析，并延伸到与因果律（因果性 causality）的有关讨论。限于篇幅，本文省略了对物理作用速度和量子纠缠态传播速度的叙述，虽然那是非常令人感兴趣的领域。

2 自然界宏观物体的高速度（宇宙中的天体）

物理学中的速度概念是由 Newton 力学而定义的

$$\vec{v} = \frac{d\vec{r}}{dt} \tag{1}$$

$$\vec{v} = \frac{\vec{p}}{m} \tag{2}$$

式中 $\vec{r}$ 是位置矢量，$\vec{p}$ 是动量矢量，t 是时间，m 是物体质量。在这里速度 $\vec{v}$ 是矢量，涉及大小和方向。上述概念能否用来描写微观粒子的运动？从理论的严格性出发，回答是不行；但在一种半经典的描述中，物理学家仍然使用建基于描写宏观物体运动的速度定义。典型例子是加速器和对撞机；人们说，在其中飞行的电子或质子，其速度最终将接近真空中光速 c，即 299792458m/s（近似值 3×10^5 km/s）。事实上，对加速器如不这样讲，科学家又该如何表述呢？

我们人类住在地球上，而地球是一刻不停地运动的。它按椭圆轨道绕太阳公转，平均速度 29.79km/s[2]，亦即 10724.4km/h。如一个白天取为 8h，则运动距离约为 8.6×10^4 km。这可能是诗句"坐地日行八万里"的来源，这里的"里"是千米（km）。人类乘坐在如同一个高速火箭的地球上，一天就走过 8 万千米的距离，像是免费的太空高速旅行。我们注意到，虽然所乘"火箭"速度很快（约 30km/s），但不妨碍人们的正常生活。因此，为了发展宇航技术能力，只需尽可能提高宇宙飞船速度，一般情况下不担心人类能否适应（这是对匀速运动而言，但人对加速运动的适应能力是有限度的）。

宇宙中的天体何者速度高？是小行星和彗星。据预测，有一个称为 1950DA 的小行星可能在 2880 年 3 月 16 日与地球相撞，这个直径 1km 的小行星撞击前的速度为 6×10^4 km/h，即 $v = 16.7$ km/s。2017 年 9 月，一颗来自外太空的星际小行星（命名：1I2017U1）从地球附近飞过，其形状独特像雪茄，飞行速度达 6.4×10^4 km/h，亦即 $v = 17.8$ km/s。

宇宙中的彗星是太空奇观，它的运动速度很高。例如，2014 年 10 月有报道说，近期有一颗来自外太空的彗星（它的核径约 1km）飞经火星附近，速度达 2×10^5 km/h。NASA 已令其拥有的火星探测器（3 个卫星、2 辆火星车）进行观测。该彗星的速度高达 $v = 55.6$ km/s，是国际空间站飞行速度的 7.2 倍。又如，2014 年欧洲航天局（ESA）使一个无人航天器登陆彗星 67P，它以 10^5 km/h 的速度绕日飞行，即 $v = 27.8$ km/s。

以上所述速度为每秒几十千米的天体。实际上还有速度为每秒几百千米的天体运动。例如，2012 年天文学家发现了新的超密中子星，速度达 778km/s。又如，2013 年岁末前超大的 ISON 彗星经过地球附近，速度达 417km/s。这些都有确切的根据。2013

年有科学家提出，或许 NGC1277 星系中的超大质量黑洞在星系间飞驰了数十亿年，速度高达 1250km/s。

2018 年 8 月 8 日《中国青年报》刊登文章，其中介绍的速度数据引起重视——恒星 SO−2（质量为太阳质量的 16 倍）从黑洞近处经过，在强大引力场作用下达到高速 $v = 7650 \text{km/s} = 2.6 \times 10^{-2} c$。如属实，这可能是已知的宏观天体的最高速度。

有趣的是，以每秒几十千米运动的不仅有大体积的天体，还有非常小的微尘。2017 年有报道说，研究人员计算了最高速度可达 69km/s 的太空尘埃流与我们大气层中的微粒相撞时的情形。结果表明，位于地面以上 160km 高度的微生物可以被太空尘埃撞击到地球引力场以外，最终抵达其他世界。

那么宇宙中有没有以光速（甚至超光速）运动的天体？回答是可能有。射电天文学早就发展了一种把世界各地的射电天文望远镜联合起来的技术，叫"甚长基线干涉测量（VLBI）"，它的能力相当于建造一座直径约与地球直径相当的射电天文望远镜。VLBI对宇宙的观测带来了丰富的成果，例如关于类星体（一种看来像恒星、但发射功率与星系一样大的天体），观测表明某些类星体和星系核中有复杂的结构。例如，内部可能有两个射电辐射源（相距数光年），而它们正在以巨大的速度（超光速）彼此分离。例如，类星体 3C345，自 1971 年以来的观测表明，两部分飞离的速度是光速的 8 倍 $(v = 8c)$[3]。对类星体 3C273 的观测则证明，分离速度达 9.6c[4]。此外，还发现类星体 3C279 和射电星系 3C120，它们也是以超光速彼此分离。这对天文学家来讲是出乎意料的，并且有深远的意义。因为在排除了一些可能的解释后，人们承认这些天体可能运动得比光速快！1978 年，射电天文学家 K. Kellermann[3] 提到，可以用 Feinberg 的快子理论来解释射电天文学界发现的惊人现象。但我们认为，即使不借助 Feinberg 的理论也能科学地解释天体的超光速运动。

2001 年，曹盛林[4] 在其著作中用了 13 页（页码：289—302）介绍关于天体超光速膨胀的观测事实，引证的观测事例起于 1970 年，并说明迄今已观测到 64 个天体共 111 个超光速膨胀源。这类观测当中。特别引人注目的是类星体（qusars）的超光速运动。不过，我们必须说对这一观点仍存在争议。

3　微观物质的高速度（亚原子粒子）

对微观粒子而言，测量动量或坐标的任何实验，必然导致对其共轭变量信息的不确定性；故无法同时获知粒子的坐标和动量。测不准关系式表明：坐标的不确定性越小，则动量的不确定性就越大，反之亦然。因此，同时精测粒子的坐标和速度是不可能的。或者说，具有确定速度的粒子不会有确切的空间位置。由此出发可以证明，在空间任一位置找到自由粒子的几率都相同，故自由粒子的位置坐标是完全不确定的。

1933 年 Heisenberg 获 Nobel 物理奖，Nobel 委员会对 Heisenberg 的工作给予了高度评价；他们指出，新理论即量子力学（QM）大大改变了人们对由原子、分子构成的微观世界的认识；特别是，在这里 QM 必须放弃对因果关系的要求，而承认物理定律表示的是某个事件出现的几率。

总之，Newton 力学中那种"粒子总以一定速度沿某个确定轨迹（路径）运动"的思想，对微观世界不再有效；而 $d\vec{r}/dt$ 也不能作为微观粒子速度的定义，充其量它只是位置算符对时间的变化率。那么现在该怎么办？

微观粒子具有独特性，经典力学的速度概念无法确切描述其行为。如想重新定义速度，要寻找新的理论框架。鉴于波函数（wave function）是微观粒子物理学中的最基本概念，为微观粒子定义速度时可从波函数出发。著名物理学家 D. Bohm 曾做努力，他取

$$\vec{v} = \frac{\nabla S}{m} \tag{3}$$

标量函数 S 可写作

$$S = -j\hbar\ln\frac{\Psi}{R} \tag{4}$$

式中 $\hbar$ 是归一化 Planck 常数，Ψ 是波函数，而 R 是下述指数函数的幅度

$$\Psi = Re^{js/\hbar} \tag{4a}$$

然而 Bohm 的速度定义方式未获得广泛认同，因为其缺乏明确的物理意义。

因此，最终还是要使用 Newton 力学的速度定义，而称这样做是一种"半经典方式"。电子、质子、光子及其他微观粒子，其速度仍用 km/h（或 km/s）来表示；实践的结果也不曾发生问题。

情况既如此，下述公式的广泛使用就不奇怪了。例如计算电子的动能和 de Broglie 波的波长

$$E_k = \frac{1}{2}mv^2 \tag{5}$$

$$\lambda = \frac{h}{mv} \tag{6}$$

式中的 v 均为经典理论中的速度。若用电场（其电势差即电压为 V）对电子加速，其速度由下式决定

$$\frac{1}{2}mv^2 = eV$$

式中 e 是电子电荷，故有

$$v = kV^{1/2} \tag{7}$$

式中 $k=\sqrt{\dfrac{2e}{m}}$，而 m 是电子质量；这正是设计电子加速器的基本公式之一。

微观粒子飞行速度有多快？这要看自然状态和人为干预这两种不同情形。在 Bohr 的原子模型中，已知电子在氢原子中绕核飞行一周需时 150as，即 1.5×10^{-16}s；如取氢原子半径 $r=0.1$nm，可以算出电子飞行速度为 4.2km/s。另一个例子是 2007 年美国 NASA 发射"黎明号"探测器，飞往火星与木星之间的小行星带。由于采用离子发动机，带电氙离子穿过电场后加速运动，以高速逃入太空，把探测器推向相反方向。一年后探测器获速度 2.46km/s，而喷出的离子速度为 $v=39.7$km/s。2013 年 NASA 观测到太阳风粒子以高速冲向地球，速度 $v=1448$km/s$=5\times10^{-3}c$（2018 年发射的太阳探测器观测到的太阳风速度是 580km/s）。显然，微观粒子可能比宏观物体更快速，与光速 c 有了可比性。可见，离子发动机喷射出的氙离子速度可达光速的万分之一，太阳风粒子速度可达光速的千分之五；但他们仍远小于光速。

众所周知，各国建立了多个用电子或质子作为工作粒子的加速器和对撞机；其中的粒子达到非常接近光速（3×10^5km/s）的高速度。这是人为干预的例子。但是，迄今尚无用电子或质子实现超光速的实例。那么，有没有微观粒子以光速甚至超光速飞行？当然有，光子的速度就是光速 c；而在 2014 年有报道说，西班牙天文学家观测到来自 IC310 星系的黑洞喷射出的 γ 射线粒子用比光少得多的时间穿越了视界，粒子速度 $v=1562500$km/s$=5.2c$；另外，虽然主流意见认为中微子以亚光速运动，有许多物理学家（如中国的倪光炯、张操、艾小白，美国的 R. Ebrlich）却坚持认为中微子运动速度比光速快。

1993 年有一个人为使光子加速从而实现超光速飞行的实验例[5]——美国 Berkeley 加州大学科学家以实验证明光子穿过势垒时由于量子隧道效应而达到比 c 更高的速度，比光速快 70%。也就是说，光子被加速到 $v=509647.2$km/s$=1.7c$。总之，微观粒子比宏观物体更容易获得高速度。

4　人造物体实现的高速度

人类制造的宏观物体，高速度是在航天方面实现的。地球是一切航天活动的出发点，而地球引力成为主要障碍。产生了三个速度概念：

——第一宇宙速度（航天器围绕地球作圆周运动的发射初速），$v_1=7.9$km/s；

——第二宇宙速度（航天器对地球的逃逸初速），$v_2=11.2$km/s；

——第三宇宙速度（航天器对太阳系的逃逸初速），$v_3=16.9$km/s；

目前的主要航天大国是美、俄、中，其成就巨大，实现以上目标均无问题。

尽管我们把注意力放在航天器达到的速度数据上，这里仍要对人类历史上的一项突出成就有所叙述——国际空间站（International Space Station，ISS）。这个经十几年努力于 2012 年建成的载人实验室在地球上方 386km 处绕地飞行，宽约 110m，两套太阳能电池阵的总长约 146m，重约 363ton。它是国际合作的产物、人类智慧的结晶，以27720km/h 的速度绕地飞行[6]，即 $v = 7.7$km/s；估计可用到 2024 年。

表 1 是笔者收集的部分数据，它反映人造飞行器在高速度方面的惊人进展。

表 1　人造飞行器所达到的高速度

时间	研究机构	内　容	最高平均速度（km/s）
1969 年	NASA	"Apollo – 10" 登月飞船所达到的速度	11.1
2004 年 7 月	NASA ESA	1997 年联合制造的飞船进入环土星轨道时，平均速度达到了地球第三宇宙速度	16.9
2004 年 11 月	NASA	高超音速无人机最高速度	3.1
2006 年 1 月	NASA	无人驾驶航天器"星尘号"返回舱再入大气层速度	12.9
2012 年 9 月	NASA	无人宇宙飞船"旅行者 1 号"冲出太阳系速度	17
2012 年 10 月	NASA	航天飞机"奋进号"最高速度	7.8
2014 年 11 月	ESA	无人驾驶航天器（彗星探测器）成功登陆彗星时达到的速度	18
2014 年 12 月	NASA	无人驾驶航天器"猎户座号"（未来的载人登火星飞船）再入大气层速度	9
2014 年 12 月	ISS	国际空间站 16 次经过地球上某个正在迎来新年的地点	7.8
2015 年 7 月	NASA	无人探测器飞越冥王星	13.9
2016 年	NASA	13 年来一直在绕土星飞行探测器结束任务进入土星大气层，进入速度很高	35
2018 年	NASA	太阳探测器的飞行速度极高	194
2018 年	中国航天集团	天宫一号太空实验室在地球上空的飞行速度	7.8

现在的国际航天界有一些更大胆的计划。2016 年 2 月有报道说，NASA 正研究如何把前往火星所需的 6 个月缩短到 3 天。这种拟建的系统靠的是电磁加速而不是目前火箭通过燃烧燃料推动自身前进的化学加速，制造这样一种推进系统需要"用非常强烈的光源来加速物质"。虽然这听起来很简单，但设计这种系统将是极大的挑战。

2017 年底 NASA 透露了计划在 2069 年执行在新发现的类地行星上寻找生命的任务，要在太阳系外的半人马座 α 星系寻找生命。半人马座 α 星距离地球 4.4 光年，而且即便飞行器速度能达到光速 10% 这一创纪录水平，该飞行器也要飞 44 年。考虑发射靠激光驱动的微型探测器，速度理论值能达到光速的 1/4。据报道，目前考虑的其他技术包括利用核反应堆或物质与反物质的碰撞。

目前的技术可以用美国的"新视野号"飞船为代表，其速度可达 16km/s；但以此速度飞抵半人马座 α 要用 7.8×10^4 年。2018 年发射升空的太阳探测器速度高达 $v = 7 \times 10^5 km/h = 194 km/s$；即使如此，到达半人马座 α 的比邻星也要用 6300 年。

为了迈开飞出太阳系、前往宇宙深空的步伐，目前已有一个计划——制造微型太空飞行器（重 1~4g），未来将以 $v = 0.2c$ 的速度飞行；而动力源是激光束，配合使用太阳帆。无论如何，大幅提高速度是当前最迫切的任务。

5 如何看待波动速度

通常认为波动（waves）不是物质而是物质运动的表象，这观点至少对机械波是正确的——田地里的麦子是物质，而麦浪不是；大洋里的海水是物质，而海浪不是。麦浪、海浪都呈现于物质系统的表面，人们无法使其成为单独物质而存在。但这里是有矛盾的，因为波动有能量（例如早就有人研究利用海浪的能量发电）却无质量，这很令人费解。

怎样看待电磁波也是问题。如说"电磁波不是物质"，对应的光子也就不是。但光子群（光子流）的能量、动量都很显著，说其"不是物质"怎么讲得通？其实很早就有科学家意识到这个矛盾，例如大师级人物 Jules Poincarè（1854—1912），在狭义相对论发表前 5 年（即 1900 年）做了论述。他发表论文《Lorentz 理论和反应原理》[7]，从 Maxwell 电磁理论出发，对一个光脉冲或一个波列进行计算。假设电磁场动量为 p，光脉冲的"质量"为 m（笔者注：在 1900 年尚无光子概念），那么 $p = mv$，这里 v 是电磁场在空间的传播速度。这个速度当时已知是光速，故 $p = mc$。他对电磁场的研究侧重于电磁能量的流动，认为电磁辐射的冲量是 Poynting 矢量的大小与光速平方之比，即 S/c^2。设质量为 m 的物体吸收的电磁能为 E，那么由动量守恒可证明物体动量的增加来自电磁能冲量。设静止"物体"吸收电磁能之后获得了速度 v，那么就有

$$mv = \frac{S}{c^2} \tag{8}$$

取 $S = Ec$，则有 $mv = Ec/c^2$，故知这个"物体"就是电磁能（$v = c$），即得

$$m = \frac{E}{c^2} \tag{9}$$

这里 m 代表电磁辐射的惯性（质量）。上述推导表明，Poincarè 以简捷明快的方式导出质能关系式 $E = mc^2$；因此把该式称为"Poincarè 公式"更为恰当。另外也可看出，电磁波是有质量的物质。

这些情况使我们做如下的重新表述：通常情况下波动是一种无固定形状和确定质量

的物质存在形式，它不能用 Newton 力学精确地描述；例如不能用力使之加速。但电磁波有其特殊性，有"波粒二象性"。在现代电磁波理论中，用算子理论与波函数空间来对其运动状态做描述，这与宏观物质的处理很不一样。

当一块石头或一粒子弹在空中飞过，只需考虑速度的经典定义（$\vec{v}=d\vec{r}/dt$ 或 $d\vec{z}/dt$）。然而对波和电磁脉冲而言，讨论其传播必须把相速 v_p、群速 v_g 分开考虑；通常是后者（群速 group velocity）更受重视。匪夷所思的是，竟出现了波速有负值的问题。具体讲，不仅有群速超光速的大量实验成果，还有许多出现负相速、负群速的实验事实。对于这种近年来新出现的情况，一些物理学大师过去并未考虑过。至于负群速（NGV）的物理意义，我们已多次阐明[8-9]；要点在于 NGV 是超光速的一种形态，本质上是超前波（advanced waves）——时间上的超前。虽然其现象古怪引发争议（例如"脉冲峰在进入受试媒质前就离开了媒质"），但理论和实验都证明了这种现象存在。

讨论波速需要做严谨的表述。取经典波方程的解为

$$V(\vec{r},t)=a(\vec{r})\cos[\omega t-g(\vec{r})] \tag{10}$$

其中 a（>0）和 g 是位置的标量函数，而

$$g(\vec{r})=\text{Const.}$$

叫作等相面或波面。假如下式满足

$$\omega dt-(\nabla g)\cdot d\vec{r}=0 \tag{11}$$

则相位 $[\omega t-g(\vec{r})]$ 在 $(\vec{r},t)$ 和 $(\vec{r}+d\vec{r},t+dt)$ 是相同的。此时设 $\vec{q}$ 代表 $d\vec{r}$ 方向上的单位矢量，并写成 $d\vec{r}=\vec{q}ds$，则由式（11）得

$$\frac{ds}{dt}=\frac{\omega}{\vec{q}\cdot\nabla g} \tag{12}$$

当 $\vec{q}$ 垂直于等相面，即 $\vec{q}=\nabla g/|\nabla g|$ 时，式（12）取得最小值，把这个最小值称为相速

$$v_p=\frac{\omega}{|\nabla g|} \tag{13}$$

相速表示等相面前进的速度。对于平面波来讲

$$g(\vec{r})=\omega\left(\frac{\vec{r}\cdot\vec{s}}{v}\right)-\delta=k(\vec{r}\cdot\vec{s})-\delta=\vec{k}\cdot\vec{r}-\delta \tag{14}$$

所以

$$\nabla g=\vec{k} \tag{15}$$

其中 $\vec{k}=k\vec{s}$ 是波矢量，因此平面波的相速大小为

$$v_p=\frac{\omega}{k} \tag{16}$$

如果 k 是频率 ω 的函数，那么 $k(\omega)$ 就是色散方程；如果 k 与频率 ω 无关，就是非色散的。后一条件下 k 与系统的相位常数 β 相同，即 $k=\beta$，此时相速可表示为

$$v_p = \frac{\omega}{\beta} \tag{17}$$

在以上论述中可以看出相速不是矢量，而是标量。并且在 Born 和 Wolf 书中曾指出式（12）中给出的 $\frac{ds}{dt}$ 表达式并不是相速在 $\vec{q}$ 方向上的分解，即相速不能作为一个矢量[10]。

相速不能由实验测定，因为要测量这个速度，需要在无限延展、光滑的波上做一个记号；然而这就要把无限长的谐波波列变换成另一个空间和时间的函数，因此相速的意义不如群速重要。并且由于单色波是一种理想化的波，展布于 $t = -\infty$ 到 $t = +\infty$，实际上并不存在。在应用中我们通常遇到的都是已调波，如调幅波（AM）、调频波（FM）等。这些被调制的波可以看成是由许多频率相近的单色平面波叠加而成，通常称为波群或波包，我们把用来描述这些频率相近的波群或波包在空间中传播的速度称之为群速。

一个波群或波包可以表示为

$$U(\vec{r}, t) = \int_0^\infty a_\omega(\vec{r}) \cos[\omega t - g_\omega(\vec{r})] d\omega \tag{18}$$

其中 a_ω 为 Fourier 振幅，在平均频率 $\vec{\omega}$ 两边很窄的范围，即 $\vec{\omega} - \frac{1}{2}\Delta\omega \leqslant \omega \leqslant \vec{\omega} + \frac{1}{2}\Delta\omega$，$\Delta\omega / \vec{\omega} \ll 1$。因此一般三维波群的群速可以表示为

$$v_g = \frac{1}{\left| \nabla \left(\frac{\partial g}{\partial \omega} \right)_{\vec{\omega}} \right|} \tag{19}$$

在平面波条件下写作

$$v_g = \frac{1}{\left| \nabla \left(\frac{d\vec{k}}{d\omega} \right)_{\vec{\omega}} \right|} \tag{20}$$

通常写作

$$v_g = \frac{d\omega}{dk} \tag{21}$$

从以上的论述中可以看出群速（和相速一样）不是矢量，而是标量。同样当 k 与频率 ω 无关时，是非色散的，波群可以不失真地传播相当长一段距离；但是如果 k 是频率 ω 的函数，那么就是色散的。尤其是在反常色散时，群速可以超过真空中的光速，甚至变为负值[11]。

近年来，由于光学研究拓展到非线性领域，控制电磁波在媒质中传输的速度已经成为一个研究的热点。通过电磁感应吸收、相干布居振荡和受激 Brillouin 散射方法在媒质中通过控制电磁波的吸收、增益来改变色散，或者通过人造结构如光子晶体、特殊波导

结构等改变媒质宏观的电磁特性控制色散，在小频率范围内媒质的折射率发生急剧变化，控制光脉冲的群速度实现光速的各种变化：光停、慢光、快光，并且已取得了不少突破。而且当媒质的折射率随着频率加大而急剧下降时，也就是发生强烈的反常色散时，不仅群速可大于光速 c，甚至可以使电磁波的群速为负。

电磁波通过反常色散媒质产生负群速传播时，会有这样的现象发生：当输入脉冲峰值进入色散媒质之前，就已经在色散媒质的出口处观测到输出脉冲峰值。而这种负群速是一种比无限大群速还大的速度，并且此时的群时延也为负。这个奇异的现象不符合人们的经验，但却是经过实验精确测量得到的。

表 2 是我们搜集的（1992—2014）多国科学家的实验情况，显示出这个领域已取得了丰硕的成果。

表 2　波动及电磁脉冲在实验中呈现的超光速群速及负群速数据示例

原理	作者及年份	频段	内容	最大群速与光速比值 (v_g/c)
利用电磁器件中的消失态	Enders 和 Nimtz[12]，1992	微波	脉冲通过处于消失态的截止波导管时，发现群速超光速	4.7
	Nimtz 和 Heitman[13]，1997	微波	同上	4.34
	Wynne 和 Jaroszynski[14]，1999	太赫	同上	群时延 $\tau_g = -110\mathrm{fs}$
利用电磁感应吸收(EIA)媒质中的反常色散态	王力军等[15]，2000	光频	激光脉冲通过铯原子气体，得到负群速	$-1/310$
	Stenner 等[16]，2003	光频	激光脉冲通过钾原子气体，得到负群速	$-1/19.6$
	陈徐宗等[17]，2004	光频	激光脉冲通过铯原子气体，得到负群速	$-1/3000$
	Gehring 等[18]，2006	光频	用掺铒光纤放大器，由增益系统的反常色散，激光脉冲通过光纤获得负群速	$-1/4000$
	张亮等[19]，2011	光频	运用激发光 Brillouin 散射的非线性过程，又构建光纤环腔，激光脉冲通过光纤获得超光速群速及负群速；又观察到输出信号对输入信号超前	$3.145 \sim (-4.902)$；$\tau_g = -221.2\mathrm{ns}$
	Glasser 等[20]，2012	光频	激光脉冲通过铷气室，又用四波混频技术，获得负群速	$-1/880$

（续表）

原理	作者及年份	频段	内容	最大群速与光速比值 (v_g/c)
利用无源传输系统，如级联同轴线段模拟光子晶体、级联矩形波导、Ω 单元左手传输线阵，造成反常色散态	Hachè 和 Poirier[21]，2002	短波	在阻带频率，通过 CPC 的信号群速超光速	$2 \sim 3.5$
	Munday 和 Robertson[22]，2002	短波	在阻带频率，通过 CPC 的信号群速超光速；又观察到负群速	4 -1.2
	黄志洵和逯贵祯[23]，2003	短波	在阻带频率，通过 CPC 的信号群速超光速（CPC 总长 75m）	2.4
	周渭和李智奇[24]，2009	短波	在阻带频率，通过 CPC 的信号群速超光速；又观察到负群速（CPC 总长分别为 105.4m，179.8m）	2.196 -1.45
	姚欣佑和张存续[25]，2012	微波	三段矩形波导级联，模式效应和干涉效应造成超光速群速	10
	姜荣[26]，2014	微波	利用左手传输线（LHTL），在反常色散基础上又有负折射（$n<0$），获得负群速	$-1.85c$

6 关于王力军超光速实验的理论计算

王力军是一位曾在美国工作的青年科学家，如今在国内服务。2000 年 5 月他在 arXiv 预印本网站发表文章引起西方媒体的关注；6 月初，美国《纽约时报》、英国《星期日泰晤士报》报道说，王力军博士等以实验证明了"激光脉冲以大约 $300c$（c 是光速）的速度前进"。7 月 10 日，王在一次招待会上答问时说报道错了："群速达到光速 300 倍是错误的，是光脉冲通过铯气室时比 0.2ns 快了 62ns，这种负时延（脉冲超前）是真空渡越时间的 310 倍，即 $62/0.2 = 310$"。但他仍说实验是超光速效应，"对于反常色散介质光脉冲可以超光速行进"。7 月 20 日王的论文在 *Nature* 发表[15]，未提及 $300c$ 或 $310c$，只是说"激光脉冲传播的群速超过光速 c，甚至变成负值……它好像在还未进入气室前就离开了气室"。论文中，给出了 $v_g = c/n_g$，$n_g = -310$，那么 $v_g = -c/310$。7 月 24 日，中国《科学时报》刊载消息说，王力军在给中国科技大学的回信中批评了媒体的炒作，声明没有任何事被推翻，因果关系也不变。7 月 28 日，我国《环球时报》刊登驻美记者发回的文章，其中引述王的话："光波的群速可以远远超过真空中的光速……光脉冲在铯原子气体中的群速为光速的 310 倍，脉冲能量及波形在传播中无较大改变。"因此，关于 $300c$（或 $310c$）这件事情，媒体的说法有点混乱；但有一点王始终未改口，即这是一个超光速实验。

铯（Cs）原子的原子序数 55，原子量 132.9054，最外层只有一个 6s 电子。一般的铯原子气体，是双原子分子，即两个电子绕两个铯原子核旋转。这种气体不存在反常色散的可能。王力军实验是外加磁场的诱导和外加激光束的 pump 作用，使容器内的铯气达到所需的物理状态。正如王力军所说："特殊制备的铯原子气体不是自然存在的。天然的铯有 16 种可能的量子态，称为超精细基态磁副能级。我们把几乎全部铯原子激励到其中一种量子态上去，它几乎与绝对零度的温度相对应。这是靠激光器的光泵作用达到的，而激光也不是自然界具有的现象。"

实验中，用 2 个激光束把铯原子光泵到基态超精细磁能级。其中一个左手圆极化（σ－）激光束调在 852nm 波长，以摒除超精细基态 $6S_{1/2}$ F_3；又加上第 2 个激光束（σ－），以把原子光泵到（F＝4，m＝－4）态，并过渡到 $6P_{1/2}$ 超精细受激态。现在，从同一激光器受激的 3 个光束经过气室。2 个强 Raman CW 光束（右手圆极化 σ＋）用 2 个声光调制器使之频移 2.7MHz。第 3 束为探测射束（σ－）用另一个声光调制器调到 CW 或脉冲模频率上。

实验步骤为：先使 Raman 探测射束处在可调 CW 状态，以测原子系统的增益 G、折射率 n 与探测频率 f 的关系。折射率是用射频干涉技术获得的，结果在频区内 $n_g＝－310$。然后用一个 Raman 射束观察超光速传播，探查脉冲宽 3.7μs。当频率为 f、带宽为 Δf 的光脉冲进入折射率为 $n(f)$ 的线性色散媒质时，光脉冲按群速 $v_g＝c/n_g$ 传播；这里 n_g 是群速指数。如 n_g 在 Δf 内恒定，传播中脉冲波形不变。对铯原子而言，两个相邻很近的吸收线如成为增益线，并且 $f\mathrm{d}n/\mathrm{d}f＜0$，则出现反常色散区。光经过 6cm 的真空室的时间（0.2ns）相比，得到 $n_g＝－310$。这就是说，用"增益辅助线性反常色散"的方法，证明在铯原子气体中发生了超光速传播——在这里激光脉冲的群速比 c 大到成为负值。实际上，通过气室的光脉冲在出口处出现是这样早——如在真空中传播同样距离，其峰值在进入前即离开了小室。

在反常色散区中，光脉冲或是严重失真，或是严重被吸收，将使任何比光更快的假设难以用实验数据得到解释。接近跃迁频率的反常色散最强，但折射率 n 的快速变化使光脉冲失真得很厉害。王力军等采用增益双重态以绕开这个困难，即靠近的两个增益区之间有很强的反常色散，但却没有脉冲失真。这是实验设计的出色之处，通过两束频率相近的激光在气室中造成了增益双重态。专有一个激光探束测量铯气的 n 值以获取色散曲线，然后找到反常色散梯度变化最大的位置。获得的有效 $\Delta n＝－1.8\times10^{-6}$，相当于 $n_g＝－310$。

王力军等对实验的原理做了如下描述：设气室长度为 L，室内为真空时光通过的时间为 L/c，室内为介质时光通过的时间为 L/v_g，故时间差为

$$\Delta t = \frac{L}{v_g} - \frac{L}{c} = (n_g - 1)\frac{L}{c} \tag{22}$$

如 $n_g < 1$，Δt 为负，物理表现为超前，故 $(-\Delta t)$ 为光脉冲提前时间，并有

$$(\Delta t) > \frac{L}{c} \tag{23}$$

现在用实验结果来验证上述原理。已知 $L = 6 \times 10^{-2}$ m，$c \approx 3 \times 10^8$ m/s，故 $L/c = 2 \times 10^{-10}$ s $= 0.2$ ns；实验测得 $(-\Delta t) = 62$ ns，故得 $n_g = -310$。现在，$(-\Delta t) \gg L/c$；王力军说："这意味着通过原子气室传播的光脉冲峰在进入气室前就离开气室而出现了……好像它还没有进入气室之前就离开了气室。"论文又说："所观察到的超光速光脉冲传播与因果律无矛盾……这种逆反现象是光波本性的自然结果。"

王力军实验也称为 WKD 实验（取论文三作者姓氏的第一个字母），它在国内也有较大反响。有鉴于此，笔者于 2002 年邀请王博士回国，并在我主持的一个在北京召开的学术会议上做报告。当然，对这个实验可以发表各种意见，但文献[27]说王力军"采用了错误的公式计算群速度"，该实验"并没有证实光脉冲的超光速运动，也不存在光脉冲进入气室前就已离开气室从而破坏因果律的问题"。笔者不同意这个观点，以下是我们的分析。

先看为什么有人会认为 WKD 实验不能成立；取

$$v_g = \frac{d\omega}{d\beta}$$

但 $\beta = \omega/v_p$，故

$$\omega = \beta v_p$$

这样就有

$$v_g = v_p + \beta \frac{dv_p}{d\beta} \tag{24}$$

如取 $\beta = 2\pi/\lambda$，就有

$$v_g = v_p - \lambda \frac{dv_p}{d\lambda} = v_p \left(1 - \frac{\lambda}{v_p}\frac{dv_p}{d\lambda}\right) \tag{25}$$

上式的严格性是有问题的，我们后面再谈；取 $n_p = c/v_p$，$n_g = c/v_g$（n_p 是相折射率，n_g 是群折射率），则有

$$n_g = \frac{n}{1 - \frac{\lambda}{v_p}\frac{dv_p}{d\lambda}} \tag{26}$$

然而

$$\frac{\lambda}{v_p}\frac{dv_p}{d\lambda} = \frac{\lambda}{c/n}\frac{d(c/n)}{d\lambda} = n\lambda \frac{d}{d\lambda}(n^{-1}) = -\frac{\lambda}{n}\frac{dn}{d\lambda}$$

故得

$$n_g = \frac{n}{1 + \dfrac{\lambda}{n} \dfrac{dn}{d\lambda}} \qquad (27)$$

取 $\lambda f = c$，就有

$$n_g = \frac{n}{1 - \dfrac{f}{n} \dfrac{dn}{df}} \qquad (27a)$$

现在用 WKD 实验中的数据：$f = 3.48 \times 10^{14}\,\mathrm{Hz}$，$\Delta f = 1.9 \times 10^6\,\mathrm{Hz}$，$n = 1$，$\Delta n = 1.8 \times 10^{-6}$；又注意到在中心频区 $dn/df < 0$，故可算出

$$n_g = \frac{1}{1 + 330} = 3.02 \times 10^{-3}$$

故 $v_g = 331c$；得不到负群速（NGV）！

然而上述分析计算存在问题。式（24）是严格的 Rayleigh 公式，问题在于取 $\beta = 2\pi/\lambda$ 欠妥，因为

$$\beta = \frac{\omega}{v_p} = \frac{2\pi f}{c/n} = \frac{2\pi n}{c/f} = n\frac{2\pi}{\lambda} \qquad (28)$$

故

$$v_g = v_p + \frac{2\pi n}{\lambda}\frac{dv_p}{d(2\pi n/\lambda)} = v_p + n\lambda\frac{dv_p}{\lambda dn - n d\lambda} \qquad (29)$$

故可证明

$$v_g = \frac{c}{n + f\dfrac{dn}{df}} \qquad (30)$$

注意这是严格公式，不带近似。然而，如取 $\beta = 2\pi/\lambda$，就会得到

$$v_g = \frac{c}{n}\left(1 - \frac{f}{n}\frac{dn}{df}\right) \qquad (31)$$

我们认为这个公式错了。

综上所述，正确的公式为（24）（28）（29）（30），错误的公式为（25）（26）（27）（27a）（31）。计算证明，WKD 论文的结果（$n_g = -310$，$v_g = -c/310$）是正确的，不能说该实验在理论上就已错到"不能成立"的地步。我们这么讲，并不是要把 WKD 实验的意义极为抬高，只是反对从理论计算上否定该实验。

还要说明的是，对文献[27]而言这只是个别的失误。总体来看[27]是一部内容丰富深刻的著作，凝聚了作者的心血。

讨论 WKD 实验是有意义的，关系到我们对因果性和超前波的认识。2002 年，研究相对论的著名专家刘辽[28]发表文章《试论王力军实验的意义》，指出实验对现有理论

"构成冲击"，应该弄清理论的局限性并做改进。WKD 实验证明有出现超光速光脉冲的可能，故对相对论有冲击。现在负速度的出现竟把一个常规的推迟脉冲变为一个超前脉冲，即出射脉冲在时间上超前于入射脉冲，看起来违反了时序因果性，即果（effect）竟在时序上超前于因（cause）。刘辽说，不可把时序绝对化，而应把因果律表述为"果不可能通过任何方式影响因"。这样既维护了规律的客观性（人不可能改变历史），又解释了新的实验。另外，他还建议用"超前波"概念解释 WKD 实验……这位老专家的开明态度是值得称道的。

7　负速度与超前波

超前波是电磁理论中的预言，近年来有实验证明，或者说实验的发展超越了理论上的预期。2013 年笔者的论文《电磁波负性运动与媒质负电磁参数》发表[9]，提到超前波概念最早来自 J. Wheeler 和 R. Feynman[29] 的早期论文。1940 年 Feynman 向 Wheeler 指出，空间中一个单独电子不会有辐射，只有同时有源和接收者时才会有辐射。他分析了只有两个粒子的情况，向 Wheeler 提问说："这种一个影响另一个，而又反作用回来的力，是否能解释辐射阻尼（radiation resistance）？" Wheeler 建议向这个双电子模型引入超前波概念——过去这种 Maxwell 方程的解未受重视。Wheeler 和 Feynman 把这个概念发展为电子与周围的多个"吸收者"（absorber）之间的关系，即把辐射阻尼看作是由吸收者们的电荷以超前波形式对源的反作用。现在他们的理论有了对称性，但必须用向内移动、在时间上倒转的波。只是出现了新的困扰——其在发射之前即回到了源头。但他们取人们习惯的迟滞波（retarded waves），以适当方式与超前波彼此抵消，从而避免了令人不快的矛盾；前提是所有辐射都保证在宇宙某处、在某时间会被吸收。这证明他们尚不敢单独使用超前波。

Wheeler-Feynman 所论述的向内运动的波（时间上倒转运动的波），其实就是我们现在讨论的负速度的波。在波科学中有两种表现形式——负相速（NPV）和负群速（NGV）。过去在研究截止波导理论中笔者曾发现相位常数为负（$\beta < 0$）的现象[30]，这实际上是一种超前波，后来由英国学者提出了实验证明[14]。$v_p < 0$ 当然表示相折射率为负（$n < 0$），但这并不表示超前波必须纳入超材料（meta-materials，即左手材料 LHM）的框架内才能理解。在普通条件下也有超前波现象，也见诸一般天线的近场（near-field）物理状态之中[31-32]。例如 2009 年 N. Budko[33] 发表论文《自由空间中电磁场的局域负速度观测》，理论与实验表明，矢量电磁场的近场、中场动力学比简单的向外传播要复杂许多。存在一个靠近源的区域，在那里波前以光速向外行进，波形的主体却向内，或逆时而行，亦即可能有波形反时间行进（travel back in time）。该文的图 3 是 negative waveform velocity 的实验观测，认为发现了近场区的负速度，而且在（3.5 – 8）mm 的头 5 个近场波形，显示内峰对时间逆行。因此，即使没有媒质，在自由空间中在近场条件下电磁波也可能以超光速行进。

2013 年笔者提出了"电磁波负性运动"的概念[9]，并将其与简单的"反向运动"相区别。它的英文写作"negative characteristic motion of electromagnetic waves"，并认为应当把它看作自然界所固有的正常物理现象。

现在来看超前势；众所周知在电磁理论中电场强度 $\vec{E}$ 可由矢势（vector potential）$\vec{A}$ 及标势（scalar potential）Φ 求出，而 $\vec{A}$、Φ 满足下述二阶偏微分方程

$$\nabla^2 \vec{A} - \frac{1}{c^2}\frac{\partial^2 \vec{A}}{\partial t^2} = -\mu_0 \vec{J} \tag{31}$$

$$\nabla^2 \vec{\Phi} - \frac{1}{c^2}\frac{\partial^2 \vec{\Phi}}{\partial t^2} = -\frac{\rho}{\varepsilon_0} \tag{32}$$

以上两式统称为 D'Alembert 方程；若空间只有点电荷 $q(t)$，那么式（32）的解为

$$\Phi = \frac{1}{4\pi\varepsilon r}\left[q\left(t - \frac{r}{v}\right) + q\left(t + \frac{r}{v}\right) \right] \tag{33}$$

式中 r 为源点到空间点位置矢量的大小，$v = (\varepsilon\mu)^{-1/2}$；上式右方第一项为滞后势，滞后时间为 r/v；第二项为超前势，超前时间 r/v，即滞后时间为（$-r/v$）。过去很少有人思考 Maxwell-D'Alembert 方程解的含义，认为第二项没有意义，可以抛弃。但 Wheeler 和 Feynman 进行了更深入的探索，半个世纪后 P. Davies 给出了细致的分析。

Wheeler 想确定如果推迟电磁波和超前电磁波总是均等发生，将会发生什么。尤其是，这意味着无线电发射机把一半的波动功率发射至未来，把另一半发送到过去。可以认为所有的超前电磁波都从观察中消失，其理由如下：当来自地球某一特定波源的推迟电磁波在太空中扩散并遇到物质时，他们就会被吸收。这个吸收过程包含了电磁波引起的电荷干扰，结果，远处的电荷因而产生了次级辐射。根据这个理论的假设，这种辐射同样也是一半为推迟辐射波，一半为超前辐射波。这个次级辐射的超前辐射波分量，向时间的反方向传播，其中的一部分传播到地球的发射源。这个次级辐射波只是波源的一个微弱反射，但是，这类来自太空的不计其数的微弱反射波能够产生巨大的叠加效应。可以证明在某些条件下，这些超前次级辐射可以用于加强初级推迟波，使它达到最大强度。同时，由于干涉的抵消作用，波源的超前辐射波分量却被消除了。在时间的尽头，当所有的这些波及其向时间的正反两个方向运动的电磁波和反射波叠加在一起时，产生的净效应呈现出纯粹的推迟波辐射。

P. Davies[34]认为，Wheeler-Feynman 上述理论有个前提：宇宙中有足够丰富的物质能够吸收进入到太空中的所有辐射，亦即对于所有的电磁波宇宙是不透明的。这是一个严格的条件。从表面判断，对于很多不同波长的波宇宙似乎是完全透明的，否则我们看

不见遥远的星系。另一方面，吸收过程不存在时间限制，因为超前（向时间的反方向）反射波能够反向在时空中传播，同时对它们来讲，从遥远的未来向回传播与从不久的将来向回传播同样容易。所以，这个理论是否成功体现在一个向外传播的电磁波能否最终在宇宙的某个地方被吸收。

Davies 说，我们不知道情况是否真的如此，因为我们不可能预知未来。但是，我们能够推断宇宙目前发展的趋势，结果似乎是否定的——即宇宙不是完全不透明的。这似乎否定了 Wheeler-Feynman 的思想，但还存在着某种令人好奇的可能性。假设宇宙中存在足够多的物质来吸收大多数辐射，但不是吸收全部辐射。按照 Wheeler 和 Feynman 观点，这将导致超前电磁波的不完全抵消。难道可能是这样的情形：有一些超前电磁波"走入过去"——或者来自未来——但它们的波强度太低，所以我们还没有发现它们？

现在笔者必须说，Wheeler-Feynman（以及 Davies）的某些观点是我们不能同意的。例如说超前波总会被迟滞波抵消，这样就不会有单独的超前波。近年来的实验（多数在1998 年以后）使我们更加确信，超前波的存在已由众多 NGV 实验和天线近区场实验证实，它不会被抵消掉。而且从逻辑上讲，为什么总是超前波被抵消，迟滞波就不会被抵消？这是说不通的。前述三位科学家是受时代的局限才那样讲，现在我们把超前波和负速度做统一的理解。

8　结束语

本文的内容表明，人类为了改善生活和探索宇宙，对宏观物质运动速度的提高做了不懈努力；同时也在微观领域进行探索，研究近光速、超光速的粒子动力学。科学概念也不断扩宽，例如深入开展关于负速度和超前波的探索。本文显示出许多吸引人的研究课题，可以预期今后还会有更多新发展。

本文不是专论超光速研究的，所以叙述不多。但也给出了用量子光学（Quantum Optics）方法做实验的典型例子，如 SKC 实验[5]、WKD 实验[15]、陈徐宗等[17]的实验。2006 年徐天赋等[35]用四能级原子系统实现光脉冲超光速传播（NGV），有兴趣的读者可以查阅。

参考文献

[1] 黄志洵. 对速度的研究和讨论 [J]. 中国传媒大学学报（自然科学版），2017，24（1）：1－21.

［2］中国大百科全书编辑委员会《天文学》编辑委员会. 中国大百科全书·天文学［M］. 北京：中国大百科全书出版社，1980.

［3］Kellermann K. 更清楚地观察宇宙［J］. 科学年鉴（1978）. 北京：科学出版社，1979.

［4］曹盛林. 芬斯勒时空中的相对论和宇宙论［M］. 北京：北京师范大学出版社，2001.

［5］Steinberg A, Kuwiat P, Chiao R. Measurement of the single photon tunneling time［J］. Phys Rev Lett, 1993, 71（5）：708 – 711.

［6］Waxman L, 王蒙泽. 国际空间站［M］. 北京：化学工业出版社，2019

［7］Poincarè H. La thèorie de Lorentz et le principe de la reaction［J］. Archiv. Neèrland. Des Sci Exa et Natur, Ser 2, 1900, 5：252 – 278.

［8］黄志洵. 负波速研究进展［J］. 前沿科学，2012, 6（4）：46 – 66.

［9］黄志洵. 电磁波负性运动与媒质负电磁参数研究［J］. 中国传媒大学学报（自然科学版），2013, 20（4）：1 – 15.

［10］Born M. Wolf E. Principles of Optics（7th Ed）［M］. Cambridge University Press, 2003.

［11］Brillouin L. Wave propagation and group velocity［M］. New York：Academic Press, 1960.

［12］Enders A, Nimtz G. On superluminal barrier trasversal［J］. Jour Phys I France, 1992,（2）：1693 – 1698.

［13］Nimtz G, Heitmann W. Superluminal photonic tunneling and quantum electronics［J］. Prog Quant Electr, 1997, 21（2）：81 – 108.

［14］Wynne K, Jaroszynski D. Superluminal terahertz pulses［J］. Opt Lett, 1999, 24（1）：25 – 27.（又见：Wynne K, et al. Tunneling of single cycle terahertz pulses through waveguides［J］. Opt Commun, 2000, 176：429 – 435.）

［15］Wang L J（王力军）, Kuzmich A, Dogariu A. Gain-asisted superluminal light propagation［J］. Nature, 2000, 406：277 – 279.

［16］Stenner M, Gauthier D, Neifeld M. The speed of information in a fast-light optical medium［J］. Nature, 2003, 425（16）：695 – 698.

［17］陈徐宗，等. 光脉冲在电磁感应介质中的超慢群速与负群速传播实验研究［J］. 北京广播学院学报（自然科学版），2004, 11：19 – 26.

［18］Gehring G, et al. Observation of Backward Pulse Propagation Through a Medium with a Negative Group Velocity［J］. Science, 2006, 312：895 – 897.

［19］Zhang L（张亮）, et al. Superluminal propagation at negative group velocity in optical fibers based on Brillouin lasing oscillation［J］. Phys Rev Lett, 2011, 107：1 – 5.

［20］Glasser R, et al. Stimulated generation of superluminal light pulses via four-wave mixing［J］. Phys Rev Lett, 2012, 108：17 – 26.

［21］Hachè A, Poirier L. Long range superluminal pulse propagation in a coaxial photonic crystal［J］. Appl Phys Lett, 2002, 80（3）：518 – 520.

［22］Munday J, Robertson W. Negative group velocity pulse tunneling through a coaxial photonic crystal ［J］. Appl Phys Lett, 2002, 81 (11): 2127 – 2129.

［23］Huang Z X (黄志洵), Lu G Z (逯贵祯), Guan J (关健). Superluminal and negative group velocity in the electromagnetic wave propagation ［J］. Eng Sci, 2003, 1 (2): 35 – 39.

［24］周渭, 李智奇. 电领域群速超光速的特性实验 ［J］. 北京石油化工学院学报, 2009, 17 (3): 48 – 53.

［25］Yao H Y (姚欣佑), Chang T H (张存续). Experimental and theoretical studies of a broadband superluminality in Fabry-Perot interferometer ［J］. Prog EM Res, 2012, 122: 1 – 13.

［26］Jiang R (姜荣), Huang Z X (黄志洵), Miao J Y (缪京元), Liu X M (刘欣萌). Negative group velocity pulse propagation through a left-handed transmission line ［J］. arXiv: Ore/abs/ 1502.04716, 2014.

［27］梅晓春. 第三时空理论与平直时空中的引力和宇宙学 ［M］. 北京: 知识产权出版社, 2015.

［28］刘辽. 试论王力军实验的意义 ［J］. 现代物理知识, 2002, 14 (1): 27 – 29.

［29］Wheeler J, Feynman R. Interaction with the absorber as the mechanism of radiation ［J］. Rev Mod Phys, 1985, 17 (2/3): 157 – 181.

［30］黄志洵. 截止波导理论导论 (第二版) ［M］. 北京: 中国计量出版社, 1991.

［31］黄志洵. 自由空间中近区场的类消失态超光速现象 ［J］. 中国传媒大学学报 (自然科学版), 2013, 20 (2): 1 – 15.

［32］黄志洵. 电磁源近场测量理论与技术研究进展 ［J］. 中国传媒大学学报 (自然科学版), 2015, 22 (5): 1 – 18.

［33］Budko N. Observation of locally negative velocity of the electromagnetic field in free space ［J］. Phys Rev Lett, 2009, 102: 1 – 4.

［34］Davies P. About time ［M］. Boston: Havard University Press, 1998.

［35］徐天赋, 苏雪梅. 四能级原子系统中光脉冲的亚光速和超光速传播 ［J］. 吉林大学学报 (理学), 2006, 44 (4): 621 – 624.

附: 对负群速概念的补充说明

经典波速理论的奠基者是 A. Sommerfeld 和 L. Brillouin, 时在 1914 年。1960 年 Brillouin[1]给出了以该理论为基础做计算得到的 $c/v_g \sim f$ 关系曲线, 清楚地显示了 v_g 由正变负的过程。Brillouin 说: "This curve presents a curious anomaly in the absorption band, c/v_g can become less than 1, and even less than zero. This means that the group velocity v_g can be greater than the velocity of light c, can be infinite and even negative!"

关于光脉冲传播奇特的 NGV 物理现象, 最早提出者是 C. Garrett[2]的 1970 年论文,这是理论分析而非实验工作。他证明即使在强反常色散时（v_g 可大于光速 c 甚至为负）仍可用群速概念，并对时间超前现象做了解释。1982 年 S. Chu[3] 的论文最早以实验证明 NGV 存在，实验结果（曲线）完美地给出了（$v_g > 0$，$v_g = \infty$，$v_g < 0$）这样 3 种状态，与 1960 年 Brillouin 提供的计算曲线十分相似。他也指出：when the peak of the pulse emerges from the sample at an instant before the peak of the pulse enters the sample。

另外，这里重提 2000 年的王力军实验（WKD 实验）[4]；实验结论是：对反常色散材料，光脉冲可以超光速行进，似乎它以负时间通过该距离。王曾对记者说："在实验中，光脉冲在原子气室远端的出现，比它在真空中经过同样尺度时的时间快，时差是真空渡越时间的 310 倍。在实验中，约 $3\mu s$ 宽的平滑光脉冲经过一个特殊制备的 6cm 长铯原子室而传输。在真空中，它应以 0.2ns 通过 6cm 长度。而我们在实验中测到，光脉冲通过特殊制备的原子气室时比上述情形快了 62ns，这种负时延（或叫脉冲超前），是真空渡越时间的 310 倍。"

最后，我们团队的工作彰显了获得 NGV 方法的多样性[5-6]。尤其是[6]，用数字示波器直接显示输入波形和输出波形并作比较，我们得到的 NGV 为 $v_g = (0.13c) \sim (-1.85c)$。

因此，负群速（NGV）概念的说服力来自多角度的理论分析计算和多样性的实验，即使有怪异现象，也具有反映物理真实的可信性。

参考文献

［1］Brillouin L. Wave propagation and group velocity［M］. New York：Academic Press，1960.

［2］Garrett C，Mc Cumber D. Propagation of Gaussian light pulse through an anomalous dispersion medium［J］. Phys Rev A，1970，1（2）：305－313.

［3］Chu S，Wong S. Linear pulse propagation in an absorbing medium［J］. Phys Rev Lett，1982，48（11）：738－741.

［4］Wang L J（王力军），Kuzmich A，Dogariu A. Gain-asisted superluminal light propagation［J］. Nature，2000，406：277－279.

［5］姜荣，黄志洵. 用具有负介电常数的模拟光子晶体同轴系统获得负群速［J］. 中国传媒大学学报（自然科学版），2013，20（5）：21－23.

［6］Jiang R（姜荣），Huang Z X（黄志洵），Miao J Y（缪京元），Liu X M（刘欣萌）. Negative group velocity pulse propagation through a left-handed transmission line［J］. Optics Communication，submissions waiting for approval，BE－4408.

从声激波到光激波[*]

摘要：当超声速流通过物体时，可压缩流体动力学会造成激波。可以用非线性 Schrödinger 方程（NLSE）描述流体力学现象；用 NLSE 研究激波常有两种情况，一是航空工程中的声激波（SSW），二是非线性光纤技术中的光激波（LSW）。它们都是非线性光学的组成部分。

回顾人类实现飞机以超声速飞行的历史，声障概念来源于线性小扰动理论中的密速方程 $\rho = \rho_0 \left[1 - (v/c)^2 \right]^{-1/2}$，它与狭义相对论（SR）中的质速方程相似。在奇点（$v = c$ 处）密度是无限大，当 $v > c$ 将出现虚数。但在实际上，这些情况都不真实；简言之，虽然 SSW 是对飞机造成声障的原因，却不存在无限大密度。光障问题也如此，在奇点并没有无限大质量及无限大能量。但是，对光障的研究并不表示超光速研究没有自身的特性，也不是说必须把它纳入空气动力学的框架中。

正如飞机在空气中高速运动时会产生 SSW，飞船在宇宙中高速航行时也会遇到 LSW。但造成 LSW 的不是空气，而是新以太，即物理真空。已经有实验证明，这种真空环境会给动体造成阻力和摩擦，故飞船作高速运动时产生 LSW 是不可避免的。但在所谓奇点（$v = c$，$\beta = 1$）并不会发生无限大质量和无限大能量，因此不可能对飞船加速到光速以上（$v > c$）构成障碍。

关键词：声障；光障；声激波；光激波；新以太

From Sonic Shock Waves to Light Shock Waves

Abstract：When supersonic flow passes through an object，compressible fluid dynamics

---

* 本文原载于《中国传媒大学学报（自然科学版）》，第 27 卷，第 4 期，2020 年 8 月，1—15 页。

can cause shock waves. The flow dynamics phenomena are described by the nonlinear Schrödinger equation (NLSE). There are two situations for studying shock waves with NLSE. One is the sonic shock waves (SSW) in aeronautical engineering, and the other is the light shock waves (LSW) in nonlinear optical fiber technology. They are all part of the Nonlinear Optics.

When we look back on the history of realization on supersonic flight by airplane, the concept of sonic-barrier comes from the density-velocity equation $\rho = \rho_0 \left[1 - (v/c)^2 \right]^{-1/2}$ in linear small disturbance theory, which is similar to the mass-velocity equation in Special Relativity (SR), at the singular point $v = c$ the density is infinite, when $v > c$ the virtual value must appear. But in reality, these situations are not true. In short, although the SSW is the cause of sonic barrier to aircraft, there is no infinite density. The problem of light-barrier is also like this situation, there is no infinite mass and infinite energy at singular point. …However, such light barrier research does not mean that the superluminal research does not have its own characteristics, nor does it mean that it must be included in the aerodynamic framework.

When the airplane moves at high speed in the atmosphere, the SSW can be generated. To be exactly the same, when the spacecraft moves at high speed in the universe, the LSW can be generated. But it is not the atmosphere that caused the LSW, but the new either, i. e. the physical vacuum. The experiment shows this vacuum environment can make construction and friction for a moving body, so it is inevitable to produce LSW when the spacecraft moves at high speed. But at the socalled singurity point ($v = c$, $\beta = 1$), it do not produce the infinitive mass and the infinitive energy. So it does not constitute an obstacle to the acceleration of the spacecraft above the speed of light ($v > c$).

Keywords：sonic barrier；light barrier；sonic shock waves；light shock waves；new either

1　引言

在英文字典中，shock 一词是指震动和冲击，而 shock waves 是指"region of intensely high air pressure caused by an atomic explosion or an aircraft moving at supersonic speed"（由原子爆炸或飞机以超声速飞行造成的剧烈的高空气压强区域），通常译作激波。在严格的意义上，激波定义为媒质的物理参数（压强、密度、温度）在波阵面上发生突跃变化的压缩波，可发生于气体、液体和固体内。

激波是微扰动（如弱压缩波）的叠加而形成的强间断，有很强的非线性效应。由于激波，气体的压强、密度、温度都突然升高，流速则突然下降。实际的激波层有厚度，但很小。激波层对飞机造成很大阻力。不过，对航天器重返大气层而言，由于帮助减速，激波又被看成有益的。以上的描述针对的是常见的声激波（sonic shock waves，SSW）。

其实激波是自然界一种普遍存在的现象，其广泛性使人吃惊。实际上，已经知道在多个科学领域中，色散激波（dispersive shock waves，DSW）的形成已是一种基础性机制，例如在水力学、地球物理学、大气科学、化学、声学、量子流体及非线性光学中。自然界最吸引人的 DSW 显现是最常见的 MT 波，它产生于特定的河口，是由于潮汐与流动之间的作用。在大气层的气流中，对于某些特定的云和山间波动，DSW 也会显现。通常 DSW 发生在保守（或弱色散）系统，具备两个要素：非线性和波的色散性。

光激波（light shock waves，LSW）的存在是不容置疑的。虽然过去所报告的现象多数在光纤中，但我们相信当飞船在宇宙的真空环境中飞行时，所谓"新以太"将像空气对飞机的作用那样，当接近光速时会出现与 SSW 类似的 LSW 现象。对这些问题我们将做初步的讨论。

2 声激波的形成和克服

20 世纪是航空、航天技术从无到有、从弱到强的世纪。世纪初发明的飞机很快就进步为生产民用、军用飞行器的庞大的航空工业，既丰富了人类生活又改变了战争模式。飞机速度的提高促进了空气动力学的发展[1]，没有坚实的理论基础就什么也做不了。航空界经历了从亚声速到超声速乃至高超声速的发展过程，与此同时人类又在 20 世纪后半期实现了航天技术的惊人进展；在 1969 年人登上月球之后，如今已在筹划派人去火星。相关的理论建树和技术进步都记录在无数文献之中。

当飞机在高度 100km 以下的大气层中飞行，会有三种情况：①飞机速度 $v \ll c$（c 为声速），空气中扰动的传播比 v 快得多，空气微团提前闪开，飞行器容易通过。②飞机速度 $v \geq c$，扰动仍以声速传播，前方空气团被飞行器推挤，形成了激波层。③飞机速度为超高声速（$v \gg c$），空气无流动性可言，激波层变得复杂，流场条件恶化，热载荷剧增，对这些情况飞行器的设计和工艺要求提高到难办的程度。

航空器发展的三个阶段是按速度区分的。规定 Mach 数为速度 v 与声速 c 的比值（$Ma = v/c$），则三个阶段的划分为：亚声速（$v < c$，$Ma < 1$）；声速（$v = c$，$Ma = 1$）和超声速（$v > c$，$Ma > 1$）；高超声速（$v > 5c$，$Ma > 5$）。在不同阶段，理论表述和技术面貌都不同，各有特色。当然，标志性的事件是 1947 年 10 月超声速飞机试飞成功，它是一个具有非凡意义的里程碑。

在飞机只能作低亚声速（$v \ll c$，$\text{Ma} \ll 1$）飞行的时期，根本没有人想到能以 $v \geqslant c$ 的速度飞行。由于声波是微弱扰动波的一种，通常把微弱扰动的传播速度称为声速。对于不可压缩流体而言，体积不能改变，与刚体无异，故扰动传播速度为无限大。但空气是可压缩流，是弹性媒质，扰动速度不是无限大，声速的计算公式为

$$c = \sqrt{\gamma R T} \tag{1}$$

式中的常数（γ，R）由气体种类决定，T 是热力学温度。海平面高度下标准大气（$T = 288\text{K}$）$c = 341\text{m/s}$，离地面 10km 高度处的空气（$T = 223\text{K}$）$c = 300\text{m/s}$。

那么声障（sonic barrier）一词从何而来？它是否是与理论无关的纯经验性概念？它与光障（light barrier）概念是否有"根本上的不同"？为了讨论的方便，相对速度 v/c 也使用符号 β；亦即在声学问题中 $\beta = \text{Ma} = v/c$（c 是声速），在光学问题中 $\beta = v/c$（c 是光速）。

空气动力学的发展过程中有几个方面与讨论相对论、超光速时的情况相类似。在低亚声速的早期，流速低，压力、密度变化小，流体近似看成不可压，速度势、流函数满足 Laplace 方程。速度提高后，用小扰动理论，气体质量密度 ρ 随速度 v 加大而增加，通常认为

$$\rho = \frac{\rho_0}{\sqrt{1 - \beta^2}} \tag{2}$$

式中 ρ_0 是静止时的质量密度；上式与狭义相对论（SR）中的质速公式完全一样。当 $v = c$，$\beta = 1$，出现奇点（密度成为无限大）。这就是声障概念的来源；但它并非不可突破。

现在看一下力学、声学、电磁学这三个领域的情况，了解如何通过数理方程（微分方程）认识它们的共性。表 1 给出了数理方程的几种类型。从理论上讲，空气动力学存在强非线性表达方式，但如把强非线性数学问题简化为小扰动线性方程来求解，就会出现奇点。

表 1 经典数理方程的三种类型

编号	I	II	III
名称	波方程	输运方程	定态场方程
又名	双曲型方程	抛物型方程	椭圆型方程
举例	弦振动方程 膜振动方程 电磁波方程 电报员方程 流体力学与声学方程	扩散方程 热传导方程	静电场方程 恒定电流无旋场方程 稳恒流的流体无旋场方程

杨新铁[2]指出，正是钱学森和 von Karman 把小扰动理论向非线性推进，采用虚拟气体假设从而改进了尺缩变换，导致跨声速时不出现质量密度无限大。高亚声速问题的可计算性强化了工程师们的信心——他们知道在 $\beta > 1$ 时要用双曲型变换作计算。出现奇点现象本质上是因为强非线性问题被当作小扰动线性方程求解问题；而物理学的 SR 与空气动力学中的可压缩性线化描述是一致的。为了借鉴空气动力学中的强非线性描述方式就得容许对 SR 添加一些高阶的非线性修正。在跨声速时从非线性观点看公式（2）要变号；即有

$$\rho = \frac{\rho_0}{\sqrt{\beta^2 - 1}} \tag{3}$$

现在，我们有了两个密速公式：头一个是公式（2），它适用于亚声速（$v < c$，$\beta < 1$）；另一个是公式（3），它适用于超声速（$v > c$，$\beta > 1$）。但这两式均未避免奇点，即在正好为声速（$v = c$，$\beta = 1$）时，密度为无限大。这个奇点的存在与实际不符，亦即风洞实验中从未发现密度超大的 SSW。也就是说，飞机以声速飞行时并未遭遇无限大密度，飞机以超声速飞行时也没有遭遇过虚数密度。这就证明科技人员不能被某些数学公式吓住，而要重视物理实在。1905 年 Einstein[3] 的 SR 理论认为不可能超光速，后来被称为光障；但有许多研究却证明超光速现象存在[4-50]，道理是一样的。

宋健[51]对突破声障做过简单精辟的总结，他说："超声速飞机出现前很多人设想，飞机接近声速时会有密度很大的激波，飞机硬要穿过会机毁人亡。技术科学经过 40 年努力，通过理论分析和风洞试验，弄清了激波性质及物理结构。原来飞机接近或超过声速 c 时，前面的激波是一薄层高温高压气体，p 和 T 与 M_a^2 成正比，而密度 ρ 的增加不会超过 6 倍。弄清情况后即开始设计建造超声速飞机，于 1947 年实现首飞。关于光障问题是否有类似前景，人们拭目以待。"（着重号为笔者所加）

在这里有必要指出，对宋健的话应有正确理解。虽然人类早已实现了超声速飞行，甚至进入了高超声速时代[52-53]，但在光的领域还差得很远。尽管超光速实验做了不少，但仍回答不了"未来的飞船能否在宇宙中以光速甚至超光速飞行"的问题，因此还要等待。

如果式（3）能用于跨声速时的计算，那么就有

$$\beta = \sqrt{1 + \left(\frac{\rho_0}{\rho}\right)^2} \tag{3a}$$

取 $\rho_0/\rho = 1/6$，则有 $\beta \cong 1.01$，即刚跨越声速（v 比 c 仅大 1%）。故宋健所述数据（$\rho = 6\rho_0$）是指早期情况，不是说一定是 6 倍。但无论如何在跨越声速时不会遇到无限大质量密度，激波现象并非不可克服。这样，在从技术上和工艺上设计超声速飞机之前，理论思想方面的障碍先行解除。表 2 是笔者收集整理的飞行器超声速事例。

表 2　飞行器超声速事例

时间	事　由	最大相对速度 Ma
1947 年 10 月 14 日	美国战斗机（X-I 型火箭动力原型机）试飞，首次实现超声速飞行	1. 105
1958 年	苏联空军列装 MiG-21 型战斗机	2. 2
1967 年	美空军列装 F-111 型战斗轰炸机	2. 5
1969 年	英法联合研制的超声速民航飞机"协和号"首飞；后投入空运长达 24 年（1979—2003）	2. 02
1969 年	美国 Apollo 登月舱	3. 6
2019 年	俄罗斯部署"先锋"高超声速导弹系统	27
2020 年 5 月	美国宣布拥有超级导弹 AGM-183A（ARRW），即高超声速导弹	速度为现有导弹 17 倍，估 30

在当前，Ma≥5 的高超声速技术（hypersonic technology）是各国竞相研发的重点，中国也开展了积极的研究工作[52-53]。但这并非一个容易成功的方向，例如美国国防部高级研究项目局表示，高超声速武器的速度可高达 20 马赫。用超燃冲压发动机对武器进行 10 分钟的助推可以使它以最快速度飞行 4000 公里以上。即便是最先进的导弹防御系统也很难拦截如此高速移动的威胁。当前的关键是发动机；超燃冲压发动机是一种吸气式发动机，要在速度达到 5 马赫或以上才具备运行条件。传统的喷气发动机无法经受超高速的冲击。超燃冲压发动机没有像涡轮风扇那样的可移动部件，而是利用飞机向前的运动来压缩空气，并将它与高能燃料混合，产生爆轰驱动力。与冲压发动机不同的是，超燃冲压发动机中的空气即便是经过压缩后其速度还是要快于声速。

中国科学院力学研究所在 2020 年 5 月宣布，为中国高超声速攻击武器打造的超燃冲压发动机能够在推力达到最大的情况下，至少运行 10 分钟，持续时长在全世界首屈一指。

3　非线性波动力学的发展

线性系统常用平滑函数表示，具有规则性，整体等于部分之和，服从叠加原理。非线性系统是初始状态变化不定导致后续状态成比例变化的系统，表现为非规则，不可预测，整体不等于部分之和，叠加原理失效；而且初始状态的微小变化可能造成系统性质的运动结果的重大改变。在物理世界中，非线性作用有时会造成严重后果，因而必须躲避；但有时也有优势，例如线性行为表现为色散引起的波包扩散，而非线性过程却形成和维持空间规整性结构，例如孤立波（solitary waves）和孤立子（solitons）。孤子现象说明，非线性作用能造成突出的有序性——孤子在空间上局域、在时间上长寿，表现出奇怪的稳定性。

近年来非线性波传播很引人注意，这是由于在许多物理系统中其现象独特，也由于其处理使用了高深数学。在这里非线性 Schrödinger 方程（NLSE）具有基本的重要性，因为这是弱非线性状况下的色散波传播的普遍情状。在 20 世纪后期，西方的有关论文常把两种现象分开，称之为波的 shock 和波的 breaking，在这里我们译作"激荡"和"破裂"。这确实是非线性波传播的突出现象，而后者与前者密不可分，发生在前者的顶部超越底部时，与水波的破碎相似。

2016 年，笔者[54] 发表《非线性 Schrödinger 方程及量子非局域性》一文，指出 Schrödinger 方程（SE）是量子力学的基本方程，其地位相当于经典力学中的 Newton 方程。含时 SE 是波粒二象性的描写，说"SE 只反映波动性"并不恰当。认为 SE "只适用于低速情况"也是一种误解；SE 不仅在用于原子、分子时极为成功，也被用在微波电子管技术中分析高速电子注，在光纤技术中分析光子的运动状态。SE 是非相对论性方程，它的原始推导是从 Newton 力学观点出发的——取粒子动能 $E_k = mv^2/2$，其中质量 m 与速度 v 无关。尽管如此，用 SE 计算氢原子的双光子跃迁时仍有很高精确度。因此，SE 的科学地位和历史地位至今无人能撼动。

SE 是一个线性微分方程（LSE），服从态叠加原理。在 SE 中加入非线性项，形成了非线性 Schrödinger 方程（NLSE）。在非线性与色散性共同作用下得到孤立波解，克服了 SE 的波包发散问题，开辟了更广大的应用前景。LSE 和 NLSE 均为非相对论性量子波方程，本质上都反映由大量实验所证明其存在的量子非局域性。由于 Schrödinger 方程是非相对论方程的事实，造成了许多误解。例如有物理学家说，Schrödinger 波动力学正确反映了低速微观现象的规律，为了反映高速微观物理现象就必须建立相对论性量子力学（RQM）。即要求把 Schrödinger 方程做相对论性推广，例如 Klein-Gordon 方程和 Dirac 方程就是如此。这是似是而非的说法。关于 SE 的应用，对于自由粒子（如从某种源发射的自由电子）和非自由电子（如原子中的电子）当然不成问题。那么如电子作高速运动还能不能用 SE？迄今没有理论或实验做出 SE 失效的证明。看看光子，它的运动速度为光速 c，当然是"高速"了；那么 SE 能否用到光子上面？回答是肯定的。由于含时 SE 与 Fresnel 波方程相似，不含时 SE 与 Helmholtz 方程相似，人们很早就用 SE 分析光波导，并取得了丰硕的成果。因此，认为 SE 只能在低速条件下使用的说法是错误的。

但是，LSE 在分析光纤时取得的成功，又会使人误会，以为 NLSE 的应用价值主要是在光频，即处理光学的非线性问题。实际上，声激波（SSW）的分析即可应用 NLSE，而且很成功。由于 SE 是量子力学（QM）的基本方程，对问题的理解必须从 QM 出发。

通常的对 QM 的线性化认识来源于态叠加原理，而它实际上是关于波函数性质的假定之一。而该原理可知，波函数所满足的方程必须对 Ψ 保持线性。进一步说，QM 中每个物理量都有一确定的线性算符与之相应。那么，既然系统状态完全由波函数 Ψ 所决定，Ψ 对时间的微商也将取决于 Ψ 本身的值，而态叠加原理指出他们之间应为线性关系 $\left(\dfrac{\partial \Psi}{\partial t} \propto \Psi\right)$。因此可以写出

$$j\hbar \frac{\partial \Psi}{\partial t} = \hat{H}\,\Psi \tag{4}$$

在这里 $\hat{H}$ 仿佛是线性方程中的比例常数；实际上 $\hat{H}$ 是个线性算符，是系统的 Hamilton 量。在这种陈述中我们似乎仅靠线性假定即可写出 SE，在这里只需添上 $j\hbar$。

推导 NLSE 可以从非线性色散方程出发，采用 Fourier 变换法可推出变态 NLSE[55]。在实系数条件下，如色散较强，可退化为标准型 NLSE。这时可以用简单办法来辨识，即从式（4）出发，给 Hamilton 量加上非线性项，得到 NLSE；取

$$\hat{H} = -\frac{\hbar^2}{2m}\nabla^2 + U \qquad (\text{LSE}) \tag{5}$$

$$\hat{H} = -\frac{\hbar^2}{2m}\nabla^2 + U - \beta|\Psi|^2 \qquad (\text{NLSE}) \tag{6}$$

式中 β 为非线性系数；故取 $U=0$ 时，NLSE 为

$$j\hbar \frac{\partial \Psi}{\partial t} + \alpha\,\nabla^2 \Psi + \beta|\Psi|^2\Psi = 0 \tag{7}$$

式中 $\alpha = -\hbar^2/2m$；在上式中，如取 $\beta=0$，则得线性方程 LSE。

为作纯数学的讨论，把 Ψ 改写为代表函数的符号 F，故得一维方程的写法为

$$j\hbar \frac{\partial F}{\partial t} + \alpha\frac{\partial^2 F}{\partial z^2} + \beta|F|^2 F = 0 \tag{8}$$

这是标准型的实系数 NLSE。上式具有复数解

$$F = F_0(z - v_g t)\,e^{j\theta} \tag{9}$$

$$\theta = \theta(z - v_0 t) \tag{10}$$

式中 v_g、v_0 分别为包络速度和慢载波速度。

1973 年 V. Zaharov[56] 证明有一种孤立波解

$$F = F_0 Sech\left[\sqrt{\frac{\beta}{2\alpha}}F_0(z - v_g t)\,e^{j\theta}\right] \tag{11}$$

式中

$$\theta = \frac{v_g}{2\alpha}(z - v_0 t) \tag{12}$$

这是双曲正割脉冲，孤立波中最常见的形式。孤立解加强了对"SE 可以通过非线性作

用改善粒子性形象"的看法,但如据此认为基本的 SE 已无波粒二象性(只有单一的由波动表达的非局域性),笔者认为此观点还待商榷。"本初 SE"即本文的式(4)(5),粒子动能算符 $\left[-\dfrac{\hbar^2}{2m}\nabla^2\right]$ 已是对粒子性的描写,因而不能说本初 SE 中完全没有粒子性或局域性,似乎引入非线性项是唯一救星。当然,我们不否认"波包发散"是 LSE 的最大弱点,因此可以说正是 NLSE 改善了微观粒子的量子理论,也就是改善了量子波动力学。但无论如何本初 SE 中的 m 是微观粒子的质量,而任何波动(即使是孤立波)都不能提供质量;因此,过分贬低 LSE 并不恰当。

为了对照,看一下早期水面波理论中的 KdV 方程,因为其孤波解对应 Schrödinger 算符的束缚态。1834 年,J. Russell[57] 首先发现了水面上的孤立波现象,它在传播过程中波形保持不变,水体体积、波能量的绝大部分均集中在波峰附近。总之,孤立波是以单峰、匀速前进,在传输过程中保持形状、速度不变的一种行波,以单一实体出现并作局域分布。从数学上看,它是非线性方程的具有下述性质的解:①解的局部存在性质,即在一定范围内系统受扰动,与在整个空间分布的线性解不同;②解的几何形态(波形)保持不变;③两个(或多个)同样的波相遇时,由于非线性作用而互相作用,不是简单的线性叠加,并在后来又分开成为与相遇前相同的两个(或多个)波。

在孤立波分析中,齐次 KdV 方程(也叫浅水波方程)是十分重要的[58-60]。KdV 方程与 NLSE 的求解有关,这是因为 KdV 方程的孤立波解对应 Schrödinger 算符的束缚态;而非线性方程的求解往往是化为线性方程的本征值求解问题。1895 年,D. Korteweg 和 G. de Vries 提出描写水面孤立波的方程(KdV 方程)

$$\frac{\partial F}{\partial t}+\frac{\partial^3 F}{\partial z^3}+(1+F)\frac{\partial F}{\partial z}=0 \tag{13}$$

但式(8)可简化为

$$j\frac{\partial F}{\partial t}+\frac{\partial^2 F}{\partial z^2}+|F|^2 F=0 \tag{8a}$$

另外,有所谓 Hirota(广田)方程,其简化形式与 NLSE 十分相似

$$j\frac{\partial F}{\partial t}+\beta\frac{\partial^2 F}{\partial z^2}+\delta|F|^2 F=0 \tag{14}$$

取 $\beta=\delta=1$ 时就是 NLSE。上述方程的共同特点是都有单孤子解。当然,在求解方法和物理意义的分析方面,相互参照比较都是有价值的。

对 KdV 方程做深入思考会获得有益启示。先看其非线性,是来自 $F\dfrac{\partial F}{\partial z}$ 这一项。F 很小时方程回归线性

$$\frac{\partial^3 F}{\partial z^3}+\frac{\partial F}{\partial z}+\frac{\partial F}{\partial t}=0 \tag{15}$$

解为

$$F = \sum_i A_i e^{j(kz - \omega_i t)} \tag{16}$$

式中 k 为波数。可以证明相速 $v_p = 1 - k^2$，群速 $v_g = 1 - 3k^2$；故波长不同的波，波数不同，v_p、v_g 均不同。这是色散效应，是由 $\partial^3 F/\partial z^3$ 项引起的。另一方面，如忽略该项，有

$$\frac{\partial F}{\partial z} + F\frac{\partial F}{\partial z} + \frac{\partial F}{\partial t} = 0 \tag{17}$$

解为

$$F = f[z - (1 + F)t] \tag{18}$$

显然波速为 $(1 + F)$；故高幅区快过低幅区，传输过程中波形会变化（逐渐变陡直至破裂）。这是由非线性项引起的非线性效应。因此，KdV 方程指出孤立波的形成是色散效应、非线性效应二者互相作用、互相补偿的结果。

19 世纪后期，法国数学家 J. Poincarè（1854—1912）最先着手研究非线性常微分方程，以满足计算行星运动和稳定性的需要。自 Poincarè 以后的百余年，非线性科学有了巨大的发展。非线性方程的完全可积性，是说该方程描写的是多周期系统（Hamilton 系统）。对于 KdV 方程的求解，当逆散射变换法成功实现后，就建立起 KdV 方程的 Hamilton 理论。关于 NLS 方程的求解，改进后的逆散射方法也获得成功，随之建立起 NLSE 的 Hamilton 理论。

1967 年，Gordner 等为求解 KdV 方程提出了逆散射变换法。若前述初始条件及边界条件成立，可把 KdV 方程的解作为定态 Schrödinger 方程的势，则 SE 的散射量有确定的规律。这个定态位势方程有两类非平凡解，束缚态和散射态。1968 年，P. Lax[61] 发展了逆散射变换法，将 Schrödinger 算子推广到一般非自伴算子，这种变换巧妙地把非线性问题转化为线性问题。下面是逆散射变换法的运作程序：①给定初值问题 $U_1 = U(k)$，$U(z,0) = U_0(z)$；②寻找算子 H 使 U 成为谱不变位势；③利用原问题写出 H 的散射量演化规律；④由 $U_0(z)$ 求出 $t = 0$ 时的散射量，并写出 t 时刻的散射量；⑤求解 H 的逆散射问题（t 时刻），确定位势 $U(z,t)$。

总之，要正确估计 SE 成为非线性方程（NLSE）之后的变化和效果。NLSE 的成功之处在于引入非线性项后在与色散效应的共同作用下得到了孤波解，不仅防止和克服了波包发散问题，而且使 SE "不仅是一个波方程而且在本质上也是体现微观客体粒子性的方程"的内在逻辑自洽性得到加强。因此，NLSE 开辟了更多的应用前景，例如它可用来处理激波问题。关于 NLSE 的一般理论可参阅文献[62-63]。

4 用 NLSE 分析声激波

由于用 SE 处理光纤取得完美成功，很容易让人以为 NLSE 只适用于分析 LSW，而不适用于分析 SSW。但这想法是错误的；2009 年 G. El 等[64]证明了用 NLSE 处理 SSW 问题的可信性。

在可压流动力学中，激波的产生有两种情形：一种是当作理想流体动力学方程的初值问题的解；另一种发生在超声流通过一个物体时，是边值问题。有一种非线性波叫色散激波（DSW），这与孤立子概念有关。文献［64］的题目是《二维超声 NLS 流通过一个伸展障碍物》，该文研究了一个细长宏观物体通过超流体（superfluid）的超声流，使用二维散焦 NLSE。这问题的重要性相当于经典气体动力学的色散问题。分析时假定来流速度足够高，并与 NLS 船波（ship wave）进行比较，又参考了暗孤子（dark soliton）理论。分析中超声 NLS 流的 Mach 数达到 10（Ma = 10），给出了形象化的彩色照片。该文的工作还可用于探索冷阱中超冷气体的行为，涉及用电场、磁场、光场去控制冷原子，具有较高价值。

现在，流体动力学方程可取公式（7）作为起点，并令 $\hbar = 1$，$\alpha = \dfrac{1}{2}$，$\beta = -1$，则有

$$j \frac{\partial \Psi}{\partial t} + \frac{1}{2} \nabla^2 \Psi - |\Psi|^2 \Psi = 0 \tag{7a}$$

也就是

$$j \Psi_t = -\frac{1}{2} \nabla \Psi + |\Psi|^2 \Psi \tag{7b}$$

此即［64］的公式（1），是流体动力学中的多维 NLSE；由于研究兴趣针对势流（无旋流），可以写出

$$\Psi(\vec{r}, t) = \sqrt{\rho(\vec{r}, t)} \exp[j\theta(\vec{r}, t)] \tag{19}$$

$$\nabla \theta = \vec{u} \tag{20}$$

式中 $\rho(\vec{r}, t)$ 是流密度，$u(r, t)$ 是其势场；引入归一化参量

$$\hat{\rho} = \frac{\rho}{\rho_0} \tag{21}$$

$$\hat{\vec{u}} = \frac{\vec{u}}{c} \tag{22}$$

式中 c 是声速；由这些关系式，我们写出下述方程组

$$\rho_t + \nabla \cdot (\rho \vec{u}) = 0 \tag{23}$$

$$\vec{u}_t + (\vec{u} \cdot \nabla)\vec{u} + \nabla \rho + \nabla \left[\frac{(\nabla \rho)^2}{8\rho^2} - \frac{\nabla \rho}{4\rho} \right] = 0 \tag{24}$$

$$\nabla \times \vec{u} = 0 \tag{25}$$

此外，$\vec{u} = 0$ 是 Ma 的函数，也就是

$$\vec{u} = \vec{u}(\text{Ma}), \text{Ma} > 1$$

那么在假定来流密度恒定（取 $\rho = 1$）时，可以设法对具体任务求解方程组。例如，一个机翼的断面放在 (x, y) 平面上，机翼外形函数 $y = f(x)$，来流 $\vec{u}$（Ma）的方向与 x 轴平行，就可做具体的分析计算。

因此，文献［64］得到以下结果：①高超声速 NLS 流经过二维细长物体时必定伴随着两种 DSW，它们具有不同特性；②超声速 NLS 流经过楔状物和细长翼时，可用色散近似构建精确的调制解；③当 DSW 发生于翼流中时，导出了描写调制解的精确方程；④得到了 DSW 背后的斜向暗孤子分布。

5　用 NLSE 分析光纤中的光激波

非线性光学（Nonlinear Optics）是近代光学的一个重要分支，最早是探讨在强激光光场作用下所发生的现象（见 N. Blombergen[65]，1977）。2019 年沈京玲[66]的著作《非线性光学基础和应用》有鲜明的特色，不仅在理论基础上阐述深刻，而且论述了太赫波（tera herz waves）产生、检测与应用中的非线性光学现象。可惜这两种优秀著作都忽略了光纤中的非线性问题。光纤中是弱激光，但也有非线性现象。2006 年，G. Agrawel[67]的专著《非线性纤维光学》出版，开辟了一个新方向，可看成非线性光学的一个分支。单模光纤中的光传播是研究 NLSE 的极好体系，这是由于可简化为一维平面波传播问题，而且光纤损耗极低。NLSE 有两个物理效应：群速色散和自相位调制，并且有孤立波、频率 chirping、光波 breaking 等现象。

光脉冲在光纤中传输时发生一系列非线性现象。可用 NLSE 很好地描述，尽管该方程仅包含两种物理效应——群速色散（GVD）和非线性自相调制（SPM）。在正常色散的波长范围中，这两者造成脉冲强势展宽，并向几乎为矩形的方向变形。有关现象被称为光波破碎，与水波破碎相似。

1989 年，J. Rothenberg[68]观测了光纤中光脉冲非线性传播形成的光激波，研制出可以模拟流体型 DSW 的测试平台。1992 年，D. Anderson[69]论述了非线性光纤中波的破碎，分析了波破碎时色散与非线性的相互作用；他发现波破碎包含两个独立过程：脉冲不同部分的超越；相互作用时新频率由于非线性而诞生。该文的研究是在脉冲载频处于正常色散时进行的，结果与数据模拟吻合一致。另外，2008 年 M. Yavtushenko 等讨论了

在长周期或 Bragg 光纤中的情况，其时系统具有两个单向线性耦合波，对形成脉冲包络光激波的可能性做了研究。已经证实，从原理上讲，在非线性光纤中形成激波的可能性是存在的——不仅在波包的后缘，而且在波包的前沿。形成激波的原始态基本上取决于造成光纤激发的那些初始条件。在非线性光学中对 DSW 做了观测和研究，光被看成在光媒质中的理想流体，存在弱化的自散焦 Kerr 非线性。

2016 年至 2017 年 G. Xu 等发表了两篇论文[70-71]；其一说以实验观测到色散性激波（DSW）；把一个短脉冲加到连续波之上，激波的固有振荡的可视性大为改善。其二是讨论"光子流体的色散性流动"，其中把光称为光子流体（photon fluid）；这些说法都启发我们大胆使用流体力学理论方法。2019 年 J. Nuno 等[72]发表《光纤中的矢量化色散激波（VDSW）》，指出 DSW 是在许多科学领域都会遇到的普遍现象，包括流体动力学、凝聚态物理、地球物理学等。已经确定，光学在光媒质中的传播时表现为完美的流体，显示出微弱的自散焦非线性（self-defocusing nonlinerity）。对于 DSW，这种类比变得有吸引力。在这里，观察到非线性光纤中一类新型的 VDSW，类似于非黏性理想流体中的爆炸波（blast waves）。由正交极化 pump 脉冲产生的非均匀双活塞经由非线性交叉调相非线性相位势压印在一个连续波探头上而触发了 VDSW，该调相是由正交极化 pump 脉冲产生的。探头上的非线性相位势导致形成零强度扩展区，而该区被两个互斥的振荡波前环绕。

矢量化 DSW 的工作机制为，设有一正常色散光纤，向其输入两信号，一是较弱的连续波探束，二是正交极化的短脉冲（SOP）。前者为 $u(z,t)$，后者为 $v(z,t)$，z 是光纤传输方向。他们可用一组（两个）互相耦合的 NLSE 描写。对长度为公里级的光纤而言，可用 Manakov 模型

$$\begin{cases} j\dfrac{\partial u}{\partial z}+\dfrac{\beta}{2}\dfrac{\partial^2 u}{\partial t^2}+\dfrac{8}{9}\gamma(|u|^2+|v|^2)u+j\dfrac{\alpha}{2}u=0 & (26)\\ j\dfrac{\partial v}{\partial z}+\dfrac{\beta}{2}\dfrac{\partial^2 v}{\partial t^2}+j\delta\dfrac{\partial v}{\partial t}+\dfrac{8}{9}\gamma(|u|^2+|v|^2)v+j\dfrac{\alpha}{2}v=0 & (27)\end{cases}$$

式中 γ 是光纤的非线性 Kerr 参数，β 是群速色散系数，α 代表传输损耗。上式表明两个波仅由一个相位项而耦合。

Nuno 所用活塞 pump 波（SOP）的参数为：波长 1550nm，峰功率 1.5W，脉宽 41ps；连续波功率 5mW；这些是实验所用参数。对上述方程做数值模拟，可算出一些图形。建立的实验系统用 70GHz 取样示波器和光谱分析仪进行观测。

6 未来宇宙飞船以近光速航行时的光激波

早期的飞机速度慢，涉及空气动力学的难题不多。但在飞机发动机不断改进、速度

不断提高时，理论上遇到了许多问题。特别是 SSW 带来的飞行阻力增大，飞机表面温度急剧升高，一度使人们以为声速（约300m/s）是航空器速度的极限。但在 20 世纪 30 年代至 40 年代，科学家和工程师们协力攻关，1947 年克服了声障。现在飞机以超声速飞行已不成问题，用高超声速（Ma≥5）才是难题。那么，我们怎样考虑和估计宇宙飞船的未来发展？

尽管光障问题比声障问题复杂，其原理却很相似。基础数理方程揭示了自然规律的普遍性，声学、光学两大领域之间的联系是密切的。2019 年笔者曾发表一篇文章《突破声障与突破光障的比较研究》[50]；本文并非对该文的重复，而是从激波这个论题切入，做更深刻的分析。进一步，2020 年笔者又发表了另一篇文章《速度研究的科学意义》[73]，不仅做了分析而且给出了许多数据。该文表 1 是"人造飞行器所达到的高速度"，其中的数据表明，在 2004 年到 2014 年间，美国宇航局（NASA）达到的记录是 17km/s 至 18km/s。2018 年的新闻报道说，有一个太阳探测器达到了极高的水平，$v = 194$km/s。即使这一数据属实，离光速（$c = 299792458$m/s$\cong 3 \times 10^5$km/s）还差得很远。

那么宇宙中有没有以超光速运动的天体？也许有。中国天体物理学家曹盛林教授一直持此观点，至今未变。1988 年至 1993 年，他在 *Astrophys & Space Sci.* 杂志上发表 5 篇英文论文[9-13]，阐述这一问题。2019 年曹盛林[74]出版了一本高级科普书《超光速》，更清晰地陈述了与此有关的观点。他指出，20 世纪 60 年代末射电天文学家用甚长基线干涉仪（VLBI）发现，一些类星体射电源的两个子源以超光速分离，涉及天体有 3C120、3C345、3C273 等。另外，1994 年天文学家观测到一个以超光速膨胀的天体，是在银河系内，这有照片为证。20 世纪 90 年代起由 Hubble 望远镜的长期观测，也证明银河系内有超巨星以超光速膨胀；2002 年的巨星膨胀，其速度 $v = 4.3c$。

因此，尽管实现由人类建造超光速宇宙飞船的设想还十分遥远，但有必要考虑在宇宙中的物体（天体或飞船）若以近光速飞行，是否会有 LSW 现象？物理真空作为一种媒质有否可能生成激波层？我们也可以换一种方式提问：在高能物理实验室中，在加速器或对撞机里，当粒子（电子或质子）以近于光速 c 的速度飞行，他们是完全无所阻碍还是也会遇到波阻问题？

我们必须做逻辑性的思考。首先，光激波（LSW）的存在是事实，它已在光纤等物质中观察到，并发展出完善的理论。但这是固体物质，虽已推广到气体，但"在真空中高速飞行的物体也会产生 LSW"的报道从未出现过。光在光学媒质中传播时表现为完美的流体，因此用得上流体力学方法。那么光在真空媒质中传播时是否也会如此？我们希望的是，这样可与把光称为"光子流体"的思路相吻合。问题是怎样看待光在真空中的传播？

直到 19 世纪中叶，人们都认为没有"不要媒质也能传送"的波动。因此，既然光是波动，而且能在真空中传播（由太阳光可射到地球而证明），那么一定有一种光媒质存在。它可以是看不见的，但弥漫于宇宙之中，物理学家称之为以太（ether）。科学界一度热衷于做证明以太存在的实验。一般认为以太是绝对静止的，而地球相对以太的速度就是地球绕太阳的公转速度。在参考了地球绕日公转速度后，人们得出下述看法，即光顺以太和逆以太运动时速度不同（确切说将有 2.15×10^{-4} 的差异）。1887 年，A. Michelson 和 E. Morley 所做的精确实验否定了以太存在[75]。1926—1928 年间，70 多岁的 Michelson 再做努力以实验寻找以太漂移，仍以否定告终。但是，他从未宣布过他放弃了以太，他对狭义相对论（SR）也持有一定程度的保留。

SR 时空观与 Galilei、Newton 以及 Lorentz 时空观的根本区别在于 SR 时空观的相对性。H. Lorentz[76] 的科学工作是近代物理学的基石；我们知道，现有的推导 Lorentz 变换（LT）的方法有多种；而写入大学教材的推导方式常常有个前提——不同参考系测得的光速相同。或者说，LT 是由相对性原理和光速不变原理导出的，由此出现了尺缩、时延现象。1904 年时的 Lorentz 信奉以太论和绝对参考系，在此信念下导出的 LT 被 SR 继承和应用，而 SR 却不承认绝对参考系。

然而近年来国内外多位科学家提出存在优先参考系（prefered frame），即有绝对坐标系的形成。故 Lorentz-Poincarè 时空观重新受到重视，亦出现了进一步的理论。多年前科学刊物 *New Scientist* 所报道的"以太论高调复出"，提醒我们不宜完全抛弃 SR 出现之前的科学成果。如果说现在有向 Galilei、Newton、Lorentz 回归的倾向，那也是在现代条件下的高层次回归，而不是简单地倒退。

Lorentz 物理思想重新受到重视是有原因的。1977 年 Smoot 等[77] 报告说，已测到地球相对于微波背景辐射（CMB）的速度为 390km/s；因而物理学大师 P. Dirac[78] 说，从某种意义上讲 Lorentz 正确而 Einstein 是错的。美国物理学家 T. Flandern[20] 于 1997—1998 年间发表引力传播速度（the speed of gravity）为 $v \geqslant (10^9 \sim 2 \times 10^{10}) c$，同时他声称用 Lorentz 相对原理（Lorentzian relativity）就能解释这些结果，而 SR 在超光速引力速度面前却无能为力。

关于存在绝对坐标系（亦即优先的参考系）的见解已是大量存在；这与 1965 年发现微波背景辐射有关，也与 1982 年法国物理学家 A. Aspect[79] 完成的量子力学（QM）实验有关。大家知道自 1935 年 Einstein[80] 发表 EPR 论文之后，对新生的 QM 究竟如何看待引起很大争论。1965 年提出著名的不等式的 J. Bell 在 1985 年说[81-82]，Bell 不等式是分析 EPR 推论的产物，而 Aspect 实验证明了 Einstein 的世界观站不住脚。这时提问者说，Bell 不等式以客观实在性和局域性（不可分性）为前提，后者表示没有超光速传递的信号。在 Aspect 实验成功后，必须抛弃二者之一，该怎么办呢？这时 Bell 说，这是一种进退两难的处境，最简单的办法是回到 Einstein 之前，即回到 Lorentz 和 Poincarè，他们认为存在的以太是一种特惠的（优先的）参照系。可以想象这种参照系存在，在其中事物可以比光快。有许多问题通过设想存在以太可容易地解决。在发表了这些惊人的观点后，Bell 重复说："我想回到以太概念，因为 EPR 中有这种启示，即景象背后有某东西比光快。实际上，给量子理论造成重重困难的正是 Einstein 的相对论。"（着重号为笔者所加）

如果我们认为 Lorentz 坚持以太论正确，而今天又不能简单地回到 19 世纪的思想，就必须回答一个问题：什么是新以太？旧以太（经典物理学中的以太）被认为是绝对静止的，这个 M-M 实验的前提并不恰当，"未发现绝对静止的以太"和"不存在以太"不是一回事；新以太应当能够担起绝对参考系的重任。

笔者认为，这个新以太就是物理真空（phisical vacuum），也叫量子真空（quantum vacuum）。支持这一观点的是一个新证据，表明其中的仅为短暂出现的虚光子和普通光子一样可以产生物理作用——2011 年西班牙科学家发现在已实现工程真空的环境中的旋转体（直径 100nm 的石墨粒子）会减速，表示真空也有摩擦。环境温度越高虚光子越多，减速作用就越显著。可见，李政道教授所说"真空很复杂，它是有结构的"完全正确。这就是人们寻找了百多年的"（新）以太"！

正如飞机在空气中运动时若速度很快就有 SSW，飞船在宇宙中运动时若速度很快也会有光激波（LSW）。可以推断，后者在所谓奇点（$v = c$，$\beta = 1$）并不会出现无限大密度、质量和能量。"真空光激波"（LSW in vacuum）如存在，不会对飞船加速到光速以上（$v > c$）构成障碍。

7　未来宇宙飞船以超光速航行的可能性

可以把真空看成一种特殊的介质（媒质），这个观点已被某些国外的独特研究所验证。把真空当作媒质，那么就可以研究它的折射率。1990 年 K. Schanhorst[14] 发表论文《双金属板之间的真空中光传播》。所分析的是 Casmir 效应结构——两块靠得很近的金属平板；这是把一定的边界条件强加到光子真空涨落上。Schanhorst 用量子电动力学（QED）方法进行计算，得到垂直于板面方向的折射率 n_p（下标 p 代表 perpendicular）比 1 略小；根据公式 $v_p = c/n_p$，算出相速比光速略大（$v_p > c$）。在频率不高条件下讨论，可以忽略色散，群速等于相速，故群速也比光速略大（$v_g > c$）。显然，这项研究是把真空当作介质（媒质）来看待的。

因此很明显，"光波可经过真空传播"并不意味着"光的传播不需要介质（媒质）"，而是说光传播要仰赖于"新以太"，即具有量子特性的物理真空媒质。经典物理中真空的折射率等于 1，量子物理中真空的折射率比 1 略小。

基础理论概念清晰化以后，还有一个问题有待解决，即飞船在宇宙深空中以超光速航行所用的模式。笔者认为中国科学家已做出了简明扼要的回答，那就是自主惯性导航的飞行模式。2004 年 11 月 26 日至 28 日，在北京香山召开了"香山科学会议第 242 次学术研讨会"，本次会议由宋健院士建议和领导，主题为"宇航科学前沿与光障问题"（Frontier Issues on Astronautics and Light Barrier）。会议主题评述报告为宋健院士所作（《航天、宇航和光障》），宋健[51]指出，飞出太阳系是人类的伟大理想，这里有许多理论和技术问题要解决，科学界已开始考虑和工作。至于进入银河系，必须加大航行速度，直到接近光速，可能的话应超过光速。目前航天技术已开始放弃狭义相对论的技术基础，即从用电磁波双向时间间隔之半作为距离定义，改由卫星和飞船上用编码报文形式向地面单向传送所有信息；飞船上独立自主的计量、观测、导航和发讯都与地面观测无关。至于 Einstein 说的"不可能存在超光速运动"，那只是猜测，没有实验根据，也不是科学定律。他又说："如果从 40 年航天技术实践反过来检查 SR 的计算结果，就会发现即使在远低于光速的情况下，自主导航的工程实践与 SR 动力学也发生冲突。例如，发动机推力依赖其惯性速度的现象就从未发现过。半个多世纪的航天技术实践都证明至少在第三宇宙速度（$v_3 = 16.6 \text{km/s}$）左右，齐奥尔科夫斯基公式是足够准确的，从未发现过推力依赖于速度的情况，无论是飞船上和火箭上用加速表自主测量和地面光测、雷测都证明了这一点。人们常说，只有 v 接近 c 时才会发生。那也要有实验证明才能作为解决技术问题的基础。所以利用狭义相对论动力学公式去计算航天器飞行速度要十分谨慎。"（着重号为笔者所加）。

另一个中心议题报告为林金院士所作（《宇航中时间的定义与测量机制和超光速运动》）[83]。林金就自主惯性导航提供一个新理论模型，用来分析处理惯性导航的时间定义、测量机制和超光速运动。他认为，一个运动质点自己可以测量自己相对一个给定惯性系的位置、速度和加速度，作为质点自带的运动钟固有时间的函数。原理上不需要与外界交换信息，不存在任何信号传递的速度问题。自主惯性导航是基于引力场的性质，即使这个世界没有电磁场、没有光，纯惯性系统照样工作，照常自主定位、测速；既如此，$3 \times 10^8 \text{m/s}$ 为何会成为速度的极限？简言之，惯性导航的宇宙飞船的时间定义即飞船运动钟固有时间；只要未来能开发出新型动力源，飞船的速度不存在上限。林金还认为，应恢复光子和其他微观粒子相同的普通地位，即有静止质量，其速度也不是极限速度。

笔者认为，在回顾林金的论述时，不妨再看看 1905 年 Einstein 对"同时性"的概念怎么说。Einstein 写道[3]："我们应当考虑到：凡是时间在里面起作用的我们的一切判断，总是关于同时的事件的判断。比如我说，'那列火车 7 点钟到达这里'，这大概是说：我的表的短针指到 7 同火车的到达是同时的事件。可能有人认为，用'我的表的短针的位置'来代替'时间',也许就有可能克服由于定义'时间'而带来的一切困难。事实上,如果问题只是在于为这只表所在地的一点来定义一种时间,那么这样一种定义就已经足够了;但是如果问题是要把发生在不同地点的一系列事件在时间上联系起来,或者说——其结果依然一样——要定出那些在远离这只表的地点所发生的事件的时间,那么这样的定义就不够了。"

在这里,Einstein 是说用一只表定义时间的不可能性。然而,正如林金所指出的,今天的纯惯性导航只用"一只表"的固有时间,是完全自主的,不需要辐射或接收任何光(电磁)信号和外界发生联系,所以测量机理十分简单。设想一艘配备有惯性导航仪器的宇宙飞船,飞船相对惯性坐标系(Galilei 参考系)作加速飞行。只要积分的时间足够长,飞船相对惯性系的飞行速度(加速度表输出脉冲总数)可以超过 3×10^8 m/s。无须设想恒定或随时间变化的引力场,宇航员观察惯性仪表的指示,进行完全自主式的宇宙航行。加速度表先在静止在地面(发射点)的引力场中标定,在飞行中测量火箭推力产生的惯性加速度。加速度表静止在地面实验室做寿命试验,等效于加速度表在没有引力场的宇宙空间做 $1g$ 的恒加速飞行试验。由于

$$\frac{c}{g} \approx \frac{3 \times 10^8 \, \text{m/s}}{9.8 \, \text{m/s}^2} = 30612245 \, \text{s} = 354 \, \text{天} \tag{28}$$

故大约 1 年后飞船速度超过 3×10^8 m/s,即以超光速航行。

因此,宋健、林金两位航天专家不仅赋予超光速研究明确的目标和意义,而且深刻地对主流物理界的"光障理论"做了批评。更重要的是,他们用自主惯性导航分析处理超光速运动取得成功。这些珍贵的精神遗产值得后人做进一步研究。

8 结束语

物理学中的不同学科常有类似和相同的规律。例如在数理方程的三种类型中,双曲型偏微分方程蕴含了力学、电磁学、光学、声学及热学核心内容。在科学探讨中比较研究不仅可行,而且非常重要。尽管声波速度与光波速度在数值上相差很大,但从数学和物理上对突破声障与突破光障作比较研究仍有特殊意义。自然规律的普适性使不同学科之间产生联系并使相互借鉴成为可能。对激波的研究也如此,以 NLSE 为基础的数学分析使我们对 SSW 和 LSW 的认识达到了新的高度。本文的分析也证明了波科学(science of waves)的普遍意义和重要性。

从 20 世纪 30 年代开始,到 21 世纪的头 20 年,航空及航天工程技术的迅猛发展给了我们有益的启示。它们已彰显出当今的两大研究领域——高超声速技术和超光速探索。但两者都非常艰难,成为在 21 世纪对人类智慧的挑战。声激波和光激波的研究,

给我们提供了另一个视角，也使数学方法得到发展。有关物理现象既丰富，又令人感兴趣。虽然本文对 SSW 和 LSW 做了深入分析，又对未来的飞船在宇宙深空航行时的情况做了初步讨论和估计；但仍有许多不清楚的问题，期待更多的人参加研究。

致谢：本文在写作时得到杨新铁教授、姜荣讲师及王雨女士的协助，谨致谢意！

参考文献

［1］钱翼稷. 空气动力学［M］. 北京：北京航空航天大学出版社，2004.

［2］杨新铁. 突破光障［A］. 第 242 次香山科学会议论文集［C］. 北京：前沿科学研究所，2004.

［3］Einstein A. Zur elektrodynamik bewegter körper［J］. Ann d Phys. 1905，17：891 – 921.（English translation：On the electrodynamics of moving bodies，reprinted in：Einstein's miraculous year［C］. Princeton：Princeton University Press，1998.）（中译本：论动体的电动力学：爱因斯坦文集［C］. 范岱年，赵中立，许良英，译. 北京：商务印书馆，1983，83 – 115.）

［4］Bilanuik O M，Sudarshan E C. Particles beyond the light barrier［J］. Physics Today，1969，(1)：43 – 51.

［5］Feinberg G. Possibility of faster than light particles［J］. Phys Rev，1967，159 (5)：1089 – 1105.

［6］Garrett C，Mc Cumber D. Propagation of Gaussian light pulse through an anomalous dispersion medium［J］. Phys Rev A，1970，1 (2)：305 – 313.

［7］Kellermann K. 更清楚地观察宇宙. 科学年鉴 1978［M］. 北京：科学出版社，1979.

［8］Chu C，Wang S. Linear pulse propagation in an absorbing medium［J］. Phys Rev Lett，1982，48 (11)：738 – 741.

［9］Cao S L（曹盛林）. The theory of relativity and superluminal speeds，Ⅰ. Kinematical part［J］. Astrophy & Space Sci，1988，145：293 – 302.

［10］Cao S L（曹盛林）. The theory of relativity and superluminal speeds，Ⅱ. Theory of relativity in the Finsler space-time［J］. Astrophy & Space Sci，1990，174：165 – 171.

［11］Cao S L（曹盛林）. The theory of relativity and superluminal speeds，Ⅲ. The catastrophe of the space-time on the Finsler metric［J］. Astrophy & Space Sci，1992，190：303 – 315.

［12］Cao S L（曹盛林）. The theory of relativity and superluminal speeds，Ⅳ. The catastrophe of the Schwarzschild field and superluminal expansion of extragalactic radio sources［J］. Astrophys & Space Sci，1992，193：123 – 140.

［13］Cao S L（曹盛林）. The theory of relativity and superluminal speeds，Ⅴ. The evolution of the universe on the Finsler space-time［J］. Astrophys & Space Sci，1993，208：191 – 203.

［14］Scharnhorst K. On propagation of light in the vacuum between plates［J］. Phys Lett B, 1990, 250: 1－13.

［15］黄志洵. 截止波导理论导论（第二版）［M］. 北京: 中国计量出版社, 1991.

［16］Enders A, Nimtaz G. On superluminal barrier traversal［J］. J Phys I France, 1992, (2): 1693－1698.

［17］Steinberg A M, Kwiat P G, Chiao R Y. Measurement of the single photon tunneling time［J］. Phys Rev Lett, 1993, 71 (5): 708－711.

［18］Brown J. Faster than the speed of light［J］. New Scientist, 1995 (Apr. 1): 26－30.

［19］Chiao R Y, Kozhekin A E, Kurizki G. Tachyonlike excitations in inverted two-level media［J］. Phys Rev Lett, 1996, 77: 1254－1256.

［20］Flandern T. The speed of gravity: what the experiments say［J］. Phys Lett, 1998, A250: 1－11.

［21］Nimtz G. Superluminal signal velocity［J］. Ann Phys (Leipzig), 1998. 7 (7, 8): 618－624.

［22］Recami E, et al. Superluminal microwave propagation and special relativity［J］. Ann Phys (Leipzig), 1998, 7 (7, 8): 764－773.

［23］Wynne K, et al. Tunneling of single cycle terahertz pulses through waveguides［J］. Opt Commun, 2000, 176: 429－435.

［24］黄志洵. 超光速研究——相对论、量子力学、电子学与信息理论的交汇点［M］. 北京: 科学出版社, 1999.

［25］Mugnai D, Ranfagni A, Ruggeri R. Observation of superluminal behaviors in wave propagation［J］. Phys Rev Lett, 2000, 84: 4830－4833.

［26］Wang L J, Kuzmich A, Dogariu C. Gain asisted superluminal light propagation［J］. Nature, 2000, 406: 277－279.

［27］Ni G J（倪光炯）. There might be superluminal particles in nature［J］, 陕西师范大学学报（自然科学版）, 2001, 29 (3): 1－5.

［28］Ai X B（艾小白）. Unified understanding of neutrino oscillation and negative mass-square of neutrino［J］. Nucl Sci Tech, 2001, 12 (4): 276－283.

［29］杨新铁. 超光速现象理论基础探讨［J］. 北京石油化工学院学报, 2002, 10 (4): 27－32.

［30］Hachè A, Poirier L. Long range superluminal pulse propagation in a coaxial photonic crystal［J］. Appl Phys Lett, 2002, 80 (3): 518－520.

［31］Munday J N, Robertson W M. Negative group velocity pulse tunneling through a coaxial photonic crystal［J］. Appl Phys Lett, 2002, 81 (11): 2127－2129.

［32］黄志洵. 超光速研究新进展［M］. 北京: 国防工业出版社, 2002.

［33］Magueijo J. Faster than the speed of light［M］. Cambridge: Persus Publishing, 2003.

［34］Huang Z X（黄志洵）, Lu G Z（逯贵祯）, Guan J（关健）. Superluminal and negative group velocity in the electromagnetic wave propagation［J］. Eng Sci, 2003, 1 (2): 35－39.

［35］陈徐宗，等．光脉冲在电磁感应介质中的超慢群速与负群速传播实验研究［J］．北京广播学院学报（自然科学版）增刊，2004，11：19－26.

［36］刘显钢．电荷运动的自屏蔽效应［J］．重庆大学学报（专刊），2005，27：26－28.

［37］徐天赋，苏雪梅．四能级原子系统中光脉冲的亚光速和超光速传播［J］．吉林大学学报（理学版），2006，44（4）：621－624.

［38］杨新铁．关于超光速粒子的加速器测量［J］．北京石油化工学院学报，2006，14（4）：63－69.

［39］谭暑生．从狭义相对论到标准时空论［M］．长沙：湖南科学技术出版社，2007.

［40］Salart D，et al. Testing the speed of spoky action at a distance［J］．Nature，2008，454：861－864.

［41］吴再丰．超光速粒子与因果律破坏的谬误［J］．飞碟探索，2009，（11）：36－38.

［42］Zhang L，et al. Superluminal propagation at negative velocity in optical fibers on Brillouin lasing oscillation［J］．Phys Rev Lett，2011，107（9）：1－5.

［43］Adam T，et al. Measurement of the neutrino velocity with the OPERA detector in the CNGS Beam［EB/OL］．http：//static. arXiv. org/pdf/1109. 4897. pdf，2011.

［44］黄志洵．自由空间中近区场的类消失态超光速现象［J］．中国传媒大学学报（自然科学版），2013，20（2）：1－15.

［45］Jiang R（姜荣），Huang Z X（黄志洵），Miao J Y（缪京元），Liu X M（刘欣萌）. Negative group velocity pulse propagation through a left-handed transmission line［J］．arXiv：Ore/abs/ 1502.04716，2014.

［46］黄志洵．波科学与超光速物理［M］．北京：国防工业出版社，2014.

［47］Ehrlich R. Six observations consistent with the electron neutrino being a tachyon with mass $m_{ve}^2 = -0.11 \pm 0.016 eV^2$［J］．Astroparticle Phys，2015，66：11－17.

［48］裴元吉．超光速实验方案探讨［J］．前沿科学，2017，11（2）：22－24.

［49］黄志洵．超光速物理问题研究［M］．北京：国防工业出版社，2017.

［50］黄志洵．突破声障与突破光障的比较研究［J］．中国传媒大学学报（自然科学版），2019，26（4）：1－9.

［51］宋健．航天、宇航和光障［A］．第242次香山科学会议论文集［C］．北京：前沿科学研究所，2004.（又见：宋健．航天、宇航和光障［N］．科技日报，2005－07－05.）

［52］杨基明，等．高超声速流动中的激波及互相作用［M］．北京：国防工业出版社，2019.

［53］张堃元．高超声速曲面压缩进气道及其反设计［M］．北京：国防工业出版社，2019.

［54］黄志洵．非线性Schrödinger方程及量子非局域性［J］．前沿科学，2016，10（2）：50－62.

［55］万遂人．微波电子学中的孤立子理论［D］．北京：电子工业部第12研究所，1986.

［56］Zakharov V，Shabat A. On the interaction of solitons in a stable medium［J］．Sov Phys JETP，1973，37：823－836.

［57］ Russell J S. Report On waves［J］. Proc Roy Soc（Edinburgh），1834，2：319 – 324.

［58］ Hirota R. Exact solution of the KdV equation for multiple collisions of solitons［J］. Phys Rev Lett，1971，27：1192 – 1195.

［59］ Cooney J. Experiments on KdV solitons in a positive ion-negative ion plasma［J］. Phys Fluid，1991. B3：2758 – 2764.

［60］ Hirota R. Direct method of finding exact solutions of nonlinear evolution equation［M］. Berlin：Springer，1976.

［61］ Lax P. Integrals of nonlinear equations of evolution and solitary waves［J］. Pure & Appl Math，1968，21：467 – 483.

［62］ Burt P. Energy bands in nonlinear Schrödinger equations［J］. Phys Lett A，1979，71：19 – 28.

［63］ Konotop V. Nonlinear Schrödinger equation with random initial conditions and small correlation radii［J］. Phys Lett A，1990，146：50 – 61.

［64］ El G，et al. Two dimensional supersonic nonlinear Schrödinger flow past an extended obstacle［J］. arXiv：0906. 2394V2［nlin. PS］13 June 2009.

［65］ Blombergen N. Nonlinear Optics［M］. New York：Benjamin Inc，1977.（中译本：非线性光学［M］. 吴存恺，等，译. 北京：科学出版社，1987.）

［66］ 沈京玲. 非线性光学基础和应用［M］. 北京：首都师范大学出版社，2019.

［67］ Agrawel G. Nonlinear fiber optics［M］. New York：Academic Press，2006.

［68］ Rothenberg J，Grischkowsky D. Observation of the formation of an optical intensity shock and wave-breaking in the nonlinear propagation of pulses in optical fibers［J］. Phys Rev Lett，1989，62：531 – 534.

［69］ Anderson D，et al. Wavebreaking in nonlinear optical fibers［J］. Jour Opt Soc Am，1992，B9：1358 – 1361.

［70］ Xu G，et al. Shock wave generation triggered by a weak background in optical fibers［J］. Opt Lett，2016，41：2656 – 2659.

［71］ Xu G，et al. Dispersive dambreak flow of a photon fluid［J］. Phys Rev Lett，2017，118：254101.

［72］ Nuno J，et al. Vectorial dispersive shock waves in optical fibers［J］. Commun Phys，2019，2：138.

［73］ 黄志洵. 速度研究的科学意义［J］. 中国传媒大学学报（自然科学版），2020，27（2）：1 – 14.

［74］ 曹盛林. 超光速［M］. 石家庄：河北科学技术出版社，2019.

［75］ Michelson A，Morley E. On the relative motion of the earth and the luminiferous ether［T］. Am Jour Sci，1887，34：333 – 345.

［76］ Lorentz H. La théorie électromagnétique de Maxwell et son application aux corps mouvants［J］. Archives Neerlandaises des Sci Exact et Naturelles，1892，25：263 – 552.（又见：Lorentz H. Versuch einer theorie der electrischen und optischen erscheinungen in betegten körpern［M］. Leiden：E Brill，1895.）

［77］Smoot C. Detection of anisotropy in cosmic blackbody radiation ［J］. Phys Rev Lett, 1977, 39: 898 - 902.

［78］Dirac P. Why we believe in Einstein theory, Symmetries in Science ［M］. Princeton: Princeton University Press, 1980.

［79］Aspect A, Grangier P, Roger G. The experimental tests of realistic local theories via Bell's theorem ［J］. Phys Rev Lett, 1981, 47: 460 - 465.

［80］Einstein A, Podolsky B, Rosen N. Can quantum mechanical description of physical reality be considered complete ［J］. Phys Rev, 1935, 47: 777 - 780.

［81］Bell J. On the problem of hidden variables in quantum mechanics ［J］. Rev Mod Phys, 1965, 38: 447 - 452.

［82］Brown J, Davies P. 原子中的幽灵 ［M］. 易必洁, 译. 长沙: 湖南科学技术出版社, 1992.

［83］林金. 宇航中时间的定义与测量机制和超光速运动 ［A］. 第 242 次香山科学会议论文集 ［C］. 北京: 前沿科学研究所, 2004.

狭义相对论（SR）及有关问题

爱因斯坦的狭义相对论是正确的吗?*

摘要：物理学定律之一的相对性原理从任意惯性系看来的一致性最先由 H. Poincarè 推介，而 Lorentz 变换（LT）体现该原理，但 H. Lorentz 于 1904 年发表的相对性思想是在以太存在性之下得出的。1905 年 Einstein 发表了著名论文，其中有一个公设——光速不变性原理，由此认为不需要以太，亦即用不着一个优先的参考系。后来的讨论总包含下述问题：Einstein 的狭义相对论（SR）和改进的 Lorentz 理论（MOL），哪个更好地描述自然界？这两者的主要区别在于，SR 认为所有惯性系都是平权、等效的，而 MOL 认为存在优先的参考系。多年来的众多研究讨论显示，SR 存在逻辑上的不自洽，亦缺少真正确定的实验证实。由此可以理解欧洲核子研究中心（CERN）的著名科学家 John Bell 在 1985 年所说的话："我想回到 Einstein 之前，即 Pioncarè 和 Lorentz。"这实际上是说 SR 是不正确的。

现在我们应重新审视 1905 年 Einstein 以光速不变假设为基础的关于同时性的定义——当光信号由位置 A 传到位置 B，并立即返回到 A，则有时间关系式 $t_B - t_A = t'_A - t_B$。但在 2009 年林金团队发表一篇论文，报道他们对 Einstein 光速不变假设的判决性实验检验，它是在中国科学院国家授时中心的高精度 TWSTT（双向卫星时间传递）设施上完成的。通过对比单程光信号同时性定义和双程光信号同时性定义的测量机制证明：在有相对运动的情况下双程光信号中的"往"和"返"两个单程信号通过的时间必然是不相等的，因此 $t_B - t_A \neq t'_A - t_B$。在航天技术帮助下，林金教授证明了光速不变理论的错误。

SR 的逻辑基础是相对主义，会造成原理上的悖论。产生的各种悖论质疑了 SR 的自洽性，最著名的一个是 P. Langevin 于 1911 年提出的双生子佯谬。

---

* 本文原载于《中国传媒大学学报（自然科学版）》，第 28 卷，第 5 期，2021 年 10 月，71—82 页。

本文曾载于《科学网》（Sci. Net.），链接地址 http：//blog. sciencenet. cn/blog－1354893－1283667. html（2021 年 4 月 25 日）；又见：http：//blog. sciencenet. cn/blog－1354893－1283877. html（2021 年 5 月 3 日）

本文对时空一体化提出批评，相对论正是建筑在 space-time 概念的基础上。但 space-time 的意思是什么？人们其实并不知道。Minkowski 建议了一个四维矢量，把时间与三维空间搞在一起。这种处理在数学表达上有优点，但与物理实际相悖。space-time 在计量学和 SI 制中都不存在，并且没有可测性。把空间矢与时间矢相加根本不可能，没有任何意义！从根本上讲，时间与空间不能混合在一起。

基于上述理由，我们认为 Einstein 的狭义相对论是不正确的。

关键词：狭义相对论；光速不变原理；相对主义；时空一体化

Is Einstein's Special Relativity Correct?

Abstract：The principle of relativation, that is the law of physics, should the same as viewed from any inertial frame, was popularized by H. Poincarè, the Lorentz transformation (LT) embody that principle, when H. Lorentz adopted them for his own theory of relativity, first published in 1904 in an ether existence. In 1905, A. Einstein published his famous paper, that the speed of light will be locally the same for all observers regardless or their own state of motion, this did away with the need of ether, i. e. a preferred frame of reference. The ensuring years saw much discussion of whether nature was more like Einstein's special relativity (SR) or modified-theory of Lorentz (MOL), the principal differences between the two relativity theories stem from the equivalence of all inertial frames in SR, and the existence of a preferred frame in MOL. From the more discussions of view, SR is logically inconsistent, also does not have sure experimental evidence. Therefore, in 1985 the famous scientist of CERN, John Bell said："I hope return the states before Einstein. i. e. return to Poincarè and Lorentz." This situation means that the SR is wrong.

Now, we must re-examine the definition of simultancity proposed by Einstein in 1905, it based upon the postulate of the light speed constancy—when the light signal from position A propagate to position B, and soon back to A, the relation of time is $t_B - t_A = t'_A - t_B$…But in the year 2009, LIN Jin et. al. published an article for the crucial experiment in order to checking Einstein's postulate of the light speed constancy. It was performed at the high precision TWSTT (Two Way Satellite Time Transfer) facility of the National Time Service Center, Chinese Academy of Sciences. By comparison the measurement mechanisms of one way light signal simultancity and "to-and-fro" two way light signal simultancity, the principle of the crucial experiment has proved: if there exists relative motion, the "uplink" and "downlink" light signal passage times of the "to-and-fro" two way light signal are not equal, so that $t_B - t_A \neq t'_A - t_B$. By means of space technology, Prof. LIN was proved that the theory of light speed constancy is wrong.

The SR is based on the logical foundation of relativtism, so it will lead to violate the principles and contraction. Various paradoxes have been raised to question the consistency of SR, the most famous one is the twin paradox by P. Langevin in 1911.

In this paper, we critice the time-space integration. The theory of relativity is based entirely on the unique concept of space-time, but what does this space-time mean? In fact, people do not really understand space-time. Minkowski proposed the concept of a four-dimensional vector, which adds time to the three-dimensional space as a whole. This treatment has certain advantages in mathematical expression, but it violates physical reality. Space-time does not exist in metrology and SI system, and space-time does not have measurable characteristics. It is a lack of rationality to artificially construct a new parameter with different dimensions of physical quantity. Adding a space vector to a time vector is virtually impossible and meaningless! Fundamentally speaking, time and space should not be mixed up together.

For these reasons, we believe that the special relativity of Einstein is not correct.

Keywords: Special Relativity; principle of light speed constancy; relativitism; time-space integration

1 引言

2005 年，美国著名刊物 *Science* 创刊正好 125 年。为了纪念也为了活跃学术讨论，该刊在广泛征求专家学者们（其中有多位 Nobel 奖获得者）的意见后，整理提出了 125 个问题，涵盖数学、天文学、物理学等多个领域，展示出研究前沿所在以及科学发展面临的困难。16 年后（即 2021 年）恰逢上海交通大学建校 125 周年，该校林忠钦校长决定重新公布上述 125 个问题，作为校庆感言。笔者认为这些问题的提出并非全都很好，但它们有很强的代表性。例如，在天文学栏目（Astronomy）中，有几个问题就很尖锐，一个是："Where did the big bang start?"（大爆炸从何处开始的?），另一个是："Is Einstein's general theory of relativity correct?"（Einstein 的广义相对论是正确的吗?），还有一个问题是："What is gravity?"（什么是引力?）这些问题矛头指向广义相对论（GR），流露出强烈的不信任感。也有一些问题是间接质疑狭义相对论（SR）的，一个是，"Will we ever travel at the speed of light?"（我们能以光速旅行吗?），另一个是："What is the maximum speed to which we can accelerate a particle?"（我们能把粒子加速到的最高速度是多少?）这都暗指 SR 的一个著名论点：以光速或超光速运动是不可能的。进入新世纪之后，美国名刊 Science 领头质疑相对论，而今又被中国的名校上海交通大学所重复，确实令人有些吃惊。

1921 年 5 月，A. Einstein[1] 在美国 Princeton 大学的讲座 Stafford Little Lectures 做了讲演，共 4 次，题目分别为《相对论前物理学中的空间与时间》《狭义相对论》《广义相对论》《广义相对论（续）》，其重点是放在 GR 上。Einstein 把物理学的发展分为相对论前的（pre-relativity）和相对论出现后的两大阶段，显然是把相对论放在历史性里程碑的地位。他可能太过自信了，百多年来批评之声不绝于耳。鉴于当前有的专家学者在严厉批评 GR 的同时明确表示不愿意放弃对 SR 的信任，我们在此略抒己见。本文企图回答的问题是：Is Einstein's special relativity correct? 这个论题其实很大，我们只能摘要叙述。

2 狭义相对论（SR）的主要内容

我们先看 SR 的核心内容是什么。SR 的基础是两个公设和一个变换。第一公设说"物理定律在一切惯性系中都相同"，即在一切惯性系中不但力学定律同样成立，电磁定律、光学定律等也同样成立。第二公设说"光在真空中总有确定的速度，与观察者或光源的运动无关，也与光的颜色无关"。这被 Einstein 称为 L 原理。为了消除以上两个公设"在表面上的矛盾"（运动的相对性和光传播的绝对性），SR 认定"L 原理对所有惯性系都成立"；或者说，不同惯性系之间的坐标变换必须是 Lorentz 变换（LT）。现在，Einstein 认为 LT 不仅赋予 Maxwell 方程以不变性，而且是理解时间与空间的关键，即用 LT 把时、空联系起来。SR 还有 4 个推论（运动的尺变短、运动的钟变慢、光子静质量为零、物质不可能以超光速运动）和 2 个关系式（速度合成公式、质量速度公式），这些便是构成 SR 的主要内容。至于质能关系 $E = mc^2$，我们认为它不能算是 SR 的导出关系式。

先看第一公设（狭义相对性原理）；1905 年 Einstein[2] 说："企图证实地球相对于'光媒质'运动的实验的失败，引起了这样一种猜想……在力学方程成立的一切坐标系中，对于上述电动力学和光学定律都同样适用……我们要把这个猜想提升为公设。"这就是说，他是把力学领域里熟知的 Galilei 相对性原理推广到所有现象——首先是电磁现象，并希望由此提出自然界和时空相互联系的性质的结果。因此，狭义相对性原理是说"一切物理定律在相对作匀速直线运动的所有惯性系内均成立"。

再看第二公设；1905 年 Einstein 说[2]："光在空虚空间里总是以一确定速度 c 传播着，这速度同发射体的运动状态无关"。与第二公设相联系的另一个核心概念是"同时性的相对性。"设在 A 点的钟可定义在 A 处事件的时间（t_A），在 B 点的钟可定义在 B 处事件的时间（t_B）；但如何比较 t_A 及 t_B？需要一个"同时性"定义。为此，Einstein 提出光速不变假设。如在 t_A 发送光脉冲，则 B 处时钟指示的时间为

$$t_B = t_A + \frac{l}{c_{AB}}$$

c_{AB} 是 A→B 的单向光速，被认为不可观测，因它取决于钟 A 和钟 B 的事先同步（单向光速与同时性定义有关）。现在 Einstein 按 $c_{AB} = c_{BA} = c$ 而定义同时性，这与按回路光速不变原理出发而定义不同（迄今各种实验只证明回路光速不变，而非单向光速不变）[3]。光速不变原理如正确，则时间、同时性不是绝对的，长度测量也失去绝对性（在不同惯性系中测量得到结果不同）。

还有一个 SR 的核心概念是"不存在 preferred frame（译作优越坐标系或优越参考系）"。这件事关系到对"以太"的理解。J. Maxwell 在 1879 年去世前一直关注着测量以太（ether）的可能性，希望测出地球与以太的相对速度——假如以太存在的话。但1887 年的 Michelson-Morley 实验就未观察到这一速度，以太理论岌岌可危。1892 年 H. Lorentz 发表论文（《论地球对以太的相对运动》）提出了长度收缩假说，1895 年更精确地给出了这一收缩的系数为 $\sqrt{1-v^2/c^2}$，亦即在运动方向上有

$$l = l_0 \sqrt{1-\beta^2}$$

式中 $\beta = v/c$；据此他预言在地球上不能观测到"以太风"的数量级的效应。此后，1904 年 Lorentz[4] 发表的论文中提出了 LT。到 1905 年，Einstein[2] 说由两个公设并运用 Maxwell 理论即可得简单的动体电动力学，"光以太概念是多余的"。1907 年，Einstein[5] 重申必须抛弃以太，并说组成光的电磁场不是一种状态而是一种实物。但到1920 年，Einstein[6] 说，SR 也并不一定要求否定以太，也可以假定以太是存在的，只是必须不认为它有确定的运动状态。为什么呢？"否认以太存在最后总意味着空虚空间绝对没有任何物理性质"；但任何空间都有引力势，它对空间赋予度规性质（用10个函数即引力势 $g_{\mu\nu}$ 描写空虚空间是广义相对论的内容）。换言之，引力场的存在是和空间相联系的，这与电磁场不同（在某个空间部分没有电磁场是可能的）。因此，Einstein 说，按照 GR，"一个没有以太的空间是不可思议的，因为在这种空间里光不能传播，而量杆和时钟也不能存在了"。我们看到，在 SR 发表 15 年后，Einstein 不再说以太多余并不断重复一个名词——"广义相对论以太"（ether of GR）。

如果我们局限于讨论 SR，就不能把 Einstein 提出 GR 以后的思想与原来的 SR 混为一谈。众所周知，SR 认为不存在优先的参考系，认为任何惯性系都是等价、平权的，

只有相对运动才有意义。反之，Lorentz 理论是以绝对时空观以及存在以太（形成绝对坐标系）作为出发点的，它可以解释 M-M 实验的零结果。也就是说，Lorentz 选择以太作为优先的参考系，静止在这个系中的物体长度最大、时钟走得最快、时间是 Newton 的绝对时间（唯一真实的时间）；而相对于这个系运动的物体会缩短，时间会变慢。而长度、时间的变化总是绝对的，可由对应于以太的速度唯一地决定。这就与 SR 不同；SR 认为这些变化是相对的、可倒易的，不存在什么绝对时间。

3　SR 理论体系的内在矛盾和不自洽

首先，光速不变的绝对性与强调运动相对性的狭义相对性原理是不可能相容的。在 SR 的两条基本假设之间存在着不可调和的矛盾，这一点已在 20 世纪 70 年代由 E. Silvertooth 证明了。虽然 Einstein 本人对此也心存疑虑并试图证明只是存在表观矛盾，但未能解决二者的相容性。实际上在 Einstein 用同时的相对性和长度收缩这两个由公设（原理）导出的推论来证明相容性时，已经犯了本末倒置和逻辑循环的错误。Einstein 断言没有绝对运动以坚持相对性原理，又把无静止系因而是绝对运动的光引入来构造第二公设，两个公设互不相容极其明显。

具体到第一公设（狭义相对性原理），早在 20 世纪 60 年代就受到批评，例如 H. Bondi[7]（在 1962 年）、P. G. Bergman（在 1970 年）、N. Rosen（在 1971 年），他们认为在宇观尺度上 SR 的相对性原理被破坏，因此时惯性运动和惯性系概念已不再适用。2005 年郭汉英[8]说，当今物理学要求把宇观物理和微观物理联系起来用统一规律描述，但相对性原理与宇宙学不协调；这表现在河外星系红移的发现表明宇宙现象存在优越速度，这一点早在 1962 年就由 Bondi 指出了。满足相对性原理的物理规律按说没有时间方向，但宇宙演化、膨胀却给出了时间方向。这些导致相对性原理不再成立。正如 Bondi 所说，宇宙学和相对论物理理论之间有明显冲突。

2007 年谭暑生[9]的论述与郭汉英一致但又深入一步：宇宙学原理要求描述宇宙演化和宇宙空间的标准坐标系，它是一个优越的时空坐标系；大尺度时空根本不是 SR 的 Minkowski 时空，而是宇宙标准时标和宇宙背景空间，故 SR 时空观及相对性原理在宏观尺度上是不成立的。SR 单纯强调运动的相对性而忽视运动的绝对性，造成了深刻的逻辑矛盾。

另外，也有学者对第一公设设计专门的证伪实验。2008 年王汝涌[10]说，如果在一个封闭系统中实验，发现在两个匀速直线运动状态下所得结果不同，即证伪了狭义相对性原理；而且，如实验是使用光速，也就证伪了光速不变原理。他把这个课题称为"速度计项目"，也有做实验的打算。

关于第二公设（光速不变原理），现有的表述都是假设，至今缺乏真正的实验证明。这是连相对论学者都承认的，例如张元仲指出[3]，说"光速不变已为实验证明"并不确实。Einstein 光速不变原理所指为单向光速，即光沿任意方向的传播速度；但许多实验所测并非单向光速的各向同性，而是回路光速的不变性。此外，该书 1994 年重印本再次强调单向光速不可预测，这是因为"我们并没有先验的同时性定义，而光速的定义又依赖于同时性定义"。张元仲认为 Newton 的绝对同时性在现实中无法实现；Einstein 提出光速不变假设，即用光信号对钟；说是假设，因它不是经验（实验）结果，因为单向光速的各向同性没有（也无法）被实验证明。要测量单向光速就得先校对放在不同地点的两个钟，为此又要先知道单向光速的精确值。这是逻辑循环，因此试图检验单向光速的努力都是徒劳的（文献[3]列举的多个实验都是为了证明回路光速不变原理）。

多年来在科学界一直有人提出与光速不变原理不同的意见。1936 年，A. Proca[11] 提出了在考虑光子静止质量（$m_0 \neq 0$）时的对 Maxwell 方程组的修正；而在 Proca 方程组的理论体系中，光速不变原理不再正确，光速将与电磁波的频率有关。1980 年，陆启铿等[12] 提出"放宽对光速不变原理的要求"，即把"假定同一惯性系中任一时空点测量的光速都是 c"，改为"给定惯性系中只有一个时空点（可选为时空坐标原点）的光速都是 c"。这是为了减小 SR 与现代宇宙学的冲突。

在实验方面，文献[3]列出了"光速不变性"方面的实验共 12 个（从 1881 年到 1972 年），"光速与光源运动无关性"方面的实验共 16 个（从 1813 年到 1966 年）。但前者只说明回路光速不变原理，后者只适用于 $v \ll c$ 的情况。1996 年，陈绍光等[13] 以实验检验光速是否各向同性，据称已达到 $\Delta c/c < 1 \times 10^{-18}$ 的精度，但也是针对双向平均光速的。近年来，美国 St. Cloud 州立大学的王汝涌（R. Wang）研究员用现代科技重做 Sagnac 类型实验，使用了运动光纤、空心光纤、呈之字形移动的光纤以及分段的光纤，在不同速度条件下做了现代的 Sagnac 实验，证明速度对来回运动的光纤中的光传播有影响，光的传播时间是不同的。2005 年王汝涌说[14]"我们的结果证伪了光速不变原理"（a result falsifying the principle of the light-speed constancy）。

总体而言，光速在 SR 中的数学表达似乎是混乱的——有时 $c \pm v = c$，有时 $c \pm v \neq c$；c 既是有限值，又仿佛是无限大。光速不变原理否定了传统的速度合成法则，造成了物理学中的两种速度求和方法——经典物理的和相对论的，这造成了混乱。

近年来国内外多位科学家提出存在优先参考系，即认为有绝对坐标系的形成。故 Lorentz-Poincarè 时空观重新受到重视；亦出现了进一步的理论。多年前科学刊物 *New Scientist* 所报道的"以太理论高调复出、取代暗物质"，也在提醒我们不宜完全抛弃 SR 理论出现之前的科学成果。如果说现在有向 Galilei、Newton、Lorentz 回归的倾向，那也是在现代条件下的高层次回归，而不是简单地倒退到旧有的概念。

Lorentz 物理思想重新受到重视是有原因的。1977 年 Smoot 等[15] 报告说，已测到地球相对于微波背景辐射（CMB）的速度为 390km/s；因而物理学大师 P. Dirac[16] 说，从某种意义上讲 Lorentz 正确而 Einstein 是错的。美国物理学家 T. Flandern[17] 于 1997—1998 年间发表引力传播速度（the speed of gravity）是超光速，为 $v \geq (10^9 \sim 2 \times 10^{10})\ c$，同时声称用 Lorentz 相对论（Lorentzian relativity）就能解释这些结果，而 SR 在超光速引力速度面前却无能为力。

时间延缓问题本文不再详述，现在谈一下 Sagnac 效应、GPS 修正和 SR 两公设的检验。1913 年法国科学家 G. Sagnac[18] 做过一个实验：在一个旋转圆盘上，两个反向传播的光束经过一闭合回路所用的时间不同，其差值为

$$\Delta t = 4 \frac{A\omega}{c^2}$$

式中 ω 是旋转角速度，$A = \pi r^2$ 是回路面积。Sagnac 效应与光速不变原理是否有矛盾？争论一直不断。由于光束是作圆周运动，而 SR 是针对匀速直线运动，故未有肯定结论。另外，1925 年 A. Michelson 和 H. G. Gale 发现了地球自转的 Sagnac 效应；1985 年通过比较地球上三个地面站（分处美国、德国、巴西）收到的 GPS 卫星的信号时间，证实了地球自转的 Sagnac 效应对收到信号时间的影响。

现已查明，在同一轨道上的两个 GPS 卫星之间的信号传递，从后面卫星传到前面卫星的时间，比前面卫星传到后面卫星的时间，多出几个纳秒（ns）。这是 Sagnac 效应造成的，是不可忽略的。有人认为进行的修正是相对论性的，因为光速不变原理说在一个惯性系中光速总是 c，而当接收器运动时，光束要多走一些或少走一些路程，故到达接收器会晚一点或早一点。王汝涌[10] 认为：光速不变原理是指在所有惯性系中光速都是 c，而非只在某个单独惯性系中是 c，因此看成相对论修正是不对的。他指出：“与狭义相对论的断言相反，相对于运动的观察者而言，光速并非永远保持恒定。GPS 显示，在地球惯性中心（Earth Centered Inertial, ECI）非旋转框架里，光速相对于框架恒定为 c，但不是相对于该框架中运动的观察者（或接收机）恒定为 c。”

王汝涌曾设计了多个推广的 Sagnac 效应实验，除基本实验之外又有零面积、8 字形、剪切平行四边形等。如果比较两个边长不同的剪切平行四边形，实验会发现当匀速直线运动的上边长度增加 ΔL，时间差就增加 $v \cdot \Delta L / c^2$；这与光速不变原理不相容。

4　中国科学家对光速不变假设的大尺度判决性实验

既然光速不变原理来自静止以太理论，而 M-M 实验却否定了以太，那么光速不变

原理是否还应存在呢？Einstein 的做法，不但保留光速不变这个假说，而且提高其地位。他曾说："第一步要拒绝以太假说；然后为走出第二步，必须使相对性原理容纳 Lorentz 理论的基本引理，因为拒绝这条引理即是拒绝这个理论的基础。以下即此引理：'真空中光速为常数，并且光速和发光体的运动无关。'我们将此引理上升为原理。为简单起见我们以后称之为光速不变原理。在 Lorentz 理论中此原理仅对一个处于特殊运动状态的系统成立：即必须要求系统相对以太为静止。假如我们想保留相对性原理，我们必须容许光速不变原理对任何非加速度运动系成立。"

Einstein 又说："根据经验，我们还把下列量值

$$\frac{2\,\overline{AB}}{t'_A - t_A} = c$$

作为一普适常数——空虚空间的光速。利用在静止系中的静止钟来定义时间这一点是本质的，我们称现在适合于静止系定义的时间为'静止系时间'。"

很明显，在这当中有一些需要用实验证明的假设。在 Einstein 1905 年论文中还没有这样的实验证明，因而 Einstein 把自己的做法称为"借助于某些物理经验"的假设。百年来人们大多立即接受之，未考虑这当中会不会有问题。根本之点在于，Einstein 提出了一种使用往返双程的光信号定义。$t_B - t_A = t'_A - t_B$ 这个假定成立的式子表示：光在"往"和"返"同样路程时所需的单程时间相同，亦即"光速与光的进行方向无关"。这样一来，"光速不变原理"（或"光速恒定性原理"）就成为一个必不可少的理论假设。但是，这当然是一件尚待实验证明的事情。

总之，作为 SR 的两个基石之一的光速不变原理，只是 Einstein 为了保留原来基于静止以太的物理方程的数学形式，而用定义作为一种处理手段；即定义光信号通过"往"和"返"两个单程的时间相等，并引进了"静止系"和"静止钟"时间概念。

2009 年 1 月，林金等[19] 在《宇航学报》发表了论文《爱因斯坦光速不变假设的判决性实验检验》，对他们团队利用航天高新技术在大尺度距离上进行实验的情况做了详细报道。这是一项绝无仅有的工作。众所周知，世界在 1957 年进入了航天时代。时间技术（原子钟及时间信号远距离传递）加上卫星通信技术（导航电文），使得单程光（电磁）信号成为现实。于是具备了实验条件来检验 Einstein 在 1905 年论文中的假设定义等式 $t_B - t_A = t'_A - t_B$ 是否真实成立。2008 年林金等在中国科学院国家授时中心（原陕西天文台）的双向卫星时间传递（Two Way Satellite Time Transfer，TWSTT）设施上完成了对 Einstein 1905 年的同时性定义的判决性实验。实验观测数据证明，在存在相对运动情况下，Einstein 假设的等式是不成立的！实验检验的原理是基于狭义相对性原理和单程光（电磁）信号同时性定义。检验原理通过对比单程光信号同时性定义和 Einstein 双程光信号同时性定义的测量机制证明：在 A 和 B 间有相对运动的情况下，把双程光信

号分解成"往"和"返"两个单程光信号的信号传递时间是必然不相等的。在林金等的实验中，西安临潼地面观测站和乌鲁木齐地面观测站的铯原子钟，分别通过鑫诺卫星和中卫一号卫星进行双向时间传递。观测数据证明，卫星和地面站之间存在的相对速度虽然只有1m/s量级，但是由于信号通过同步卫星传递的距离达到72000公里的量级，造成西安临潼站和乌鲁木齐站之间"往"和"返"两个单程信号通过的时间不相等，差值为1.5ns量级。观测结果验证了林金理论分析的结论，实验中不确定度在±0.01ns量级。

这项由航天大系统完成的、在地面实验室不可能实施的判决性实验结果，动摇了SR的一块基石。因此林金认为从卫星系统和惯性导航测量原理的视角，应当重新再思考传统的时间和空间理论。从卫星导航特有的单向光（电磁）信号视角应重新恢复Galilei变换的地位。

从表面上看，只要有一个地面站（当作 A 点）和一个卫星（当作 B 点）就可以做实验了。但实际上并非如此，现代原子钟技术和航天技术的发展使得利用单程光信号进行时间同步成为可能，双向卫星时间传递（TWSTT）概念正是利用远距离的两台原子钟同时各向对方发射电磁信号（不同钟同时刻的秒脉冲）来实现远距离原子钟时间同步的。现在，林金等采用两台（分处两地）原子钟 A_j 和 A_k，原则上他们应同时向对方发射光信号。实际上 A_j 和 A_k 为地球上相隔遥遥距离并随地球在地心惯性系中转动的观测站，无法实现直接视线方向的观测和通信，所以技术上 A_j 钟和 A_k 钟的双向单程光信号时间同步的观测模型是通过地球同步定点通信卫星 S_n 转发实现的。

实际的实验，考虑因素很多，例如要考虑地面站和卫星在地心惯性系中的运动对观测方程的影响，以及其他复杂问题；甚至还要考虑 Sagnac 效应。林金团队最终得到了双向卫星时间传递观测方程，原则上单程信号观测量由钟差、Sagnac 效应和信号传递时间三个部分组成。在实际的单程观测量中要进行钟差和 Sagnac 效应修正，之后才能得到 Einstein 单程光信号同时性定义的两个基本要素：光信号到达时刻钟上的读数和光信号走这段距离所需的时间。但在双向卫星时间传递中，双方通过通信手段都掌握了双方对发的两个单程信号观测量，双向的单程信号观测量相加时钟差和 Sagnac 效应由于原理上的不对称性自动对消，于是最终得到了单程信号传递时间和双方钟上读数的关系式。

实验数据的收集分成两个大组：①临潼站与乌鲁木齐站通过鑫诺卫星转发观测数据；②临潼站与乌鲁木齐站通过中卫 1 号卫星转发观测数据。国家授时中心对信号传递各环节的时延进行了仔细的标定，并进行了经常性或实时的监测，从多年长期记录的原始观测数据分析可以看出数据精确稳定。林金团队以 2008 年 2 月 18 日 12 时至 13 时原始观测数据为例做了说明。林金认为观测数据证明卫星和地面站之间存在 1m/s 量级的相对速度会造成西安临潼站和乌鲁木齐站之间"往"和"返"两个单程信号通过的时间不相等，差值在 1.5ns 量级；观测结果的不确定度在 ±0.01ns 量级。Einstein 1905 年以定义方式引进的等式 $t_B - t_A = t'_A - t_B$，在有相对运动情况下不成立。笔者认为，这是一个大气魄的实验，而且很重要，航天大国（美国、俄罗斯）都没有做过。

5　讨论

SR 时空观与 Galilei、Maxwell 及 Lorentz 时空观的根本区别在于 SR 时空观的相对性。1922 年 Einstein 曾说："由于未加论证就把时间概念建立在光传播定律基础之上，从而使光传播在理论上处于中心地位，狭义相对论遭到了许多批评。"

先看 1905 年 Einstein 对"同时性"的概念怎么说，Einstein 写道："我们应当考虑到：凡是时间在里面起作用的我们的一切判断，总是关于同时的事件的判断。比如我说，'那列火车 7 点钟到达这里'，这大概是说：我的表的短针指到 7 同火车的到达是同时的事件。可能有人认为，用'我的表的短针的位置'来代替'时间'，也许就有可能克服由于定义'时间'而带来的一切困难。事实上，如果问题只是在于为这只表所在的地点来定义一种时间，那么这样一种定义就已经足够了；但是，如果问题是要把发生在不同地点的一系列事件在时间上联系起来，或者说——其结果依然一样——要定出那些在远离这只表的地点所发生的事件的时间，那么这样的定义就不够了。"

笔者认为，虽然 Einstein 在其 1905 年论文的开头即突出地讨论"同时性的定义"，但他确实是"未加论证"（实际上是没有实践证实作为基础）就把"单程光速不变"从假设上升为"原理"，并导致了同时性的相对性，亦即时间是相对的。但是我们知道有那么多的人认为时间是绝对的。SR 中有尺缩、时延现象；因而同一事件在不同参考系中观测到不同的结果——根本没有判断测量结果的标准，而是作相对运动的两个观察者都可以说对方的钟慢了、尺短了，双方所说都可以成立。这种相对主义的教导曾经弄糊涂了许多人。可以说，1911 年 P. Langevin 提出的"双生子佯谬"也是对相对主义（relativtism）的反对，据说 Einstein 本人也解释不了。

中国科学家站在新的时代的起点上，把问题进行了深化和解读。林金等[19]的论文题目即表明他要做一个对 Einstein 光速不变假设的判决性实验检验。他们在几万公里大尺度上做成功实验，检验了"单向光速是否各向同性"，得出了否定的结论，回答了长久以来的问题。因此，笔者认为林金实验动摇了 SR 的基石[20]。

不仅如此，作为在航天系统长期工作的卫星导航与惯性导航专家，林金就自主惯性导航提供一个新理论模型，用来分析处理惯性导航的时间定义、测量机制和超光速运动。他认为，一个运动质点自己可以测量自己相对一个给定惯性系的位置、速度和加速度，作为质点自带的运动钟固有时间的函数。原理上不需要与外界交换信息，不存在任何信号传递的速度问题。自主惯性导航是基于引力场的性质，即使这个世界没有电磁场、没有光，纯惯性系统照样工作，照常自主定位、测速；既如此，$3 \times 10^8 \text{m/s}$ 为何会成为速度的极限？简言之，惯性导航的宇宙飞船的时间定义即飞船运动钟固有时间；只要未来能开发出新型动力源，飞船的速度不存在上限。林金还认为，应恢复光子和其他微观粒子相同的普通地位，即有静止质量，其速度也不是极限速度。

因此，林金院士对 SR 提出了全面的挑战。在前面我们引述了 Einstein 对同时性的说明，其中说用一只表定义时间的不可能性。然而，正如林金所指出的，今天的纯惯性导航只用"一只表"的固有时间，是完全自主的，不需要辐射或接收任何光（电磁）信号和外界发生联系，所以测量机理十分简单。设想一艘配备有惯性导航仪器的宇宙飞船，飞船相对惯性坐标系（Galilei 参考系）作加速飞行。只要积分的时间足够长，飞船相对惯性系的飞行速度（加速度表输出脉冲总数）可以超过 $3 \times 10^8 \text{m/s}$。无须设想恒定或随时间变化的引力场，宇航员观察惯性仪表的指示，进行完全自主式的宇宙航行。加速度表先在静止在地面（发射点）的引力场中标定，在飞行中测量火箭推力产生的惯性加速度。加速度表静止在地面实验室做寿命试验，等效于加速度表在没有引力场的宇宙空间做 $1g$ 的恒加速飞行试验。由于

$$\frac{c}{g} \cong \frac{3 \times 10^8 \text{m/s}}{9.8 \text{m/s}^2} = 30612245 \text{s} = 354 \text{ 天}$$

故大约一年后飞船速度超过 $3 \times 10^8 \text{m/s}$，即以超光速航行。这些就是一位航天专家的简明扼要的论述，其结论与笔者反复阐明的内容（肯定超光速的可能性）完全一致。

那么，是不是卫星漂移造成光信号"往""返"路程不等造成林金测到的时间差[21]？2021 年马青平[22]做了详细分析，否定了这种看法，认为林金实验证明了电磁信号中转卫星漂移条件下的单向光速可变。他所做计算得到时间差为 1.6ns，与林金等测出的 1.5ns 非常一致。此外他还建议了在太空中做更理想实验的方案。无论如何，我们对林金的贡献都很推崇，对他在 2016 年不幸因病去世深表惋惜。

6 有质粒子作超光速运动的可能性问题

SR 的一个重要推论是不可能有超光速运动。对超光速笔者研究多年，著述颇多[23-24]；在这里难以用很少篇幅讲清楚 Einstein 的错误，这里只能做简单叙述。以下两式是最基本的粒子物理学方程

$$E = mc^2 \tag{1}$$

$$m = \frac{m_0}{\sqrt{1 - v^2/c^2}} \tag{2}$$

式中 E、m_0、v 分别为粒子的能量、静质量、速度；故可得

$$E^2 - m^2 c^2 v^2 = m_0^2 c^4$$

令粒子动量为

$$p = mv \tag{3}$$

得到

$$E^2 - p^2 c^2 = m_0^2 c^4 \tag{4}$$

故得

$$E = \sqrt{p^2 c^2 + m_0^2 c^4} \tag{4a}$$

而粒子动能为

$$E_k = E - E_0 = \sqrt{p^2 c^2 + m_0^2 c^4} - m_0 c^2 \tag{5}$$

式中 E 为粒子总能量，E_0 为粒子静止时能量。以上除式（3）是定义之外，其余 4 个等式（或说 4 个方程），一直是粒子物理学家的准则，罕见有人质疑或挑战。

经典 Newton 力学的动能方程为

$$E_k = \frac{1}{2} m v^2 = \frac{p^2}{2m} \tag{6}$$

式中 m、v 分别为动体的质量与速度。在 Newton 力学中质量不随速度变，故也可写出下式

$$E_k = \frac{1}{2} m_0 v^2 \tag{7}$$

故有

$$\frac{v^2}{c^2} = \frac{2E_k}{m_0 c^2} \tag{8}$$

但由式（5）可以推出

$$\frac{v^2}{c^2} = 1 - \left(\frac{m_0 c^2}{m_0 c^2 + E_k} \right)^2 \tag{9}$$

式（8）与式（9）非常不同，这源于式（6）与式（5）的不同。可见，经典力学与狭义相对论（SR）力学有非常大的分歧。当 p 增大时，二者 E_k 的都增加；但 Newton 力学方程的 E_k 增加更快，数值也比 SR 算出的大。

公式（4a）是 SR 的反映能量—动量关系的动力学方程（标量形式）；按级数展开并近似地只取前两项，得

$$E \cong m_0 c^2 + \frac{p^2}{2m} = E_0 + \frac{p^2}{2m} \tag{10}$$

式（10）右方第 2 项等同于式（6），即近似地得到 Newton 力学的动量动能方程。

关于相对论力学存在的问题我们暂且不谈，先看一下 Einstein 反对超光速的理由。他的基本理由如下：①由于 SR 认为"运动物体在运动方向变短"，而变动的程度取决于因子 $\sqrt{1-\beta^2}$（注：$\beta=v/c$，与 Einstein 文章中 β 的意义不同）。因而，当 $v=c$ 时，物体成为扁平，故 Einstein 认为，再讨论 $v>c$ 的情况，不再有任何意义。②在分析电子的运动时所得到的数学式表明，v 越大动能越大，而且动能的增加亦取决于因子 $\sqrt{1-\beta^2}$。当 $v=c(\beta=1)$，电子的动能成为无限大，没有意义。故电子不可能加速到光速 c，更不可能达到比 c 还大的速度。③对物质的运动来讲，由于因子 $\sqrt{1-\beta^2}$ 的作用，其速度不可能比光速还快。

然而百余年来从未发现过"运动的尺变短"的实验事实，论点①是无价值和无意义的。实际上相对论者一向回避提这个论据，因为这是 SR 的弱点之一。在运动方向上会发生长度收缩是 H. Lorentz 于 1892 年提出的，1895 年他把收缩因子定为 $\sqrt{1-v^2/c^2}$（即 $\sqrt{1-\beta^2}$）。这一理论随即受到科学家们（如 Poincare、Lienard）的批评。如果物体在运动方向会变短（而且 v 越大缩短越多），那么物质密度就会变化；这都与事实不符。1904 年 Lorentz 提出了时空变换方程（Lorentz transformation，LT）；Einstein 于 1905 年提出 SR。这二者并不完全相同，例如长度收缩，Lorentz 认为是物质内部分子力改变造成的，Einstein 则视其为空间属性之一。但不管怎么说，这些都没有实验基础。

再看论据②；他的公式中 m_0 是电子开始运动时的质量，用后来物理界习惯的符号应为 m，故可写作

$$W = \frac{m_0 c^2}{\sqrt{1-\beta^2}} - m_0 c^2$$

式中 W 是电子的动能，即 E_k，故上式实为

$$E_k = E - E_0 \tag{5a}$$

此即本文的公式（5）；因此这里没有新的物理内容。如果物质质量随速度变化的观点可疑，这里不再需要讨论。也就是说，即使把速度加大到 $v=c$，也不会出现无限大质量和无限大能量的情况。

相对论者会说，加速器的技术实践早已表明，提高能量是使粒子（电子或质子）加速飞行的有效手段，甚至是唯一方法；而且加速粒子实际上只能达到非常接近 c 的值，例如 $0.99999c$；既如此，传统理论（包含 Einstein 在 1905 年的论述）怎么可以反对？对此，笔者提出以下观点：首先，"用现在加速器没有得到过 $v=c$ 或 $v>c$ 的粒子"，与"宇宙中不会有超光速粒子"（或"不可能有超光速运动"）不是一个概念。根据电磁场与电磁波原理设计的加速器，其中飞行的带电粒子速度只能无限接近 c 而不

能达到 c，是很自然的，因为电磁波本征速度就是 c；这说明不了问题。这就如同某人带着球跑，球的速度最高只能是人的速度。其次，我们不否认加大电磁能量能使电子加速，但这与证明 SR 质速方程和整个 SR 能量关系不是一回事。特别是目前完全没有针对中性粒子（如中子、原子）的实验证明，因而提出速度上的普遍限制没有道理。再者，更大的问题在于 Einstein 仅把电子看成一个质量 m、速度 v 的一般动体（general moving body），推导中没有考虑电子是携带电荷的特殊动体（special moving body），因而缺少一个计入了运动电荷影响的电动力学理论。中国学者进行分析[11]，得到的结果与 Einstein 显著不同。数学分析计算证明[25]，电场对电子做功，即使速度达到光速也不是无限大，而是有限值。现在的结果与 Newton 力学一致，而与 SR 力学所说不相符合。

在一次学术会议上，国内著名激光物理学家、计量学家沈乃澂研究员说了这样一段话："当前理论物理学的困境如何突破需要考虑。过去的理论物理常常是靠猜测；例如 Einstein 的'光速不变原理'，所讲的是单程光速，但并无实验证明（迄今只有双程光速不变得到证明）。又如 Einstein 说光速不可超越，这也没有实验证明。长期以来挑战 Einstein 在科学界被视为禁区；但我们也看到，虽然大量书籍文献宣传相对论，而挑战这一理论的却大有人在，这是为什么？量子力学就没有这个情况。又如相对论说当速度趋近于光速 c 时，物体长度会变得很短趋于零、质量会不断增大趋于无限大，这些都缺少实验证明，是不成立的。然而，量子纠缠态传播速度远大于 c；1987 年超新星爆发时中微子比光子早到地球；这些都表明了超光速的可能性。再举一个例子，当前'米'定义是以 c 为基础，但前提是 c 不变，这都有待于提出精确的实验证据。"这些话既通俗又深刻。

7 关于质能公式 $E = mc^2$

公式 $E = mc^2$ 既非 Einstein 导出的也非 SR 的一部分，这是多数人都不知道的一件事。由于该公式已成为 Einstein 的标志性符号，揭露事实真相有人会不理解。至于 Einstein 是否剽窃他人成果，待我们理清事实再下结论。最早明确得出这个关系式的人是 Jules Henri Poincarè（1854—1912），他是法国数学家、物理学家。在 SR 提出之前 5 年（即 1900 年），H. Poincarè[26] 发表论文《Lorentz 理论和反应原理》，出发点是 Maxwell 电磁理论，实际上是对一个光脉冲或是一个波列进行计算。这其实是任何人都能进行的推导：假设电磁场动量为 p，光脉冲的"质量"为 m（笔者注：在 1900 年尚无光子概念），那么 $p = mv$，这里 v 是电磁场在空间的传播速度。这个速度当时已知道是光速，故 $p = mc$。对电磁场的研究侧重于电磁能量的流动，认为电磁辐射的冲量是 Poynting 矢量的大小与光速平方之比，即 S/c^2。设质量为 m 的物体吸收的电磁能为 E，那么由动量守恒可证明物体动量的增加来自电磁能冲量。设静止"物体"吸收电磁能之后获得了速度 v，那么就有

$$mv = \frac{S}{c^2}$$

取 $S = Ec$，则有 $mv = Ec/c^2$，故如这个"物体"就是电磁能自己（$v = c$），即得

$$m = \frac{E}{c^2} \qquad (1a)$$

这里 m 代表电磁辐射的惯性（质量）。上述推导表明，Poincarè 以简捷明快的方式和已有经典物理学知识，便捷地导出公式 $E = mc^2$；因此把该式称为"Poincarè 公式"更为恰当。其实，Einstein 自己也说，质能公式可以用 SR 提出之前的已知原理推导出来。因此，质能公式与相对论没有直接关系。

1905 年 Einstein[27] 发表论文 *Does the inertia of a body depend upon its energy content?*（物体的惯性同它所含能量有关吗?）。首先引起我们注意的是他在题目中所用的词是"惯性"而不是"质量"。不能说此文没有意义，但也必须指出几十年来有众多的研究者指出该文是一个糟糕的推导；甚至给人以这样的印象——Einstein 是先知道结果($E = mc^2$)，然后拼凑出一个推导并发表了它。该文在开头说："假设有一组平面光波，参照于坐标系 (x, y, z)，设波面法线与 z 轴交角 φ；而又有另一坐标系 (ξ, η, ζ) 相对于 (x, y, z) 作匀速平行移动，其坐标原点沿 z 的运动速度是 v；那么该光线在新坐标系中的能量为

$$E' = E \frac{1 - \dfrac{v}{c}\cos\varphi}{\sqrt{1 - \dfrac{v^2}{c^2}}} \qquad (11)$$

这里 c 表示光速，我们将在下面使用这一结果。"（注：公式编号是笔者所作，非原文的号码；下同）

这是奇怪的，已在另一篇文章《论动体的电动力学》[2] 中提出光速不变原理的 Einstein，认为仅仅由于人为地选择了不同坐标系光的能量就会由 E 变为 E'，而且没有给出任何证明。他接着说，为考察此系统的能量关系，设在 (x, y, z) 有一静物，其能量对 (x, y, z) 为 E_0，对 (ξ, η, ζ) 为 H_0。现在假设该物是发光体，发出平面光波方向与 z 轴交角 φ，能量为 $L/2$，该物在反向发出等量的光。同时，该物对 (x, y, z) 为静止。考虑同一物体参照相对运动的两坐标系的能量的差值 Δ，对另一坐标系而言 Δ 与物体的动能之间的差别只是一个常数。用 K 表示动能，最终他得到

$$K_0 - K_1 = L\left\{\frac{1}{\sqrt{1 - \dfrac{v^2}{c^2}}} - 1\right\} \tag{12}$$

略去高阶小量，得

$$K_0 - K_1 \approx \frac{L}{2c^2}v^2$$

用现代习惯的符号，可写作

$$\Delta E_k \approx \frac{E}{2c^2}v^2 \tag{13}$$

式中 E_k 为动能，ΔE_k 为动能变量，E 为物体放出的总能量。现在，Einstein 接着说道："假如物体以辐射形式放出能量 E，那么它的质量就要减少 E/c^2。"以上所述即为 $E = mc^2$ 公式的 Einstein（1905 年）推导。

在上述推导中，Einstein 是做了 Taylor 级数展开并取近似值的处理，即

$$\frac{1}{\sqrt{1 - \dfrac{v^2}{c^2}}} - 1 \approx \frac{v^2}{2c^2} \tag{14}$$

那么，在取 $v = 0$ 时就有

$$K_0 - K_1 = 0 \tag{15}$$

这样，发光前的能量和发光后的能量就相同了，即物体可以"不断地发光而不损失能量"，这显然不对。逻辑上说不通的地方不只这一例。

H. lves[28] 在 1952 年批评 Einstein 的 1905 年推导，认为它不仅不严谨，甚至隐含了一个前提条件 $E = (m_0 - m_1)c^2$，这里 m_0，m_1 分别为物体在辐射前后的质量。也就是说，需要证明的结论已隐含在前提中。2004 年，马青平[29] 提出批评，认为 Einstein 所研究的是伴随能量发射和吸收的不同参数系的观测差值，并未涉及静止能量，即未能计算出静止质量到底等于多少能量。马青平用计算（取 $v = 0.8c$）来证明自己的观点；他认为 Einstein 的 1905 年论文有错误，得不出普适方程 $E = mc^2$；该文所研究的是伴随能量发射和吸收的不同参照系的观测差值，并未涉及静止质量到底相当多少能量。有趣的是，物体未运动时运动造成质增 $\Delta m = \Delta E/c^2$，一旦开始运动就有 $\Delta m > \Delta E/c^2$。Einstein 的推导给人的印象是：$E = mc^2$ 的设定在先，推导在后。而这根源在于 Einstein 之前已有人提出质量与能量的互变可能性，以及基本上提出了 $E = mc^2$。2002 年 M. Pavlovic[30] 提出，$E = mc^2$ 是由电子动能方程普遍化的结果，而非相对论的产物。事实上，可以从经典物理导出该式。

总之，对质能方程 $E = mc^2$ 而言，早在相对论问世之前就有多位科学家提出了该式（或提出了类似的公式），可开列如下

O. Heaviside[31]——1889 年、1902 年；

H. Poincarè[26]——1900 年；

O. de Protto[32]——1903 年；

F. Hasenöhrl[33]——1904 年。

因此，不仅 Einstein 不具有发明权，而且该式完全不是"相对论的成果"。

8 对时空一体化的批评

无论 SR 或 GR 均以时空一体化作为出发点，这个概念来自 Minkowski；所有相对论著作都大谈 spacetime（或 space-time），但这个 spacetime（译作"空时"或"时空"）究竟是什么意思？其实人们并不真的了解。教科书中是这样介绍"四维矢量"的：狭义相对论（SR）创立三年后，Minkowski 提出四维矢量概念，即把三维空间加上时间作为一个整体。由于坐标变换中（变换参考系时）出现 $x^2 + y^2 + z^2 - (ct)^2$，这里 c 是光速；但是

$$x^2 + y^2 + z^2 - (ct)^2 = x^2 + y^2 + z^2 + (jct)^2 \qquad (16)$$

因此就说 jct 可作为四维空间的一个分量。构成四维矢量后，$x^2 + y^2 + z^2 + (jct)^2$ 代表该矢量长度的平方；这时可以证明代表一点位置的四维矢量不随参考系变化而改变。1908 年 Minkowski 曾说："从今以后空间、时间都将消失，只有二者的结合能保持独立的实体。"这种古怪的观点立即被 Einstein 接受和使用。

我们认为这种处理方式虽在数学表达上有某些好处，但恰恰违反了物理真实性（physical reality）。把空间矢量与时间矢量"相加"，在实际上不可能，也没有意义！从根本上讲不应把时间和空间混为一谈。我们认为，空间是连续的、无限的、三维的、各向同性的；时间是物质运动的持续和顺序的标志，时间是连续的、永恒的、单向的、均匀流逝无始无终的。空间、时间都不依赖于人们的意识而存在；而且，空间是空间，时间是时间；它们都是描述物质世界的基本量。所谓 spacetime 在计量学及国际单位制 SI 中是不存在的，也不具有可测量的特性。人为地以不同量纲的物理量来构造一个新的参量（所谓 4D 时空），从而把时间和空间这两个完全不同的物理学概念混为一谈，是缺乏合理性的做法。

有趣的是，2014 年出版的书 *Interstellar*（《星际穿越》）中，作者 K. Thorne[34] 承认"空间与时间的混合与直觉相悖"；又说"人类对时空弯曲不甚了解，也几乎没有相关实验和观测数据"。这就足够说明问题了——一贯支持相对论并以其作为指导思想的美国 CIT 教授 Kip Thorne（最早提出 LIGO 项目建议的人，也是 2017 年 Nobel 物理奖获得者之一），也认为时空一体化和时空弯曲都存在问题。这值得我们深思。

Einstein[1]在 1922 年的演讲中说，宇宙是否在整体上是非 Euclid 空间的，人们已做过许多讨论。在相对论建立后，事物的几何性质不再独立，而依赖于质量分布；亦即空间嵌入质量后 Euclid 性质受破坏。他的这些话正是引力场方程的物理表现——考虑物质在 Riemann 空间中的运动。但这些已进入 GR 的范畴，本文不做讨论。

到底什么是时间、什么是空间？这二者是否还能独立地存在？这其实不难回答。长期以来在对相对论的宣传中，空间、时间的独立存在似乎失去了意义，这是我们不能同意的。任何实际的过程或现象都在一定时、空条件下发生；对此，虽可解释成"时、空有联系"或"时、空不能截然分开"，但却不表示时、空之间真有一种强联系，或者像许多理论家所说，真的存在一种东西叫作"时空"或"空时"（spacetime）。老实说，我们怀疑一个正常人头脑中会出现"spacetime"的形象，因为现实中既有时间又有空间，但那是两个东西，却并非真有一个叫"时空"（或"空时"）的东西存在。在计量学中，彼此独立的量称为基本量，由基本量的函数所定义的量称为导出量。基本量的单位称为基本单位，导出量的单位称为导出单位。众所周知，长度和时间都是基本量，国际单位制（SI）的基本单位是米（m）和秒（s）。速度是导出量，导出单位是米/秒（m/s）。因此，所谓 spacetime 在计量学及 SI 中是不存在的，也不具有可定义、可测量的特性。总之，人为地以不同量纲的物理量来构造一个新的参量（所谓 4D 时空），从而把时间和空间这两个完全不同的物理学概念混为一谈，是缺乏合理性的做法。正确的科学理论必定要维护空间和时间的独立意义。

以下是 Newton[35]的说法：

> 绝对空间的自身特性与一切外在事物无关，处处均匀，永不移动。相对空间是一些可以在绝对空间中运动的结构，或是对绝对空间的量度……绝对空间与相对空间在形状与大小上相同，但在数值上并不总是相同。
>
> 处所是空间的一小部分，为物体占据着，它可以是绝对的或相对的，随空间的性质而定。
>
> 与时间间隔的顺序不可互易一样，空间部分的次序也不可互易……所有事物置于时间中以列出顺序，置于空间中以排出位置。

这些说明非常易懂和明晰，百年后（1787 年）受到大哲学家 I. Kant 的支持。而且，并不像有些人常说的那样（Newton 只承认绝对空间和绝对时间）。另外，Newton 论述的是物理空间而非数学空间。数学中，无论 Euclid 几何空间，或者非 Euclid 几何空间，只是数学上的概念和方法。Newton 所依赖的是 Euclid 几何学作为立论的基础。在 Newton 那里，物理实在与数学概念二者分得很清。

Newton 对"时间"又做了如下说明:"绝对的、真实的和数学的时间由其特性决定,自身均匀地流逝,与一切外在事物无关。相对的、表象的和普通的时间是可感知和外在的对运动之延续的量度,它常被用以代替真实的时间。如 1 小时、1 天、1 个月、1 年。"

Newton 对空间、时间的说明,要言不烦,今天来看也十分重要。但长期以来 Newton 的时空观被贬低,似乎不值一提。今天,为数不少的专家学者坚持以下观点,笔者以为是正确的——空间是连续的、无限的、三维的、各向同性的;时间是物质运动的持续和顺序的标志,时间是连续的、永恒的、单向的、均匀流逝无始无终的。空间、时间都不依赖于人们的意识而存在;而且,空间是空间,时间是时间;他们都是描述物质世界的基本量。没有理由说这些观念错了,似乎也没有需要修改的地方。由于这些理由和其他众多原因,2016 年笔者提出了一个说法"牛顿仍称百世师"。

9 结束语

过去笔者听到过一种说法——相对论中的逻辑错误、数学错误及内在矛盾多不胜数,其实是一堆知识垃圾。笔者觉得这样说可能过头了;尽管我们基于那么多的理由认为狭义相对论(SR)是不正确的,但在 1905 年有 Einstein(其人)和相对论(其事)出现,必定有其历史性原因。而且,它引起全世界的人们的分歧和辩论,你可以说是"浪费了许多宝贵时间",但也能说成"极大地促进了思维的活跃从而推动了科学发展"。有意思的是,著名英国物理学家 H. Dingle 长期宣传介绍相对论,甚至受《不列颠大百科全书》编辑邀请撰写了"相对论"条目;但在 1959 年他突然意识到 SR 有一个致命问题:Einstein 理论中如何决定两个作相对运动的时钟中哪一个钟比另一个钟慢?[特别是 Einstein 在 1905 年(论文)和 1922 年(书)都说过两个观测者都会发现对方的时钟变慢]。由于意识到相对主义这个短板,Dingle 放弃了对 SR 的信仰和赞美,别人也无法说他是由于"不懂相对论"所致。

1985 年,正在欧洲核子研究中心(CERN)任职的著名物理学家 J. Bell 说,物理学为了摆脱困境,最简单的办法是回到 Einstein 之前,即回到 Lorentz 和 Poincarè,他们认为存在的以太是一种特惠的(优先的)参照系。可以想象这种参照系存在,在其中事物可以比光快。有许多问题,通过设想存在以太可容易地解决……在发表了这些在当时还是惊世骇俗的观点后,Bell 重复说:"我想回到以太概念,因为 EPR 中有这种启示,即景象背后有某种东西比光快;实际上,给量子理论造成重重困难的正是 Einstein 的相对论。"笔者认为,所谓"回到 Einstein 之前"其实就是说 SR 错了,只是措辞委婉一些而已。

近年来出现了用改进的 Lorentz 理论(modified theory of Lorentz, MOL)取代 SR 的说法,然而详细讨论这个问题已超出本文范围。我们不赞同所谓 Lorentz 相对论

（Lorentz's relativity）的提法，因为"相对论"一词还是专指 Einstein 的 SR 和 GR 为好，尽管它们可能都是不正确的。

参考文献

［1］Einstein A. The meaning of Relativity［M］. Princeton：Princeton University Press，1922.（中译本：郝建纲，刘道军，译. 相对论的意义［M］. 上海：上海科技教育出版社，2001.）

［2］Einstein A. Zur elektrodynamik bewegter körper［J］. Ann d Phys，1905，17（7）：891－895.（中译本：论动体的电动力学［A］. 范岱年，赵中立，许良英，译. 爱因斯坦文集［C］. 北京：商务印书馆，1983，83－115.）

［3］张元仲. 狭义相对论实验基础［M］. 北京：科学出版社，1994.

［4］Lorentz H. Electromagnetic phenomena in a system moving with any velocity less than that of light［J］. Proc Sec Sci，Koninklijke Akademie van Wetenschappen（Amsterdam），1904，6：809－831.

［5］Einstein A. The relativity principle and it's conclusion［J］. Jahr. der Radioaktivität und Elektronik，1907，4：411－462.（中译本：关于相对性原理和由此得出的结论［A］. 范岱年，赵中立，许良英，译. 爱因斯坦文集［M］. 北京：商务印书馆，1983，150－209.）

［6］Einstein A. 以太和相对论［A］. 许良英，范岱年，编译. 爱因斯坦文集. 第1卷［C］. 北京：商务印书馆，1976，120－129.

［7］Bondi H. Physics and cosmology［J］. Observatory，1962，82：133－138.

［8］郭汉英. 爱因斯坦与相对论体系［J］. 现代物理知识，2005，22－32.

［9］谭署生. 从狭义相对论到标准时空论［M］. 长沙：湖南科技技术出版社，2007.

［10］王汝涌. 推广的 Sagnac 效应、GPS 和对狭义相对论两个原理的实验检验［A］. 现代基础科学发展论坛2008年学术会议论文集［C］. 2008，2－9.

［11］Proca A. Sur la théorie ondulatoire des électrons positifs et négatifs［J］. Jour De Phys，1936，（8）：347－353.

［12］陆启铿，邹振隆，郭汉英. 常曲率时空的相对性原理及其宇宙学意义［J］. 自然杂志（增刊），1980，97－113.

［13］陈绍光. 谁引爆了宇宙［M］. 成都：四川科学技术出版社，2004.

［14］Wang R. First-order fiber-interferometric experiments for crucial test of light-speed constancy［J］. Galilean Electrodynamics，2005，16（2）：22－31.

［15］Smoot C. Detection of anisotropy in cosmic blackbody radiation［J］. Phys Rev Lett，1977，39：898－902.

［16］Dirac P. Why we believe inEinstein theory［A］. Symmetries in Science［C］. Princeton：Princeton University Press，1980.

[17] Flandern T. The speed of gravity: what the experiments say [J]. Met Research Bulletin, 1997, 6 (4): 1 – 10. (又见: The speed of gravity: what the experiments say [J]. Phys Lett, 1998, A250: 1 – 11).

[18] Sagnac G. L'éther lumineux démontré par l'effect du vent relatif d'ether dans un interfé-rometré on rotation uniforme [J]. C R Acad Sci, 1913, 157: 708 – 710.

[19] 林金, 李志刚, 费景高, 胡德风. 爱因斯坦光速不变假设的判决性实验检验 [J]. 宇航学报, 2009, 30 (1): 25 – 32.

[20] 黄志洵. 试论林金院士有关光速的科学工作 [J]. 前沿科学, 2016, 10 (4): 4 – 18.

[21] 郭衍莹. 林金的双程光信号传递试验及其对航天的意义 [J]. 中国航天, 2020, (6): 25 – 29.

[22] 马青平. 试林金实验的意义 [J]. 中国传媒大学学报 (自然科学版), 2021.

[23] 黄志洵. 波科学与超光速物理 [M]. 北京: 国防工业出版社, 2014.

[24] 黄志洵. 超光速物理问题研究 [M]. 北京: 国防工业出版社, 2017.

[25] 刘显钢. 电荷运动的自屏蔽效应 [J]. 重庆大学学报 (专刊), 2005, 27: 26 – 28.

[26] Poincarè H. La thèorie de Lorentz et le principe de la reaction [J]. Archiv Neèrland, Des Sci Exa et Natur, Ser 2. 1900, 5: 252 – 278.

[27] Einstein A. Does the inertia of a body dpend upon lts energy content? [J]. Ann d Phys, 1905, 18: 639 – 641.

[28] Ives H. Derivation of the mass-energy relation [J]. Jour Opt. Soc Amer, 1952, 42: 540 – 543.

[29] 马青平. 相对论逻辑自洽性探疑 [M]. 上海: 上海科技文献出版社, 2004.

[30] Pavlovic M. Einstein's theory of relativity reality or illusion? [J] http://uscrs. Net. gu/-mrp/, 2002.

[31] Heaviside O. On the electromagnetic effects due to the motion of electrification through a dielectric [J]. Phil Mag, 1889, 27: 324 – 339. (又见: Heaviside O. The waste of energy from a moving electron [J]. Nature, 1902, 67: 6 – 8.)

[32] Bartocci U. Albert Einstein e Olinto de Protto: la vera storia della formula piu famosa del mondo [M]. Andromeda 1999, Bologna. (又见: The Einstein-de Protto case [J]. http://www. dipmat. Unipg. it/-bartocci/st/de protto. htm.)

[33] Hasenöhrl F. Zur theorie der strahlung in bewegten Körpern [J]. Ann d Phys, Ser 4, 1904, 15: 344 – 370.

[34] Thorn K. The science of interstellar [M]. New York: Cheers Publishing, 2014.

[35] Newton I. Philosophiae naturalis principia mathematica [M]. London: Roy Soc, 1687. (中译本: 牛顿. 自然哲学之数学原理 [M]. 王克迪, 译. 西安: 陕西人民出版社, 2001.)

运动体尺缩时延研究进展*

　　摘要：从 1892 年到 1904 年，H. Lorentz 假设动体的长度缩短和时间延缓，以便解释 Michelson-Morley 实验。1905 年及 1952 年 A. Einstein 各给出了关于长度缩短的推导，但这些相对论性长度缩短存在逻辑矛盾。Lorentz 理论是说，静止在以太中的物体的长度和相对以太运动的物体的长度有这种关系。但在狭义相对论（SR）中对物理现象的相互性看法造成长度缩短一事有多个佯谬（悖论）。这是因为 SR 的逻辑基础是相对运动，会造成原理上的悖论。实际上没有任何关于长度缩短理论的实验证明。

　　在 Lorentz 理论中，时间延缓由动体的绝对运动引起。相对于静止的时钟，绝对速度大的时钟变慢；这是 Lorentz 以太论中的时间延缓。但在 SR 中用动体相对速度取代绝对速度，情况完全不同。Einstein 是以不同观察者参考系的相对运动取代观察者与以太的关系，来解释长度缩短和时间延缓。因而产生了许多悖论质疑 SR 的自洽性，最著名的是 P. Langevin 于 1911 年提出的双生子佯谬。

　　物理学定律之一的相对性原理从任意惯性系看来的一致性最先由 H. Poincarè 推介，而 Lorentz 变换（LT）体现该原理，但 H. Lorentz 于 1904 年发表的相对性思想是在以太存在性之下得出的。1905 年 Einstein 发表了著名论文，其中有一个公设——光速不变性原理，由此认为不需要以太，亦即用不着一个优先的参考系。后来的讨论总包含下述问题：Einstein 的狭义相对论（SR）和改进的 Lorentz 理论（MOL），哪个更好地描述自然界？这两者的主要区别在于，SR 认为所有惯性系都是平权、等效的，而 MOL 认为存在优先的参考系。多年来的众多研究讨论显示，SR 存在逻辑上的不自洽，亦缺少真正确定的实验证实。由此可以理解欧洲核子研究中心（CERN）的著名科学家 John Bell 在 1985 年所说的话："我想回到 Einstein 之前，即 Poincarè 和 Lorentz。"值得注意的是，SR 无法解释近年来出现的研究成果——引力传播超光速和量子纠缠态传播超光速，而 MOL 却能解释。

---

　　* 本文原载于《前沿科学》，第 11 卷，第 3 期，2017 年 3 月，33—49 页。

现在相对论理论体系面临改革，各方面的力量正推动这一改革。有若干新理论值得研究，例如改进的 Newton 力学（MOND）；改进的 Galilei 理论（即推广的 Galilei 变换 GGT）；改进的 Lorentz 理论（MOL）。如果我们接受 MOL，从现代观点看"新以太"是什么？本文认为是有量子特性的物理真空媒质。近年来，在我们的研究工作中已不把"真空中光速 c"当作一个恒定不变的概念。

关键词：长度缩短；时间延缓；狭义相对论；改进的 Lorentz 理论；量子性时空观

Recent Advances in Research on Length Contraction and Time Dilation of Moving Body

Abstract：In the year from 1892 to 1904, H. Lorentz explained the phenomenon of Michelson-Morley experiment, based on the assumptions of length contraction and time dilation in moving body. In the year 1905, A. Einstein gave a derivation of length contraction and in 1952 Einstein provided another derivation of length contraction. These derivations of relavistic length contraction have some logical defects. In Lorentz's theory, the exposition on length contraction was defined the relationship between the length of object at rest in either and its length when it has relative motion to ether. But in the special relativity (SR) length paradoxes arise due to the reciprocity of physical phenomena. Because the SR is based on the logical foundation of relative motion, it will lead to violate the principles, and existing some paradoxed need considered. In fact, there are no any experimental tests on the length contraction, so the theory are not to be verification.

In Lorentz's theory, time dialation caused by the absolute motion of moving body. This is the time dilation in Lorentz ether theory. In Lorentz's opinion, clook moving relate to the ether run at slower rate, clock at rest in the ether run at mormal rate, so it appear relatively faster than clock moving relative to the ether. But in SR, the absolute velocity of moving body replaced by the relative velocity of moving body, the situation is different. Einstein interpreted length contraction and time dilation based on relative motion between observer's frames, instead of between observer's frame and the ether. Then, various paradoxes have been raised to question the consistency of SR, the most famous one is the twin paradox by P. Langevin in 1911.

The principle of relativition, that the law of physics should the same as viewed from any inertial frame, was popularized by H. Poincarè, the Lorentz transformation (LT) embody that principle, when H. Lorentz adopted them for his own theory of relativity, first published in 1904 in an ether existence. In 1905, A. Einstein published his famous paper, that the speed of light will be locally the same for all observers regardless of their own state of motion, this did away with the need of ether, i. e. a preferred frame of reference. The ensuring years saw much discussion of whether nature was more like Einstein's special relativity（SR）or modified-theory of Lorentz（MOL）, the principal differences between the two relativity theories stem from the equivalence of all inertial frames in SR, and the existence of a preferred frame in MOL. From the more discussions of view, SR is logically inconsistent, also does not have sure experimental evidence. Therefore, in 1985 the famous scientist of CERN, John Bell said："I hope return the states before Einstein. i. e. return to Poincarè and Lorentz." The MOL can explain the faster-than-light phenomana, but the SR can't.

Now, the theoretical system of Relativity be faced with a serious change; the forces of many scientists push forward this change from all directions. Several new theoreams deserves more investigation, such as modified theory of Newton dynamics（MOND）; modified theory of Galilei（i. e. the generalized Galiliean transformation, GGT）; modified theory of Lorentz（MOL）. If we received the theory of MOL, what is the "new either" in modern viewpoint? It is the physical vaccum medium with quantum characters. In recent years, "light speed c in vaccum" isn't a real idea with constancy in our scientific research.

Keywords：length contraction; time dilation; special relativity; modified theory of Lorentz; space-time theory of quantum mechanics

1　引言

20 世纪 40 年代，著名物理学家 G. Gamov 写过一本科普书，内容是解释狭义相对论（SR）。书中假想某人以光速运动，结果他在旁人看来是扁平的纸人。这是由于 SR 中的一个推论"运动的尺在长度方向缩短"；速度 v 越高缩短越厉害，如达到光速（$v = c$）尺的长度降到零，看起来人就是扁平的了。他的描述给人以深刻印象，但事实究竟如何？人们是不清楚的。

20 世纪 70 年代英国出版了一本讲相对论的著作：W. Rosser[1]写的 *An Introduction to the Theory of Relativity*，第 11 章讲到"时钟佯谬"，其"习题 11.5"说："一位女士在 29 岁生日时决定去太空旅行，希望在 10 年后（相对于地球）返回时仍是 29 岁，那么她相对地球的运动需要的最低速度是多少？"这道题也使人印象深刻。

还有一个例子是不久前的，2014 年，K. Thorne[2] 推出了 *The Science of Interstellar*（星际穿越）一书；后美国据此书拍摄了科幻电影。Thorne 担任该影片顾问，导演要求"在遥远星球上的 1 小时相当于地球上的 7 年"，Thorne 开始时认为不可能，但后来又说"找到了办法"。Thorne 虽然担任的是科幻电影的顾问，但他说这句话时却是严肃的。我们看到，影片男主人公从太空回来仍然年轻，而他的小女儿已成为一位老太太。

SR 向人们提供了怪异的世界和离奇的物理学时空观。在 SR 描述的世界里物体运动时会缩短，时间会扭曲以至谈论同时发生的事情都没有意义。另外，物体运动越快其质量会越大，如果速度等于光速质量就成为无限大。在这个世界里只有一件事情永远不变，那就是光速。该理论在科学界引起了巨大的分歧。那么事实真如 SR 描绘的那样吗？许多人提出了质疑。笔者不是研究相对论的专家，本文只是把自己的阅读和思考写出来，供进一步的探索。

2 早期以太论和 M-M 实验

"光是一种波动"的观点，最早是由 C. Huygens 提出的。他是一位荷兰物理学家，另一项著名的成果是发现土星环。1802 年 T. Young 做了光的双缝干涉实验，为光的波动说提供了实验证明。1810 年 A. Fresnel 发展了 Huygens 原理。1865 年 J. Maxwell 确定光是一种电磁扰动，即电磁波；而在 1887 年 H. Hertz 以实验发现了电磁波。

直到 19 世纪中叶，人们都认为没有"不要媒质也能传送的波动"。因此，既然光是波动，而且能在真空中传播（由太阳光可射到地球而证明），那么一定有一种光媒质存在。它可以是看不见的，但一定弥漫于宇宙之中，物理学家称之为以太（ether）。因此从 19 世纪初，经过 19 世纪中期乃至后期，科学界都把研究以太作为大事来对待。为此贡献力量的不仅有 Fresnel，而且还有 Fizeau、Lorentz、Maxwell、Michelson 等人，他们或提出理论，或进行实验测量。一般认为以太是绝对静止的。而且地球相对以太的速度就是地球绕太阳公转速度。这个相对速度的测量会很困难，但并非不可能。

在参考了地球绕日公转速度后，人们得出下述看法，即光相对于以太作正、反方向运动时速度应不相同（确切说将有 2.15×10^{-4} 的差异）。但是，后来的 Michelson-Morley 实验却发现不了。Albert Michelson（1852—1931）是美国物理学家，早年曾从事光速测量研究，在 1878—1882 年的 4 年中发表了 c 值的 3 个数据（300140km/s，299100km/s，299853km/s），最后他提出 $c = 299860$km/s，与我们现在知道的精确值仅相差 2×10^{-4}。1880 年 Michelson 来到欧洲，跟随大物理学家 H. Helmholtz 做研究，产生了用实验检查以太是否存在的想法。他设计了仪器，1881 年做了首次实验。稍后，他在巴黎装配了干涉仪，精确度很高。1882 年，Michelson 回到美国，在一所学院任教。1881 年的实验，Michelson 没有发现以太存在。1885 年起，他与 E. Morley 合作研究。1887 年 7 月，两人联合做得极为精确的实验再次否定了以太存在[3]。

图 1 为 Michelson 干涉仪示意。光源 S 发出的光在 P 处由半透明反射镜分成两束：一束光由 P 射向 M_1，经平面镜 M_1 反射返回 P；另一束由 P 射向 M_2，经平面镜 M_2 反射也回到 P。两束光在 l_1、l_2 路径上都走了双程，最后在 D 处形成干涉条纹。设 v 为地球相对于以太的速度（以太漂移速度），故取 PM_1 为地球运动方向时 PM_1 往返需时 t_1 为

$$t_1 = \frac{l_1}{c-v} + \frac{l_1}{c+v} = \frac{2l_1 c}{c^2 - v^2}$$

可以证明，PM_2 往返需时 t_2 为

$$t_2 = \frac{2l_2}{\sqrt{c^2 - v^2}}$$

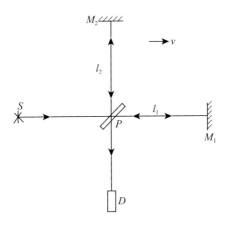

图 1　M-M 实验示意

运行时差 Δt 为

$$\Delta t = t_1 - t_2 = \frac{2}{c} \left[\frac{l_1}{1 - (v/c)^2} - \frac{l_2}{\sqrt{1 - (v/c)^2}} \right] \tag{1}$$

把干涉仪转 $90°$（PM_2 为地球运动方向），可求出 $\Delta t'$ 为

$$\Delta t' = \frac{2}{c} \left[\frac{l_2}{1 - (v/c)^2} - \frac{l_1}{\sqrt{1 - (v/c)^2}} \right] \tag{2}$$

干涉条纹改变为

$$\delta = \Delta t - \Delta t' \approx \frac{l_1 + l_2}{\lambda} \left(\frac{v}{c} \right)^2 \tag{3}$$

式中 λ 为光的波长。

据此可以预计条纹移动量。取 $v = 30 \text{km/s}$，$l_1 = l_2 = 11 \text{m}$，$\lambda = 5.9 \times 10^{-7} \text{m}$，应有 $\delta =$

0.37；实际上，转动干涉仪后得到 $\delta = 0.01$。故 Michelson-Morley 实验（M-M 实验）虽以确定以太影响为目的，却获得"没有以太存在"的零结果。

胡宁[4]指出，有的人误认为 Michelson 实验（或光速不变性）是 SR 的实验基础。但在相对论出现前，G. Fitzgerald 和 H. Lorentz 已根据以太论对 Michelson 实验结果做出了解释。故实验的零结果既可用以太论解释，也可用相对论解释。换句话说，Michelson-Morley 实验既不否定光速不变，也不肯定光速不变，亦即"光速不变原理"仅是 A. Einstein 的假设，而不是该实验的结论。

笔者认为，科学史家的研究证明，Michelson 似乎对以太有某种偏爱；这就与流行的说法（他为了否定以太而做实验）大相径庭。实际上，1907 年他获得 Nobel 奖主要是因为他发明了构造巧妙、十分精密的干涉仪。1926—1928 年间，70 多岁的 Michelson 再次努力以实验寻找以太漂移，仍以否定告终。但是，他从未宣布过他放弃了以太。他对 SR 也持有一定程度的保留。联系到著名物理学家 J. S. Bell（1928—1990）在去世前的说法（"不同意 Einstein 的世界观""想回到以太观念上来"），现在绝不能认为有关的研究已经完结和完满，只是今天它不叫以太而可叫作新以太。

3 长度缩短和时间延缓的由来

为考察 SR 提出前的情况，必须弄清 Lorentz 的思想。这位物理学家是 Fresnel 以太论的坚定支持者，然而 Michelson-Morley 实验让他深感困惑。该实验指出，即使高精度的实验安排，也发现不了地球相对于静止以太的运动。1892 年及 1895 年 Lorentz[5] 在论文中指出，如长度 l_0 的尺子（l_0 是尺静止时长度）沿尺长方向运动，会有一种收缩效应，而且速度（v）越大尺缩越厉害，其关系式为

$$l = l_0 \sqrt{1 - v^2/c^2} \tag{4}$$

而 1904 年 Lorentz[6] 对动体的亚光速运动做了新的研究。总起来讲，尺缩只是一种假说，其目的是挽救以太论，也是为了对 M-M 实验做出解释。但是，运动的尺究竟是否会缩短？Lorentz 并不知道，其他物理学家也不知道。实际上，直到今天这个问题似乎仍未解决。

在长度变化的研究中，$\sqrt{1 - v^2/c^2}$ 称为收缩因子。在 SR 理论体系中，多处出现这个因子——在"时间延缓"理论中，和在"动体质量随运动速度而变"的研究中。有意思的是，Lorentz 还推导过电磁力的变换关系；设空间电荷产生了电场，试推导带电粒子（电量 q）在静止以太系中的受力。Lorentz 曾给出（转引自文献 [7]）：对于在 K' 系中静止的带电粒子，它相对静止以太（K 系）以速度 v 沿 z 向运动，则粒子所

受电磁力为

$$F_z = \sqrt{1 - v^2/c^2}\, F'_z \tag{5}$$

因此速度越快受力越小。这样的理论关系，符合笔者（以及其他学者）思考"动体质速关系"时的想法：带电粒子质量未变，而是受力变了[8]。

Lorentz 曾认为，是动体内分子力造成了长度收缩[7]。因此他在解释 M-M 实验的同时认为长度收缩是物理实在。但后来的物理学实验并无这样的证明，专讲 SR 实验技术的书（例如 [9]）甚至没有这方面的内容。一直以来，Lorentz 认为存在像静止以太这样的优越惯性系；一根刚性尺沿纵向（长度方向）以速度 v 相对以太运动时，长度缩短被认为是绝对的。但在 SR 不承认有静止以太这种优越参考系，长度收缩的含义不同。

现在看一般书籍讲述时间延缓的方式；设有两个惯性系 K 和 K'，二者之间的 Galilei 变换（GT）为

$$x' = x,\ y' = y,\ z' = z - vt,\ t' = t \tag{6}$$

式中 z 是动体在 K 系中作一维运动的方向（坐标），t 是 K 系的时间；z' 是动体在 K' 系中作一维运动的方向（坐标），t' 是 K' 系的时间；v 是两惯性系之间的相对速度。$t' = t$ 表示在 GT 中不同参考系的时间相同。GT 是 Newton 力学的基础。

1887 年 A. Michelson 和 E. Morley[3] 发表文章说，为寻找以太相对于地球的运动而进行的测量得到了否定的结果。几年后 Lorentz[5-6] 展开广泛的理论研究，提出了 Lorentz 变换（LT）

$$x' = x,\ y' = y,\ z' = \frac{z - vt}{\sqrt{1 - v^2/c^2}},\ t' = \frac{t - vz/c^2}{\sqrt{1 - v^2/c^2}} \tag{7}$$

在这里 $t' \neq t$，表示不同参考系中的时间不同。但如动体速度远小于光速，即 $v \ll c$，这时 LT 和 GT 一样（$t' = t$）。

科学书籍上有多种（10 种以上）推导 LT 的方法，这里不拟详述。A. Einstein[10-11] 曾两次给出 LT 推导（1905 年、1952 年），第一次使用了双向光速不变，第二次使用了单向光速不变。2004 年马青平[12] 详细分析了这两个推导，指出了推导过程中的错误。但不管怎样，一般都认为 LT 是 SR 的基础。那么什么是 LT 对 Newton 力学（ND）的影响？首先，LT 是一种使 Newton 第一运动定律保持不变的变换。但是，对于 Newton 第二运动定律

$$\vec{F} = \frac{d}{dt}(m\vec{v}) \tag{8}$$

在 LT 理论中它不是不变的；因此可以说相对论力学不承认上式是力的定义。

现在我们继续一般书籍中的描述方式；先写出 LT 的反变换

$$x' = x, \ y' = y, \ z = \frac{z' - vt'}{\sqrt{1 - v^2/c^2}}, \ t = \frac{t' - vz'/c^2}{\sqrt{1 - v^2/c^2}} \tag{9}$$

以及用微分形式写出 LT

$$dx' = dx, \ dy' = dy, \ dz' = \frac{dz - vdt}{\sqrt{1 - v^2/c^2}}, \ dt' = \frac{dt - vdz/c^2}{\sqrt{1 - v^2/c^2}} \tag{10}$$

而其反变换为

$$dx = dx', \ dy = dy', \ dz = \frac{dz' - vdt'}{\sqrt{1 - v^2/c^2}}, \ dt = \frac{dt' - vdz'/c^2}{\sqrt{1 - v^2/c^2}} \tag{11}$$

如取一个钟，使其在 K' 系中静止，即 $dx' = 0$，$dy' = 0$，$dz' = 0$；但在 K' 系中的时间间隔仍写作 dt'。取另一个钟，它在 K 系中可处于不同位置，而且用光信号互相校准；而在 K 系中时间间隔为 dt；把 $dz' = 0$ 代入公式（10）的最后一式，即得

$$dt = \frac{dt'}{\sqrt{1 - v^2/c^2}} \tag{12}$$

可见，两系若无相对运动（$v = 0$），则 $dt = dt'$；若 $v \neq 0$，则 $dt > dt'$，即 K 系的时差变大，可通俗地说成 K 系的钟走慢了。由于先前假设的是 K 系运动，而 K' 系静止，故也说成是"运动的钟走慢了"。这又被说成"时间延缓"或"时间膨胀"；在英文中写作 time dilation（时间扩展或时间膨胀）。这究竟是理论上的假想还是物理实在？百多年来一直在争论。

双生子佯谬的英文是 twin parodox，是 SR 提出不久后（1911 年）由法国物理学家 P. Langevin[13] 提出的；它尖锐地指出，"SR 时间延缓"存在问题。设双生子之一（甲）乘近光速飞船航行，而他的兄弟（乙）在地球上待着；那么甲的时间变慢，因而比乙年轻。但两者是作相对运动，我们也可以认为甲待着不动而乙（连同地球）以近光速退走，则乙的时间（比之于甲）变慢，故乙比甲年轻。假定飞船回到地球，兄弟见面了，那么究竟谁更年轻呢？Einstein 在较长时间内回答不了，因为从 SR 的理论基础来看，由于不承认绝对坐标系，而且坚持同时性（simultaneity）的相对性，因而失去了判断物理实在的标准——作相对运动的两个观察者都可以说某方的钟慢了、尺短了，双方所说都能成立。这就暴露了 SR 内部的逻辑矛盾。虽然 1918 年 Einstein[14] 试图做出解释（把运动过程分为加速、匀速、减速，等等），但正如 A. Kelly[15] 所说，其辩解不能成立。以后的相对论拥护者也曾尝试做出解释，但也较为牵强。

很明显，Lorentz 的长度缩短不同于 SR 的长度缩短；前者认为尺（或杆）相对以太运动时比之于静止在以太中的尺（或杆）缩短；而在相对论中的 reciprocity（可译为相对性、相互性或相对主义）则会造成悖论——作相对运动的不同参考系

中的观察者都会说对方的尺（或杆）缩短了。同样，Lorentz 以太论中的时间延缓不同于 SR 时间延缓；后者以不同观察者参考系的相对运动取代观察者与以太的关系，来描写时间延缓。因而，产生了 Langevin 双生子佯谬，Einstein 自己也解释不清楚。虽然在多年以后，Einstein 又做过"可能（或可以）存在以太"的表态，但这不在我们的考虑之内——SR 的世界观（时空观）已成型，我们只能据此而讨论，不能考虑他后来的随便更改和表态。无论如何，在 SR 理论体系中没有绝对坐标系，这已是不争的事实。

4 用实验检验 SR 时间延缓

前已述及，没有人做过动体长度缩短的实验，既没有证实的也没有证伪的。迄今动体时间延缓的实验却有多个，文献［9］在第三章中讨论，题为"时间膨胀效应"。此书先讲到"时钟佯谬"，意思与上述双生子佯谬类似——有两个钟 A 和 B，互相之间有相对运动（速度 v）；从 A 的观点（在 A 的惯性系中）来看，钟 B 比钟 A 慢；从 B 的观点（在 B 的惯性系中）看问题，却是钟 A 比钟 B 慢。对于这个问题，Einstein 说"解决的方法超出了 SR 的范围"；但张元仲认为并非如此，他参照国外的意见对此做了一些说明。

重要的是用实验来检验。1972 年 J. Hafele 和 R. Keating[16] 在 *Science* 上发表论文，题为"让原子钟环绕地球——预期的相对论时间增益"。该实验把 4 台铯钟放在飞机上，而飞机在赤道附近以高速度向东飞及向西飞，绕地球一周后回到地面，然后比较它们与静止在地面的铯钟的读数差异。文献［9］说："向东飞时机上的钟慢了 59×10^{-9} s，向西飞时机上的钟快了 273×10^{-9} s；结果与理论预言相符合。"但是，飞机飞行时地面上的钟是在对飞机作相对运动，而对 SR 而言有意义的只是两者间的相对速度，那么为什么不是地面的钟慢？另外，1996 年 A. Kelly[17] 说，他去美国海军天文台（Navel Observatory）查阅了当年的原始实验数据，发现实验报告（HK 公布的论文）有不诚信问题。

首先，4 台铯钟中 3 台有严重的不稳定基线漂移，因而即使数据指示似乎"时间加快"也不可信，对此 Kelly 详细列表说明。其次，论文作者对原始数据做了"修正"（近乎篡改），这在科学研究中是不允许的。因此，Kelly 认为这个实验虽有名，但说明不了任何问题。

表1 HK 实验中原始结果与公布结果的比较 （单位：ns）

飞机上4台原子钟编号	向东飞行			向西飞行		
	原始结果	初次"修正"后	再次"修正"后	原始结果	初次"修正"后	再次"修正"后
120	−196	−52	−57	413	240	277
361	−54	−110	−74	−44	74	284
408	166	3	−55	101	209	266
447	−97	−56	−51	26	116	266
平均值		−54	−59（a）		160	273（a）

为了让读者了解"西方科学家也会造假"（甚至是狡猾地造假），这里给出 Kelly 亲赴美京华盛顿访问 Navel Observatory 后提供的情况。为了叙述方便，我们称该实验为 HK 实验。表1 是数据的比较，论文作者最终公布的结果用符号（a）表示。可以看出，原始结果只有 8 个数据，它们都无法证明 SR 理论的正确；故论文作者做了初次"修正"。这时，向东飞行的结果（−54ns）与理论计算接近了。那么为何要再次"修正"？原因是向西飞行的结果（160ns）与计算差距大。故论文作者又"再次修正"，终于得到他们较满意的结果（273ns）。这哪里是做科学研究，实际上是为预想目的而拼凑数据（具体手法是利用铯钟的漂移率做手脚）。

关于 SR 时间延缓理论的检验，还有别的实验（如"介子飞行时寿命增长""Doppler 频移效应"等），这里不再详述。总起来讲，SR 的时间延缓（时间膨胀）尚不能说"已被实验证实"。

5 改进的 Lorentz 理论 （MOL）

1905 年 Einstein[10] 说由两个公设并运用 Maxwell 理论即可得简单的动体电动力学，"光以太概念是多余的"。1907 年，Einstein[18] 重申必须抛弃以太，并说组成光的电磁场不是一种状态而是一种实物。但到 1920 年，Einstein[19] 说，SR 也并不一定要求否定以太，也可以假定以太是存在的，只是必须不认为它有确定的运动状态。为什么呢？"否认以太存在最后总意味着空虚空间绝对没有任何物理性质"；但任何空间都有引力势，它对空间赋予度规性质（用 10 个函数即引力势 $g_{\mu\nu}$ 描写空虚空间是广义相对论 GR 的内容）。换言之，引力场的存在是和空间相联系的，这与电磁场不同（在某个空间部分没有电磁场是可能的）。因此，Einstein 说，按照 GR，"一个没有以太的空间是不可思议的，因为在这种空间里光不能传播，而量杆和时钟也不能存在了。"我们看到，在 SR 发表 15 年后，Einstein 不再说以太多余并不断重复一个名词——"广义相对论以太"

（ether of GR），这样的反复无常令人无法接受。

如果我们局限于讨论 SR，就不能把 Einstein 提出 GR 以后的思想与 SR 混为一谈。众所周知，SR 认为不存在优先的参考系，认为任何惯性系都是等价、平权的，只有相对运动才有意义。反之，Lorentz 理论是以绝对时空观以及存在以太（形成绝对坐标系）作为出发点的，它可以解释 M-M 实验的零结果。也就是说，Lorentz 选择以太作为优先的参考系，静止在这个系中的物体长度最大、时钟走得最快、时间是 Newton 的绝对时间（唯一真实的时间）；而相对于这个系运动的物体会缩短，时间会变慢。而长度、时间的变化总是绝对的，可由对应于以太的速度唯一地决定。这就与 SR 不同，SR 认为这些变化是相对的、可倒易的，不存在什么绝对时间。SR 的这些特性，甚至 Einstein 本人都不可能反悔、改变！

"改进的 Lorentz 理论"的英文写法是 Modified theory of Lorentz，故为了方便我们将其写成 MOL，1904 年 H. Lorentz[6] 发表的论文中有相对性思想，也有人称之为 Lorentz 相对论（Relativity of Lorentz），以便与 Einstein 的 SR 相区别，MOL 认为存在优先的参考系（prefered frame），用以太来体现。

不过，Lorentz 的物理思想并非无懈可击，例如他的早期理论说物体在运动方向上的长度缩短，如果真实就会产生物体密度因方向而异的结果，这并不能由实验证实。

6 用实验检验 SR 时间膨胀（续）

时间膨胀（延缓）的意思是，运动着的钟比静止的相同的钟走得慢，运动系中的单位时间代表着比静止系同样单位更多的时间。马青平[12] 曾讨论在这个问题的推导上 Lorentz 与 SR 的区别。2007 年 S. Reinhardt 等[20] 发表了题为《利用不同速度下快速光学原子钟来测量相对论的时间膨胀》的论文。论文的提要说："时间膨胀是狭义相对论中最吸引人的一个方面，因为它取消了绝对时间的概念。它最早是由 Ives 和 Stilwell 在 1938 年使用 Doppler 效应做实验观测到的。这里我们发布一个方法，此方法基于快速光学原子钟使用巨大的但是不同的 Lorentz 增强，以前所未有的精度来测量相对论的时间膨胀。此方法利用频率梳进行光学频率计数将离子的储存和冷却结合，在储存环里分别以光速的 6.4% 和 3.0% 的速度准备 Li^+ 离子，他们的时间是由精度为 2×10^{-10} 激光饱和光谱读取。通过 Doppler 变换的对比产生了一个时间膨胀测量量，由一个 Mansouri-Sexl 参数 $|\alpha| \leqslant 8.4 \times 10^{-8}$ 代表，和 SR 一致。这限制了优越的宇宙参考系、CPT 定理和超出标准模型的'新的'物理理论违背 Lorentz 理论的存在。"因此这是一个认为证实了 SR 理论的实验。为了弄清它的方法，我们必须溯源到 1938 年的 H. E. Ives[21] 的论文，甚至溯源到 1907 年的 Einstein[18] 论文。由于人们无法（或难于）直接做高速运动下的时钟

观测，检查 SR 正确性的一个常用方法是相对性的 Doppler 效应。Einstein 论证的相对论 Doppler 公式为

$$f_0 = f_1 \frac{1 - \beta \cdot \cos\theta}{\sqrt{1 - \beta^2}} \qquad (13)$$

式中 f_1 和 f_2 分别代表观测者实验坐标系内的频率和粒子所在的以相对于观测者速度（$v = \beta c$）运动的坐标系内的频率，θ 是在实验坐标系内测量到的相对于粒子运动的观测角。2002 年，M. R. Pavlovic[22] 曾对相对论性 Doppler 效应做了分析，马青平[12] 也做了讨论。他们的看法是，符合相对论原则的 Doppler 公式应为光源运动的公式；其次，Ives 文章是支持 Lorentz 以太论而不支持 SR 的；最后，Ives 实验精度不高，现在的 Reinhardt 实验只是精确度的提高，物理思想并无改进。另外，这类实验的实验室参照系是相对于地球静止的，它不能区分（改进的）Lorentz 时空的（绝对）时间膨胀和 Einstein 的 SR（相对）时间膨胀，只有当实验室参照系是相对于地球运动的，它才能证明 SR 时空的（相对）时间膨胀。

1938 年 Ives 和 Stillwell 观察了高速运动的氢原子顺运动方向和逆运动方向光谱发射的频率，认为频率变化证实 Lorentz 时间膨胀。值得注意的是，Ives 赞同 Lorentz 时空观，反对相对论时空观。现在，Reinhardt 采用了锂离子的吸收和发射光频率，他们所用的是 Robertson、Mansouri 和 Sexl（RMS）模型，实际上是 Lorentz 时空框架，而非 Einstein 时空框架。RMS 模型假设光速只在一个优先参照系中恒定，相对于它以 v 运动的另一参照系中光速因时间膨胀才表现出光速不变。实际上 Reinhardt 实验与 Lorentz 理论及 SR 均不矛盾，却证明不了 SR 时空观优于 Lorentz 时空观。Lorentz 提出"尺缩时胀"正是假设光速只在以太静止系中为 c，在其他参照系中只是因为有"尺缩时胀"才表现为 c。真正的 SR 验证，应为相对于地球高速运动的参照系。现在有许多科学家拥护改进的 Lorentz 时空观（MOL），因为它不像 SR 时空观那样有较多的内在逻辑矛盾。

7 新以太论复出或可取代暗物质

SR 时空观与 Galilei、Newton 以及 Lorentz 时空观的根本区别在于 SR 时空观的相对性。我们知道，现有的推导 LT 的方法有多种；而写入大学教材的推导方式常常有个前提——不同参考系测得的光速相同。或者说，LT 是由相对性原理和光速不变原理导出的，由此出现了尺缩、时延现象。因而同一事件在不同参考系中观测到不同的结果——没有判断测量结果的标准，而是作相对运动的两个观察者都可以说对方的钟慢了、尺短了，双方所说都可以成立。这种相对主义的理念难以令人信服。1904 年的 Lorentz[6] 信奉以太论和绝对参考系，在此信念下导出的 LT 被 SR 继承和应用，而 SR 却不承认绝对

参考系。

文献［23］把 LT 与推广的 Galilei 变换作了比较；论述了广义 LT；对经典力学创始人 I. Newton 给予了极高的评价；严厉抨击了 SR 的"使科学陷入相对主义"的作用；说在标准时空论里已经没有了 LT 的地位。

近年来国内外多位科学家提出存在优先参考系，即认为有绝对坐标系的形成。故 Lorentz-Poincarè 时空观重新受到重视；亦出现了进一步的理论。多年前科学刊物 *New Scientist* 所报道的"以太理论高调复出、取代暗物质"，提醒我们不宜完全抛弃 SR 出现之前的科学成果。如果说现在有向 Galilei、Newton、Lorentz 回归的倾向，那也是在现代条件下的高层次回归，而不是简单地倒退回去。

Lorentz 物理思想重新受到重视是有原因的。1977 年 Smoot 等[24]报告说，已测到地球相对于微波背景辐射（CMB）的速度为 390km/s；因而物理学大师 P. Dirac[25]说，从某种意义上讲 Lorentz 正确而 Einstein 是错的。美国物理学家 T. Flandern[26]于 1997—1998 年间发表引力传播速度（the speed of gravity）为 $v \geq (10^9 \sim 2 \times 10^{10})\, c$，同时声称用 Lorentz 相对论（Lorentzian relativity）就能解释这些结果，而 SR 在超光速引力速度面前却无能为力。

同时性的相对性是第二公设（光速不变原理）造成的，亦即从单程光速不变假说导出了同时性的相对性。进一步引用 LT，那么两个类空分离的事件其时序也是相对的。这一观点和结果受到了激烈的批评。不能把同时性的绝对性仅仅看成是经典物理的（因而似乎是落后的）观点，20 世纪后期到 21 世纪初期形成的时空理论也可能持有这种观点，得出与 SR 相反的结论。也有一种看法认为：SR 中"同时的相对性"只是为了处理两公设之间的矛盾，这是 Einstein 得出时间相对性的根源。

关于存在绝对坐标系（亦即优先的参考系）的见解已是大量存在；这与 1965 年发现微波背景辐射有关，也与 1982 年法国物理学家 A. Aspect 完成的量子力学（QM）实验有关。大家知道自 1935 年 Einstein[27]发表 EPR 论文之后，对新生的 QM 究竟如何看待引起很大争论。1965 年提出著名的不等式的 J. Bell 在 1985 年说[28]，Bell 不等式是分析 EPR 推论的产物，该推论说在 EPR 文章条件下不应存在超距作用；但那些条件导致 QM 预示的非常奇特的相关性。由于 QM 是一个极有成就的科学分支（很难相信它可能是错的），故 Aspect 实验的结果是在预料之中的。"QM 从未错过，现在知道了即使在非常苛刻的条件下它也不会错"，"肯定地讲，该实验证明了 Einstein 的世界观站不住脚"。这时提问者说，Bell 不等式以客观实在性和局域性（不可分性）为前提，后者表示没有超光速传递的信号。在 Aspect 实验成功后，必须抛弃二者之一，该怎么办呢？这时 Bell 说，这是一种进退两难的处境，最简单的办法是回到 Einstein 之前，即回到 Lorentz 和 Poincarè，他们认为存在的以太是一种特惠的（优先的）参照系。可以想象这种参照系存在，在其中事物可以比光快。有许多问题，通过设想存在以太可容易地解决。在发表了这些惊人的观点后，Bell 重复说："我想回到以太概念，因为 EPR 中有这种启示，即景象背后有某种东西比光快；实际上，给量子理论造成重重困难的正是 Einstein 的相对论。"J. Bell 的上述言论是他在 1985 年向英国广播公司（BBC）发表的。几年后，谭暑生[23]提出了标准时空论，该理论的两个假设之一就是存在一个绝对参考系（也叫标准惯性系），这个以太绝对参考系就是真空背景场。物理学家艾小白也强调真空作为介质（新以太）的重要性，认为物理实在概念包括场、粒子、真空三种。

2004 年 C. Duif 论述了日蚀时单摆的神秘现象[29]。众所周知，1851 年法国物理学家 L. Foucault 曾解释单摆的运动。单摆自由摆动时，在空间的路径应相同；但由于地球自转，单摆的运动平面缓慢转动。1954 年夏法国工程师 M. Allais 发现日蚀时单摆的运动规律反常。原来单摆的运动平面按顺时针缓慢转动，日蚀开始后单摆的运动平面急剧地按反时针旋转；日蚀结束后恢复正常。Allais 认为这是以太造成的。

2007 年 *New Scientist* 以《以太理论高调复出，取代暗物质》为题做了报道，说 G. Starkman 和 T. Zlosnik 等正以新的方式推动用以太解释"暗物质"，后者的提出是同于银河系似乎包含比可见物质多很多的质量。他们认为以太是一个场，而不是一种物质。以太会形成一个绝对坐标系，从而与 SR 发生矛盾。

如果我们认为 Lorentz 坚持以太论正确，而今天又不能简单地回到 19 世纪的思想，就必须回答一个问题：什么是新以太？旧以太（经典物理学中的以太）被认为是绝对静止的，这个 M-M 实验的前提并不恰当。"未发现绝对静止的以太"和"不存在以太"不是一回事；新以太应当能够担起绝对参考系的重任。

目前对"新以太"主要有三个选项：真空、引力场、微波背景辐射；我们认为把新以太定为真空最合适。不久前笔者发表了《Casimir 效应与量子真空》一文[31]，强调只有从量子理论出发，才能深刻认识真空——实际上真空的本质就是量子的。在这个条件下，真空中光速 c 失去恒值性，它也不是速度的上限。作为新以太的真空在物理学中越发显示其重要性。

8　几种非狭义相对论时空观

中外科学工作者提出一些与 SR 不同的时空观，反映了在基础物理理论方面的进展。在暂时不考虑量子理论时，目前主要有以下几个类型的理论在研究中：

A　修正的（改进的）Newton 力学，英文写法是 Modified theory of Newton dynamics，简记为 MOND；

B　修正的（改进的）Galilei 理论，英文写法是 Modified theory of Galilei（MOG），

核心内容是推广的 Galilei 变换（GGT）；

C 修正的（改进的）Lorentz 理论，英文写法是 Modified theory of Lorentz，简记为 MOL。

以下是这三者的一些研究情况。先看 A，2004 年 J. Bekenstein 关于 MOND 的工作[31]，被评论为"非常卓越、但极其复杂"。报道这一工作的是英国科学刊物 *New Scientist*，报道的背景是在国际上"以太论高调复出"。

关于 B，研究者认为 Galilei 时空观仍然正确（或基本正确），只是需要改进和精确化，以包容和解释新的物理现象。张操[32] 提出利用推广的 Galilei 变换（Generalized Galilean transformation，GGT）研究超光速问题的建议。张操指出，GGT 的优点是对尺缩钟慢之类问题更接近人们日常逻辑（对 GGT 而言不会有时钟佯谬），而且允许超光速运动；缺点是结构上比 SR 复杂。2007 年，谭暑生[23] 不仅由 Lorentz 的三个假设导出了 GGT，而且用标准时空论的两个假设导出了 GGT。

关于 C，突出的观点是存在优先的（特惠的）参考系；亦即认为以太存在，只是在今天要有新的以太观。如回到这个立场，新以太是什么？又有几种不同的见解。

2007 年谭暑生[23] 系统论述了他提出的标准时空论；这个理论采用了 GGT，又以"存在绝对坐标系"作为立论的前提；因此它既可以归入 B，也可以归入 C。当然，B 和 C 在本质上是一致的（马青平[34] 把本文记作 MOL 的内容称为"新 Lorentz 时空观"，把本文记作 MOG 的内容称为"新 Galilei 时空观"，而且说前者是后者的唯像近似）。标准时空论对"Lorentz 长度收缩"与"Einstein 长度收缩"作了区别；对"Lorentz 时间延缓"与"Einstein 时间延缓"作了区别。很显然，这种区别的原因是时空观不同。比较他们二人对 LT 的看法是有意思的：谭暑生认为 LT 在逻辑自洽上存在问题；而且指出 GGT 坚持同时性的绝对性，并允许超光速运动。马青平认为"SR is based upon relative motion, there is no clear distinction between space distance contraction and object length contraction"；而且迄今为止并没有长度收缩的实验证据。

在分析"动体时间膨胀"（即时间延缓）时，SR 继承的 Lorentz 假说导致以下推想——若飞船速度达到光速（$v = c$），那么时间会"停止"，人类不费力即可到达宇宙的任何地方。虽然 SR 不允许超光速，但无限接近光速不违反 SR，因此推论仍对。这是真的吗？马青平认为，"时间膨胀说"的出现，是由于 Lorentz 用它（和"长度收缩"一起）解释 M-M 实验；相对于静止钟，动体绝对速度造成钟慢，但在同一参考系的观察者却看不到自己的钟慢，而看见静止钟比自己快。SR 用相对速度取代了 Lorentz 假说的绝对速度，认为是别的参照系（而非自己）的钟变慢。在 SR 已把长度收缩和时间延缓当作客观实在；但 SR 对 Lorentz 假说的继承不合逻辑。实际上，没有证据说明作高速运动的观察者看到地球上（静止）的人十分高寿，而且 SR 解释不了双生子佯谬。

9 量子理论的时空观

1935 年的 EPR 论文[27]是反对量子力学的，分歧的本质正在于 SR 与 QM 的世界观、时空观不同。笔者认为这两大理论体系并非像有些人所说只是"存在矛盾"，而是根本格格不入的。在 EPR 论文中，有一些内容只是铺垫（例如，说物理理论不仅要正确而且要"完备"；又如，说量子力学中波函数所给出的对实在的描述"不完备"）。根本性的东西是在对"双体系统"（两个子系统组成的系统）相互作用的分析里面，在这里子系统 I、II 应理解为微观体系，例如粒子。两个子系统在 $t=0$ 以前的态为已知，$t=0$ 到 $t=T$ 期间它们互相作用，$t>T$ 时不再相互作用（例如远离——向不同方向分开）。设 $\Psi(x_1, x_2)$ 为系统的量子态，它可按测量 I 的物理量（如力学量）A 的本征函数系而展开，也可按测量 I 的物理量 B 的本征函数系而展开。根据 QM，测量时波包会坍缩（reduction），测量后 $\Psi(x_1, x_2)$ 将简缩，造成对 I 测量会影响 II 的状态。但 I、II 已分开，这种离奇的超距作用影响是不可能发生的。由于 SR 规定自然界的相互作用只能以低于光速而实现，空间分开的体系应是局域性（locality）的，但 QM 却给出了非局域性（non-locality）的情况，因而 QM 是不自洽和不完备的。这些就是 EPR 论文中最重要的东西。

由此可见，有一根无形的丝线把 SR 和 EPR 联系在一起；也可以说，EPR 思维正是以 SR 作为基础而提出的。其次，我们说 SR 与 QM 的世界观有尖锐矛盾，正是表现在"局域性实在论还是非局域性"这样的问题上。EPR 论文是 Einstein 在 56 岁时最大限度地运用其智慧给量子力学（QM）以他所希望的沉重打击。1927 年 Heisenberg 不确定性原理的出现使 Einstein 震惊，但他认为 EPR 论文可以驳倒该原理并证明 QM 不完善。EPR 中的"两个体系"（I 和 II）的讨论中似乎表示"既测知位置又知道速度"是可以办到的，因为 I 的速度即 II 的速度。文章发表后，Bohr 起而反驳。Bohr 的意思是 EPR 论文中的设定可以被驳回——不确定性既影响 I 又影响 II，在测量 I 时 II 立即受影响从而使结果与 Newton 定律一致；这种作用会即时发生，即使 I、II 相距很远。但是年轻些的科学家（如 W. Heisenberg）却不便像 Bohr 那样去和 Einstein 辩论。这不仅因为 Einstein 是他们的前辈，而且因为他当时在全世界已是众所周知的人物，享有巨大的威望。俄罗斯的 V. A. Fok 院士说："在量子理论发展初期曾为它做了许多工作的 Einstein，对近代的量子力学却采取了否定态度，这是特别令人惊异的。EPR 思维中的两个子系统之间没有直接的力的相互作用，一个也能影响另一个，Einstein 认为不可理解，从而认为量子力学不完备。"Fok 认为，量子力学中 Pauli 原理的相互作用（影响）是一个非力的例子。具有共同波函数的两个粒子（EPR 系统）之间的相互作用（影响）是 QM 的非力相互作用（影响）的另一种形式。非力的相互作用（影响）的存在不容置疑，否定这种作用是错误的。

J. Bell[33] 在 1965 年提出他的理论（Bell's inequality 即"Bell 不等式"）时还是 Einstein 理论的拥护者；20 年后（1985 年）他却成了反对者。他向 BBC 做了明确的回答——认为优先的（特惠的）参考系存在，亦即以太存在。认为存在超光速的可能；认为相对论成了量子理论发展的障碍，而 Einstein 的世界观站不住脚。总之，他主张回到 SR 之前。Bell 是把 SR 和 EPR 联系在一起而做评论的，因为这两个理论都关系到我们究竟采取什么样的自然观和宇宙观。反过来看看多年来学术界的状况，一位坚决拥护 SR 的学者决不会说"Einstein 的 EPR 论文错了"，因为如承认 EPR 错了就威胁到 SR 的"绝对正确"。总之，EPR 以反对 QM 开始，以失败告终。转折点是 1982 年的 Aspect 实验[34]，后来 30 多年量子信息学的大发展，进一步宣告了 Einstein 的错误。

从量子纠缠态（quantum entangled state，QES）研究的进展可以看出，QM 世界观已完全击败了 SR-EPR 世界观。实验成功的两光子间纠缠的距离，从最早（Aspect）的 15m，逐步发展到 25km，乃至几年前的 144 km。2017 年 6 月 15 日出版的 *Science* 杂志报道了潘建伟院士领导的中国科学家团队用量子卫星做出的新成果——实现了千公里级的量子纠缠（从青海德令哈站到云南丽江高美古站距离 1203 km）。这一成果使世界震惊。总之，一系列实验也完美地证明 SR 世界观（时空观）存在问题已是不争的事实。因此，审视一切科学理论的基本标准是大自然本身，而非对某个人的崇拜甚至迷信。

有一个绕不过去的问题是：该如何看待非相对论性量子力学（NRQM）和相对论性量子力学（RQM），前者指 Schrödinger 方程等内容，后者指 Klein-Gordeon 方程和 Dirac 方程等内容。1985 年 S. Weinberg 在剑桥大学纪念 Dirac 的会上说："Dirac 想对 Schrödinger 波方程做相对论性推广，而把量子力学与狭义相对论统一。当今已普遍放弃这个观点，大多数人都认为不可能使相对论与量子力学协调统一。"2007 年张永德[35]指出，RQM 不是一个稳定自洽的单粒子量子理论；虽然量子场论（QFT）消除了 RQM 的力学局限性，但 QFT 仍为局域性描述，与微观粒子本性不兼容。由于微观粒子的波动性，本来不能用"位于空间某点"的方式给粒子定位。但 QFT 却仍旧采用局域描述方法，且允许粒子产生和转化，这样就激化了矛盾。必须认识到波粒二象性在本质上反对局域性描述，而且，波粒二象性与相对论局域因果律之间的矛盾不可调和。另一方面，NRQM 是逻辑自洽的单粒子理论。笔者认为由这些简单而深刻的分析可以知道，为什么许多著名物理学家都逐步放弃了相对论。这里提到的两位，S. Weinberg 是 Nobel 物理学奖获得者，张永德教授是中国最优秀的量子物理学家之一。

现在从另一个角度分析量子理论对相对论的影响。2014 年笔者[36]发表论文《真空

中光速 c 及现行米定义质疑》，指出当考虑量子物理真空概念时，实际上 c 是一个有起伏的值。不仅如此，真空极化作用也会改变光速。这些因素以及更多物理情况都影响真空中光速的恒定性及稳定性，从而危及 SR 第二公设（光速不变原理）。因此，对"真空"的量子解释包含了与相对论的冲突。有的科学家已经另辟蹊径，例如 2001 年 J. Maguejo 和 L. Smolin[37] 曾联合研究量子引力问题，发现"不得不放弃 SR"。事实上，许多已知的量子引力理论之间的矛盾正是肇因于坚守 SR。他们二人都同意，在研究量子引力理论之前应当用新的理论取代 SR，该理论的变换应使所有观测者观感一致。违反 SR 有两条路可走；放弃第一公设（狭义相对性原理）；或者保存第一公设而放弃第二公设（光速不变原理）。他们采用后者，即认定在高能状态下光速不再恒定，导出的新变换方程比 LT 复杂许多（使用了非线性变换），但获得了理论上的自洽性，新理论预测不同颜色（不同频率）的光，传播速度会不相同。他们不用光速而用 Planck 能量作为不变量，推导结果在低能量时与 Einstein 的 SR 理论相符，高能量时则不一致。总之，他们认为高能状态下光速不再恒定。

10　结束语

动体尺缩时延问题只是表面上的，时空观才是本质——不同的时空观产生不同的看法。在当初，长度缩短和时间延缓仅为 Lorentz 解释 M-M 实验的假说，尚无确切实验证明这些是物理真实。然而在另一方面，Lorentz 坚持"有绝对参考系"（用以太代表）这一点，是今天仍然有重要意义的——这意见在国内外都有明确反映。正因为如此，才出现了 Lorentz Relativity 的概念（为与 SR 相区别，译为 Lorentz 相对性理论更为贴切）。John Bell 建议"回到 Einstein 以前"（其实就是"回到 SR 以前"）是意味深长的。在今天，MOND、MOL、GGT 这几种时空观都显示了生命力；量子理论虽然不对时间、空间做正面直接的解释，但它明显地与相对论不同。人们注意到[12]，1905 年 Einstein[10] 试图从相对性原理和光速不变原理推导出 Lorentz 变换（LT），但犯了几个错误。因而以后的相对论著作都不提及这个推导（它有在已知 M-M 实验和 Lorentz 工作的情况下拼凑的痕迹）。令人不解的是，Einstein 的原始论文根本未提 Fitzgerald 和 Lorentz，但他的 SR 却完全采用了他们的"长度收缩"和"时间膨胀"假说。

迄今为止，对相对论的评论当然是赞扬远多于批评，而后者又常被认为是"不懂相对论"所造成的。笔者认识的一位物理学家曾说："相对论要求一直是我审视所有的物理学文章的基本标准。"对此，另一位笔者的朋友（电磁理论专家宋文淼）评论说："只有大自然才是我们审视一切理论的基本标准；用崇拜和信仰是得不到真理的。"实际上，在国外对相对论的讨论日益开放，并不认为相对论神圣不可侵犯、不能批评。例如 1971 年 Rosser[1] 在他的书中多次说："我们并没有声称狭义相对论是绝对正确的；在将来任何时候，它很可能又被某一个与实验结果符合得更好的新理论所代替。"我们认为宋教授和 Rosser 的态度是正确的。

限于篇幅，本文未涉及 GR 的时空观（如 Minkowski 四维时空、时空一体化、时空弯曲等），笔者不认同这些观念[38]。GR 有一推论"存在引力波"；2016 年至 2017 年，美国激光干涉引力波天文台（LIGO）多次宣布"已发现引力波"[39]。但多国科学家提出不同意见[40-50]；而最近有报道说[51]，LIGO 收到的信号并非来自引力波，而是一种噪声，从而可能全盘否定这个"发现"。总之，GR 时空观尚不能证明是正确的；进一步的研究探索不仅必要，也一定会进行。

参考文献

［1］Rosser W. An introduction to the theory of relativity ［M］. London：Butterworths, 1971. （中译本：岳曾元，关德相，译. 相对论导论 ［M］. 北京：科学出版社，1980.）

［2］Thorne K. The science of interstellar ［M］. New York：W W Norton & Company, 2014. （中译本：苟利军，等. 星际穿越 ［M］. 杭州：浙江人民出版社，2015.）

［3］Michelson A, Morley E. On the relative motion of the earth and the luminiferous ether ［J］. Am Jour Sci, 1887, 34：333 – 345.

［4］胡宁. 广义相对论和引力场理论 ［M］. 北京：科学出版社，2000.

［5］Lorentz H. La théorie électromagnétique de Maxwell et son application aux corps mouvants ［J］. Archives Neerlandaises des Sci. Exact. et Naturelles, 1892, 25：263 – 552. （又见：Lorentz H. Versuch einer theorie der electrischen und optischen erscheinungen in betegten körpern ［M］. Leiden：E Brill, 1895.）

［6］Lorentz H A. Electromagnetic phenomena in a system moving with any velocity less than that of light ［J］. Proc Sec Sci, Koninklijke Akademie van Wetenschappen （Amsterdam）, 1904, 6：809 – 831.

［7］陈秉乾，等. 电磁学专题研究 ［M］. 北京：高等教育出版社，2001.

［8］黄志洵. 论动体的质量与运动速度的关系 ［J］. 中国传媒大学学报（自然科学版），2006, 13 (1)：1 – 14.

［9］张元仲. 狭义相对论实验基础 ［M］. 北京：科学出版社，1994.

［10］Einstein A. Zur elektro-dynamik bewegter körper ［J］. Ann d Phys, 1905, 17：891 – 921. （English translation：On the electrodynamics of moving bodies ［A］, reprinted in：Einstein's miraculous year ［C］. Princeton：Princeton University Press, 1998；中译本：论动体的电动力学 ［A］. 范岱年，赵中立，许良英，译. 爱因斯坦文集 ［M］. 北京：商务印书馆，1983, 83 – 115.）

［11］Einstein A. Relativity：the special and the general theory ［M］. New York：Three River Press,

1952.

　　[12] 马青平. 相对论逻辑自洽性探疑 [M]. 上海：上海科技文献出版社. 2004. （见：马青平. 狭义相对论逻辑不自洽问题和新伽利略时空观 [J]. 北京石油化工学院学报，2006，14（4）：4 – 16. 又见：Qing-Ping Ma. The theory of relativity: principles, logic and experimental foundation [M]. New York: Nova Publishers, 2013. ）

　　[13] Langevin P. L'evolution de léspace et du temps [J]. Scientia, 1911, 10: 31 – 54.

　　[14] Einstein A. Dialogue about objections against the theory of relativity [J]. Die Naturwissenschaften, 1918, 48: 697 – 702.

　　[15] Kelly A. Time and the speed of light—a new interpretation [J]. Monogrph No.1, Inst. Eng. Ireland, 1995.

　　[16] Hafele J, Keating R. Around the world atomic clocks—predicted relativistic time gains [J]. Science, 1972, 177: 166 – 168.

　　[17] Kelly A. Reliability of relativistic effect tests on airbone clocks [J]. Monograph No.3, Inst. Eng. Ireland, 1996.

　　[18] Einstein A. The relativity principle and it's conclusion [J]. Jahr der Radioaktivität und Elektronik. 1907, 4: 411 – 462. （中译本：关于相对性原理和由此得出的结论 [A]. 范岱年，赵中立，许良英，译. 爱因斯坦文集 [M]. 北京：商务印书馆，1983，150 – 209. ）

　　[19] Einstein A. The meaning of relativity [M]. Princeton: Princeton University Press, 1922. （中译本：郝建纲，刘道军，译. 相对论的意义 [M]. 上海：上海科技教育出版社，2001. ）

　　[20] Reinhardt S, et al. Test of relativistic time dilation with fast optical atomic clocks at different velocities [J]. Nature-physics, 2007, 3: 861 – 864.

　　[21] Ives H E, Stilwell G R. An experimental study of the rate of a moving atomic clock [J]. Jour Opt Soc Am, 1938, 28: 215 – 226.

　　[22] Pavlovic M R. Einstein's theory of relativity—reality or illusion? [EB/OL]. http: //users. net. yu/ ~mrp/, 2002.

　　[23] 谭暑生. 从狭义相对论到标准时空论 [M]. 长沙：湖南科技技术出版社，2007.

　　[24] Smoot C F. Detection of anisotropy in cosmic blackbody radiation [J]. Phys Rev Lett, 1977, 39: 898 – 902.

　　[25] Dirac P. Why we believe in Einstein theory [A]. Symmetries in Science [C]. Princeton: Princeton University Press, 1980.

　　[26] Flandern T. The speed of gravity: what the experiments say [J]. Met Research Bulletin, 1997, 6 (4): 1 – 10. （又见：The speed of gravity: what the experiments say [J]. Phys Lett, 1998, A250: 1 – 11. ）

　　[27] Einstein A, Podolsky B, Rosen N. Can quantum mechanical description of physical reality be considered complete [J]. Phys Rev, 1935, 47: 777 – 780.

［28］Brown J, Davies P. 原子中的幽灵［M］. 易必洁，译. 长沙：湖南科学技术出版社，1992.

［29］Editorial. Einstein eclipsed, the puzzle that relativity can't solve［J］. New Scientist, 2004, (11)：11 – 14.

［30］黄志洵. Casimir 效应与量子真空［J］. 前沿科学，2017，11 (2)：4 – 21.

［31］Editorial. Modified theory of Newton dynamics［J］. New Scientist, 2005, (1, 22)：11.

［32］张操. 物理时空探讨——修正的相对论［M］. 香港：华夏文化出版公司，2005.

［33］Bell J. On the problem of hidden variables in quantum mechanics［J］. Rev Mod Phys, 1965, 38：447 – 452.

［34］Aspect A, Grangier P, Roger G. The experimental tests of realistic local theories via Bell's theorem［J］. Phys Rev Lett, 1981, 47：460 – 465. （又见：Aspect A, Grangier P, Roger G. Experiment realization of Einstein-Podolsky-Rosen-Bohm gedanken experiment, a new violation of Bell's inequalities［J］. Phys Rev Lett, 1982, 49：91 – 96. ）

［35］张永德. 量子理论与定域因果律相容吗？［A］. 柯善哲，等，编. 量子力学朝花夕拾［C］. 北京：科学出版社，2007.

［36］黄志洵. 真空中光速 c 及现行米定义质疑［J］. 前沿科学，2014，8 (4)：25 – 40.

［37］Maguejo J, Smolin L. Lorentz invariance with an invariant energy scale［J］. ar Xiv：hep-th/ 0112090 v2, 18 Dec 2001.

［38］黄志洵. 引力理论和引力速度测量［J］. 中国传媒大学学报（自然科学版），2015，22 (6)：1 – 20.

［39］Abbott B P, et al. Observation of gravitational wave from a binary black hole merger［J］. Phys Rev Lett, 2016. 116：1 – 16. （见：英国广播公司（BBC）网站. 引力波太空探测通过重大考验［N］. 参考消息报，2016 – 06 – 08. 又见：英国广播公司（BBC）网站. 科学家再次探测到引力波［N］. 参考消息报，2016 – 06 – 17. ）

［40］黄志洵. 我为什么认为不存在所谓"引力波"（英文稿：Why am I not buying the story of gravitational wave discovery）［EB/OL］. 科学网，2016 – 2 – 20.

［41］梅晓春，俞平. LIGO 真的探测到引力波了吗？［J］. 前沿科学，2016，10 (1)：79 – 89.

［42］黄志洵，姜荣. 试评 LIGO 引力波实验［J］. 中国传媒大学学报（自然科学版），2016，23 (3)：1 – 11.

［43］Mei X. Yu P. Did LIGO really detect gravitational waves?［J］. Jour Mod Phys, 2016, (7)：1098 – 1104.

［44］Mei X, Huang Z, Ulianov P, Yu P. LIGO experiments cannot detect gravitational waves by using laser Michelson interferometers［J］. Jour Mod Phys, 2016, (7)：1749 – 1761.

［45］梅晓春，黄志洵，P. Ulianov，俞平. LIGO 实验采用迈克逊干涉仪不可能探测到引力波［J］. 中国传媒大学学报（自然科学版），2016，23 (5)：1 – 7.

［46］Ulianov P Y. Light fields are also affected by gravitational waves, presenting strong evidence that

LIGO did not detect gravitational waves in the GWl50914 event ［J］. Global Jour Phys, 2016, 4 （2）: 404 - 420.

［47］ Ulianov P, Mei X, Yu P. Was LIGO's gravitational wave detection a false alarm? ［J］. Jour Mod Phys, 2016, （7）: 1845 - 1865.

［48］ Engelhardt W. Open letter to the Nobel Committee for Physics. DOL: 10. 13140/RG 2. 1. 4872. 8567, Dataset June 2016, Retrieved 24 Sep 2016.

［49］ 黄志洵. 再评 LIGO 引力波实验 ［J］. 中国传媒大学学报（自然科学版），2016，23（5）: 8 - 13.

［50］ 黄志洵. 对 LIGO 所谓"第三次观测到引力波"的看法 ［J］. 前沿科学，2017，11（2）: 76 - 78.

［51］ 美国连接杂志网站. 引力波数据现奇怪噪音引争论 ［N］. 参考消息报，2017 - 7 - 12.

广义相对论（GR）及有关问题

爱因斯坦的广义相对论是正确的吗？

摘要： Einstein 引力场方程（EGFE）是广义相对论（GR）中最重要的公式，但 EGFE 有明显的假设和拼凑的痕迹。如何表达"引力使时空弯曲"（或"时空弯曲造成了引力"）是根本性的待决问题。引力场的物理效果被认定由 Riemann 空间的度规张量体现，需要知道度规场分布的规律，但由于没有可作依据的实际观测知识，推导 EGFE 就用猜测性推理。也就是说，物理学实验从未提供过显示引力几何化的（只有 Riemann 几何才能表现的）知识和规律，Einstein 即贸然决定 $G_{\mu\nu} = R_{\mu\nu} - g_{\mu\nu}R/2 = \kappa T_{\mu\nu}$。

Einstein 引力场理论不是令人放心的可靠理论，它无法取代 Newton 的引力理论。Newton 理论建立在 Kepler 和 Galileo 实验定律所包含的无数实验观测结果之上，经过了几百年科学实验和工程实践的检验，并继续在科学和工程中接受广泛的检验，从来没有一例证明 Newton 万有引力定律的错误。相反，GR 从基本假设到理论框架都存在根本性的不自洽或违背基本的物理事实。Einstein 的弯曲时空引力理论是依靠想象建立的，不可能与建立在经验基础上的 Newton 引力理论达到一致。

作为一个理论系统，GR 的内在逻辑混乱，因果关系颠倒。例如 GR 有一个结果说，引力场传播速度是光速，引力波传播速度也是光速；这些都是错误的。如引力以有限速度 c 传播，将有扭矩作用于行星，则绕太阳运行的行星将变得不稳定。如果太阳产生的引力是以光速向外传播，那么当引力走过日地间距而到达地球时，后者已前移了与 8.3min 相应的距离。这样一来，太阳对地球的吸引同地球对太阳的吸引就不在同一条直线上了；这使绕太阳运行的星体轨道半径增大，在 1200 年内地球对太阳的距离将加倍。但在实际上地球轨道是稳定的，故可断定引力传播速度远大于光速。由此可见，GR 不能处理引力问题。实际上，正是基本的物理学原理决定了不会有引力波。

引力是最早知道的物理相互作用，但它是唯一不能与量子理论相容的作用。人们说 GR 成功地描述了引力，但这是错误的。GR 也叫几何动力学，基本方程用几何项写出公式，这与量子理论有根本性冲突。另外，GR 使宇宙学陷入混乱，大爆炸理论、黑洞物理均为例证。

基于上述理由，我们认为 Einstein 的广义相对论是不正确的。

关键词：广义相对论；Einstein 引力场方程；弯曲时空；引力波；量子理论

Is Einstein's General Relativity Correct?

Abstract：The Einstein's general field equation （EGFE） is the most important formula in General Relativity （GR）, but the EGFE has obvious assumptions and patchwork traces. Now, how to express "gravitation makes spacetime bend" （or "spacetime bending causes gravity"） is a fundamental problem to be solved. The physical effect of the gravitational field is reflected by the metric tensor of the Riemann space, and it is necessary to know the law of the distribution of metric field. However, since there is no practical observational knowledge that can be relied upon, the EGFE is derived using speculative reasoning. In this situation physics experiments have never provided knowledge and laws that show gravitational geometry （only Riemann geometry can be expressed）, Einstein boldly decides $G_{\mu\nu} = R_{\mu\nu} - g_{\mu\nu}R/2 = \kappa T_{\mu\nu}$.

In short, Einstein's gravitational field theory is not a reassuring and reliable theory, so it can't replace Newton's gravitational theory. Newton's theory is based on the numerous experimental observations contained in experimental laws of Kepler and Galileo has been tested for hundreds of years in scientific experiments and engineering practice, and has been extensively tested in science engineering. There is never an example to prove that Newton's law of gravity is wrong. On the contrary, GR has fundamentally not self-consistent or violates basic physical facts from basic assumptions and theoretical frameworks. The Einstein's gravity theory of curved spacetime is based on imagination. It can not be consistent with the Newton's theory of gravity which is based on experiences.

As a theoretical system, the inner logic of GR is chaotic, and it confuse the cause and the effect. For example, as a result of GR, Einstein said that gravitational field propagation velocity is the speed of light, and the gravitational wave propagation velocity is also the speed of light. But these theories are wrong. If gravity propagated with finite velocity c, the motion of the planets around the sun would become unstable, due to a torque acting on the planets. In Einstein's theory, the field and the wave are not divided. In fact, if the gravitational force generated by the Sun propagates outward at the speed of light, then when gravity reaches the Earth, the earth has moved forward by a distance corresponding to 8.3min. In this way，the Sun's attraction to the earth is not on the stars orbiting the sun，and the distance between the Earth and the Sun will double in 1200 years. But in reality，the Earth's orbit is stable，so it can be concluded that the gravitational velocity is much faster that the speed of light. Then we see that the GR can not analyze the problems of gravity. In fact，the basic physical principle determines that gravitational waves can not exist.

The gravity is the oldest physical interaction，but it is the only interaction that has been accommodated within quantum theory. People says that the GR described gravity successfully，but this idea is wrong. The GR also called geometrodynamics，the fundamental equations can be formulated in geometrical terms，this situation makes clash with the quantum theory. In addition，the cosmology were thrown into confusion due to GR，such as the theory of Big-bang，black hole physics，are also examples.

For these reasons，we believe that the general relativity of Einstein is not correct.

Keywords：General Relativity（GR）；Einstein gravitational field equation（EGFE）；bending spacetime；gravitational waves；quantum theory

1 引言

Einstein 在 1905 年建立了狭义相对论（SR）；但他并不满足，因为这当中未考虑引力。他怀疑 SR 能否对引力理论（因而对整个物理学）提供令人满意的基础，或者说，他希望搞出一种在所有的坐标系中都有效的物理理论，他称之为 general relativity（GR）。他思考 GR 的过程有 10 年，到 1915 年建立起 Einstein 引力场方程（EGFE）。我们知道大师级人物 Max Planck（1858—1947）在发现和提携 Einstein 方面出了大力，由于他的推荐，Einstein 于 1914 年迁居柏林，任柏林大学教授。尽管 Planck 努力推举人才，但他当时并不赞成 GR，而且还说过这样的话："没人会相信这个东西。" 1915 年至 1916 年 GR 成型后，经过 1919 年的 Eddington 日食观测队的实验检验，物理界多数人接受了它，认为该理论 "完备而优美"，堪称探索自然的伟大业绩。但是无可讳言，一直有专家学者对 GR 持怀疑、批评甚至反对的态度，争论从未停止，这种情况延续至今天。

近来国内学术界又掀起了对相对论有关问题的讨论；先是李惕碚院士做两次学术报告[1]（2020 年 11 月在湖南湘潭大学，2021 年 2 月在北京中国科技馆），后是上海交通大学在建校 125 周年时发布的 125 个科学问题，其中有一问是 "Is Einstein's general theory of relativity correct?"这些问题之所以用英文写出,因为他们是 2005 年由美国 *Science* 杂志最先提出的,其时适逢该刊创刊 125 周年。以这两件事为契机,关于相对论的讨论(通过论文、网络、电子邮件)就在国内活跃起来。2021 年 4 月笔者写出论文《爱因斯坦的狭义相对论是正确的吗?》[2],5 月着手写作本文——《爱因斯坦的广义相对论是正确的吗?》。我们之所以把对 SR 的批评放在前面,是因为有学者对 GR 弃之毫不可惜,但却对 SR 恋恋不舍。笔者认为这是不可能、不合理的,因为 SR、GR 两者在物理思想和哲学逻辑上基本一致,而它们都有严重问题。它们实际上阻碍了科学发展,对其该说"再见"了。

正如大家所知,王令隽、梅晓春两位学者是 GR 的长期研究者和严厉批评者。2021年 5 月,梅晓春研究员在国外刊物上发表了英文论文[3],对 GR 做了一次新的批评。6月笔者收到李惕碚所著书稿《宇宙物理基础》(电子版),其中对 GR 的核心 EGFE 和时空弯曲的剖析给笔者以深刻印象。事情还不止于此,《参考消息》是中国发行量第一的报纸,每日印数达数百万份,过去曾许多次刊登消息报道 GR 在国际上如何成功,怎样再次证实其正确。但该报最近却一反常态,连续刊登不利于 GR 的消息或文章。例如2021 年 5 月 27 日英国《卫报》网站报道说,欧洲科学家分析了上亿个星系的图像,得到的暗物质分布图与理论预期不同,从而怀疑 GR 可能错误。6 月 9 日,该报用整版篇幅刊登美国趣味科学网站 5 月 24 日文章《爱因斯坦错了吗?》,说相对论的"王座"已开始动摇。种种情况表明,对于这样一个似是而非的理论,做否定和清理的时刻似已到来。

本文算是参加这样一个理论清理工作的讨论,主要针对 GR,但也涉及 SR。由于在文献[2]中未曾阐述 SR 与量子力学(QM)的对立关系,我们将在本文中置入有关内容。本文介绍了若干中国科学家的工作,也包含许多笔者的个人观点,欢迎批评指正。

2 Newton 的引力观

国际科学界对引力的研究有长久的历史,而这又是从对天空中行星运动的观察开始的。16 世纪时丹麦天文学家 Tycho Brahe 对行星绕日运行做了多年观测;在他去世后,德国天文学家 Johannes Kepler(1571—1630)整理分析了 Brahe 在 20 年间的观测记录,从而发现行星绕太阳作椭圆轨道运行的规律,提出了行星运动三定律,认为行星受到来自太阳的力的作用。与此同时,意大利天文学家 Galileo Gallilei(1564—1642)仔细研究了地面上物体运动的力学,建立了落体定律和惯性定律。在这二者的基础上英国物理学家 Issac Newton(1642—1727)提出,使行星运动的力和使地面物体运动的力是同质的;他先建立运动学三定律,然后提出万有引力定律,写出计算这种力的数学方程。由于 Newton，经典力学诞生了，其贡献集中体现在他 1687 年出版的著作中[4]。

Newton 的万有引力定律说："引力与距离平方成反比地减小。"对这一规律虽然早有人猜测，但正是 Newton 在 1665 年间从关于月球运动的观测数据推导出平方反比定律。但在 20 年内 Newton 未发表这个计算，因为当时他不知道怎样论证把地球全部质量看作集中在地心这一处理是正确的。在皇家学会的 Edmund Halley 的鼓励下，1684 年 Newton 证明了，行星在平方反比定律的引力作用下的运动确实服从 Kepler 三定律。随后，1685 年 Newton 完成了关于月球运动的计算。

《原理》一书第一编的篇幅很大（超过 200 页），它具备了 Newton 力学的基本内容，例如力的定义、力学三定律、万有引力定律、微分学数学方法等。对万有引力定律，Newton 在最后的总释中说："我们用引力解释了天体及海洋的现象，其作用取决于其包含的物质的量，并向所有方向传递到极远距离，以反比于距离平方的规律减弱。这一规律甚至达到最远的彗星远日点。但我不能找出引力特性的原因，我也不构造假说。"

Newton 万有引力定律（也叫反平方定律）用下式表达

$$F = G\frac{m_1 m_2}{r^2} \tag{1}$$

即两个质点（质量 m_1、m_2）相距为 r 时的引力是 F，而力的单位在现今 SI 制中是 Newton（简写作 N）；按照 Newton 理论，天体力学中对大行星位置的预言与观测相符程度达到几个角秒，海王星、谷神星的发现更是雄辩地证明 Newton 定律正确。这是在大距离（r 很大）时的情况；对于微小距离，2007 年国际上的实验已证明直到 $55\mu m$ 的 r 值定律仍然正确[5]，觉察不到与 Newton 反平方定律的偏离。当然，在更小的距离会受 Casimir 效应的干扰（那是一种与引力不同的微弱的力，可有 $10^{-10}N$ 量级）[6]。

有人说，Newton 定律在微观尺度上不适用了（例如当研究分子、原子和基本粒子时）。然而这样讲是错误的——1926 年 Schrödinger 方程推导基本量子波方程时只有从 Newton 力学出发才能得到正确的结果，从相对论力学出发就不行。事实上，人们从不议论 Newton 力学和量子力学（QM）之间的矛盾，反而众口一词地说相对论与 QM 有尖锐的矛盾。

许多人喜欢拿"超距作用"说事，这个问题其实现在已经很清楚了。引力传播速度既非无限大（这是超距作用），也不是光速 c，而是超光速状态，即 $c < v_G < \infty$。实际上已知 $v_G = (10^9 \sim 10^{10}) c$[7]。因此，再拿"超距作用"指责 Newton 已无意义。

Newton 理论的基本方程是引力势 Φ 的 Poisson 型方程，称为 Newton 引力场方程（NGFE）

$$\nabla \Phi = 4\pi G\rho \tag{2}$$

式中 ρ 是质量密度，而质量是造成有引力的源；G 是万有引力常数。这是一个二阶线性偏微分方程；实际上，后来 Einstein 提出 GR 时是以此为范的。

关于等效原理（principle of equivalence），它并不是 Einstein 的创造，Newton 早在 1684 年即做了研究。设物体（质量 m_1）在力 F_1 作用下产生加速度 a，则有

$$F_1 = m_1 a \tag{3}$$

然而该物下落时在地心引力 F_2 作用下可产生加速度 g，故有

$$F_2 = m_2 g \tag{4}$$

式中 m_1、m_2 分别为惯性质量、引力质量；那么两个来自不同定义的质量是否一样？Newton 亲自做实验，结果证明

$$m_1 = m_2 \tag{5}$$

后来又有一位匈牙利物理学家 R. V. Eötvös（1848—1919）于 1889 年用扭秤方法做实验，大大提高了测量该原理的精度。

Newton 力学（NM）的用途极广，人类社会中无论工业技术、交通运输甚至航空航天，都应用 NM 这一基础理论。可以说，它来自实践又用于实际，相对论力学无法与之相比。

3 GR 的建立过程

1905 年 Einstein 创立 SR[8]，随后考虑新的理论。Einstein 创立 GR 的过程有三个阶段：①研究等效原理和广义相对性原理（1907—1911）；②提出引力场与度规之间的联系（1912—1914）；③建立普遍协变的引力场方程（1915 年 10 月—11 月）。1907 年他开始考虑引力与 SR 的关系[9]，觉察到一个古老的实验事实——在引力场中一切物体具有同一加速度，这意味着惯性质量与引力质量相等。此外，他要把狭义相对性原理做推广，即自然规律与参照系无关的假设对相对作加速运动的参照系也成立，因而可以用一个均匀加速参照系取代一个均匀引力场。现在他把等效原理和广义相对性原理作为公设来建立 GR 理论。他认为要点是把加速度和引力密切联系起来。

把相对性原理推广到彼此作非匀速运动的坐标系，意味着理论方程在坐标的非线性变换下形式不变。现在 GR 比 SR 进了一步，必须假设定律对于四维连续区中的坐标的非线性变换也不变。但是传统上认为坐标必须有直接的度规意义，Einstein 认为这是三者（引力、度规、时空几何）的联系问题。1911 年 Einstein 开始研究了引力对光传播的影响[10]。1913 年他提出用度规张量 $g_{\mu\nu}$ 以及 Riemann 曲率张量来表示引力场[11]；相对论拥护者们一直认为这是一次关键性飞跃。

引力的度规场理论不用标量描写引力场，而用度规张量，即用 10 个引力势函数以

确定引力场。1914 年 Einstein 提出广义协变性原理。1915 年 11 月 4 日、11 日、18 日、25 日，Einstein 向普鲁士科学院提交 4 篇论文，包括《广义相对论》《广义相对论对水星近日点进动的解释》《引力的场方程》[12]，并宣告"作为一种逻辑结构的广义相对论终于完成"。1916 年，Einstein 发表了关于 GR 的总结性论文[13]，而正是在这一年，K. Schwarzschild[14-15]对 Einstein 引力场方程（EGFE）提出一个在最简单情况下（球对称静态引力场）的解析解。1917 年 Einstein 发表带宇宙常数项的 EGFE[16]。1918 年 Einstein 发表文章《论引力波》[17]；到这时创造相对论力学的过程结束。1921 年 Einstein 去美国 Princeton 大学讲学，1922 年发表总结性的 *The Meaning of Relativity* 一书[18]。此书把阐述重点放在 GR 上；Einstein 也提到了三个检验性实验可作为 GR 正确的证明，他显然认为自己已完成了超越 Newton 的业绩，Newton 理论不过是 GR 的近似。

但 1921 年 Nobel 奖的颁发，Einstein 获奖是因为"发现光电效应定律"。Nobel 委员会还在电话通知中说明，颁奖并不是因为相对论。下面引述国外对有关情况的介绍；英国科学刊物 *New Scientist* 在 2004 年 3 月 6 日出版的一期上刊登的文章 *Einstein's Rio requiem*（作者 M. Chown）说，"Einstein 是 1955 年去世的，但作为科学家他在 30 年前就死了。他从瓶子中放出的'妖怪'最终逃脱了他的控制，那'妖怪'是指光子，Einstein 用它解释光电效应中光何以能从金属打出电子。当时他所谓的'鲁莽假设'终于推翻了他曾相信过的每件事情。可以说，科学潮流转而反对 20 世纪伟大的物理学家的伤心时刻，是记录在 Einstein 于 1925 年 5 月 7 日提交巴西科学院的一篇被遗忘的文章之中。"

这里所说的文章是 Einstein 的讲稿，巴西科学家（当时的接待委员会负责人）A. G. Neves 把它译成葡萄牙文后将其刊登在巴西科学院的学报上。1928 年 Neves 去世，文稿遂被长久遗忘。1990 年，他的孙子发现了这篇文章，遂复印了一份寄交 Einstein 档案馆。现将 Chown 文章的要点摘记如下：

> 迄今没有多少人知道 Einstein 对巴西的访问。那次旅行是 1925 年 3 月 5 日从汉堡（Hamburg）出发的，做 3 个月的南美之行。Einstein 特别高兴，因为那是以实验证明了他的引力理论（广义相对论）的地方。他对巴西东道主说："问题是在我头脑中思考的，却在巴西灿烂的天空中得到解决"……当时，巴西科学家们齐聚在里约热内卢（Rio Janeiro），期待着听 Einstein 讲相对论。但他本人却另有想法；对 Einstein 而言，相对论只是 19 世纪经典物理学的扩展，而在他一生中的革命性成果却是光子概念，这才是他要讲的东西。但波伸展在整个空间，而粒子却是分立的实体，如何统一这两者？Einstein 并未找到答案。

> 在巴西科学院，Einstein 不能解释光子为何可以既是波又是粒子，无法得出能说明两方面矛盾性质的数学图景。当然，由于 Einstein 使用经典物理学，这是不可

能做到的……在 Einstein 的巴西讲学的一个月后，德国的 W. Heisenberg 发明了一种新的物理学，即量子理论。Einstein 不能看到又不想看到的要点是，光子不是一个经典的东西。1925 年 5 月 7 日在巴西科学院做报告的那个夜晚，标志着 Einstein 作为前沿科学家生涯的终结。直到去世，Einstein 都不接受量子理论，该理论用不确定性取代确定性。Einstein 在里约热内卢的讲话，表示他仍绝望地希冀他于 1905 年放出的"妖怪"仍可用老的经典物理学去驯服。

以上是 GR 建立前后的情况。关于相对论与量子理论的根本性矛盾，后面还将叙述。

4　GR 的数学基础和 EGFE 推导中的问题

GR 的数学基础是 Gauss 曲面理论及 Riemann 几何。著名数学家 K. Gauss（1777—1855）在中年时从事大地测量和地图绘制工作，逐步产生了对微分几何的兴趣，并在 1827 年写出论文《关于曲面的一般研究》，这篇文章提出寻找曲面上的测地线。1807 年 Gauss 任德国 Göttingen 大学教授，他手下有一名青年讲师 G. Riemann（1826—1866），在 Gauss 鼓励下于 1854 年做了一次升职演讲，论述了空间几何学问题，也研究了曲面，又提出空间流形的概念。从定义两点间距出发，他假定距离的平方为

$$ds^2 = \sum_{i=1}^{n}\sum_{j=1}^{n} g_{ij} dx_i dx_j \tag{6}$$

式中 g_{ij} 是坐标 x_1，x_2，$\cdots x_n$ 的函数；上式是 Euclid 距离公式

$$ds^2 = dx_1^2 + dx_2^2 + \cdots + dx_n^2 \tag{7}$$

的推广；他也研究了两点之间的最短曲线——测地线；他还提出了流形的曲率。他认为 Euclid 几何公理可能只是物理空间的近似写照。他认为要把空间的物质综合考虑。但这不表示 Riemann 要求物理服从数学，因为他也说过，对于作为空间基础的客体，会形成流形。应从外面寻找其度规关系的根据，这就要靠物理学。笔者以后将指出，EGFE 的提出恰恰违反了 Riemann 的教导。

GR 的另一数学基础是张量代数。意大利 Palermo 大学教授 G. Ricci（1853—1925）创立绝对微分学，提出张量（tensor）概念。数量函数 A 的梯度的分量 A_j 所构成的组，是一阶协变张量的例子。张量运算中有加法、乘法（直积）和缩并（内积）。张量与坐标系的无关性是 GR 乐于采用的原因。由于 Ricci 的工作，可以把 Riemann 几何中的许多概念重新用张量表示。Ricci 从 Riemann 张量用缩并方法得到 Ricci 张量，Einstein 用来表示其时空 Riemann 几何的曲率。

既然惯性力场的场强由 Riemann 空间的"联络"描写，引力场场强也由空间的"联络"描述（所谓"联络"是指空间的几何结构），这就为"引力几何化"开了路。Einstein 便断定，有引力场的时空是弯曲的 Riemann 空间。他急于找到一个新方程，不同于 Newton 而且超过 Newton；为此必须找到度规场（推广的引力势）所满足的微分方程。但在实际上根本没有实验观测的基础知识，Einstein 便走上了推测和推理的路。Einstein 顺理成章地认为，新理论的度规场应由物质的动量能量张量（$T_{\mu\nu}$）所决定。其次，Newton 方程是二阶线性偏微分方程，那么现在的时空度规张量（$g_{\mu\nu}$）的微商最高也是二阶。总之，无论如何要用上 Riemann 几何，才符合"弯曲时空"的预定目标。

基于平方反比的静态引力场（标势）和引力质量等于惯性质量（等效原理），1915 年底 Einstein 说，可以把弯曲位形空间度规 $g_{\mu\nu}$ 作为待求变量，并写出以下方程

$$R_{\mu\nu} - \frac{1}{2}g_{\mu\nu}R = -\frac{8\pi G}{c^4}T_{\mu\nu} \tag{8}$$

式中 $R_{\mu\nu}$ 是迹为 R 的 Ricci 张量，R 是曲率标量，$g_{\mu\nu}$ 是时空度规张量。

虽然这个方程在主流物理界奉为圣物，笔者却不看好它，因为它是拼凑出来的[19]。如果听 Riemann 的话，Einstein 就应该像 Newton 那样，在实验的基础上建立理论（J. Maxwell 建立电磁场理论也是这样做的）。Einstein 认为依靠数学就能建立理论，获得 EGFE 有明显的假设和拼凑的痕迹。尽管参考了 Newton，还有 Mach，如何表达"引力使时空弯曲"（或说"时空弯曲造成了引力"）仍是根本性的待决问题。只有找到度规场分布的真实规律，才能写出 EGFE 的左半部分。然而物理学实验从未提供过显示引力几何化的（只有 Riemann 几何才能表现的）知识和规律，Einstein 即大胆地决定 $G_{\mu\nu} = R_{\mu\nu} - \frac{Rg_{\mu\nu}}{2}$；这其实是猜测和拼凑。

必须明白，EGFE 中的引力场度规 $g_{\mu\nu}$ 并非由几何决定，而是由物理（包括经验规律）所决定。因为 $g_{\mu\nu}$ 描写的是引力势的时空分布。不是时空几何决定物理规律，而正好相反。李惕碚对此有清楚的认识[4]，与我们强调的观点一致。因此，作为数学家（微分几何专家）的 Riemann 并未教导 Einstein 取消作用力。

美国物理学家 Kip Thorne 当然是相对论的坚定拥护者，但是连他都讲："人类对时空弯曲不甚了解，也没有相关的实验和观测数据。"[20]这说法与本文对 EGFE 建立过程的批评是一致的。

5 GR 的引力几何化和中国科学家对时空弯曲的批评

20 世纪前 20 年 Einstein 迅速崛起并把相对论推向世界，最后 20 年却是中国老一辈

物理学家总结和阐述其对相对论的研究心得的时期。例如胡宁和周培源,他们同为北京大学物理学教授,也都研究 GR。无可怀疑,他们都注意到 GR 把引力几何化。胡宁先生在 1997 年去世前写出若干原稿,2000 年由其后人出版了《广义相对论和引力场理论》一书[21]。周培源先生则于 1982 年发表论文,题为《论 Einstein 引力理论中坐标的物理意义和场方程的解》[22]。胡宁肯定注意到周的论文,但却在其书中未提起过,其原因估计是不太同意周的论断。这两位物理学家总体上都相信 GR,但周却有“离经叛道”的倾向,这是他们不同的地方。按照彭桓武的说法[23]:“周先生提倡谐和条件为物理条件而背景时空仍为 Minkowski 时空,其对我的影响就比对胡宁先生的影响要大。”[24]这就暗示了周、胡二人的分歧。

胡宁说,时空是物质存在的形式,这个几何形式本身并非物质;GR 方程中有时空的曲率张量,它代表了四维空间弯曲,因而引力场是时空几何性质,容易造成对引力场物质性的否定。胡宁认为引力场仍是物质场,几何化观点不应强调。他这样讲当然正确,但却不表明 GR 的核心思想不是引力几何化。而且这些话像是读周的文章后帮 Einstein 做答辩(胡宁不断强调等效原理比时空弯曲更重要)。周培源文章说:“本文联系引力势(它满足 Einstein 引力场方程)的边值条件指出坐标的物理意义;这样的程序可以用于求解 Einstein 理论中普遍的引力问题。”然而,他却逻辑地走向了 GR 的反面,实际上指责了 Einstein 的核心思想——弯曲时空理论。在论文的最后周先生说,SR 的 Minkowski 时空也是 Einstein 引力理论的运动学基础。Einstein 等用逐级逼近法求解场方程时,实际是用的 Minkowski 时空。既然平直时空是近似求解法的运动学基础,它必能适用于场方程的严格求解。而且,平直时空和量子场论、规范场论一致。Descartes 空间坐标和时间定义了一个 Minkowski 时空,其中的 EGFE 及谐和条件是物质的引力规律,Riemann 弯曲时空只不过是描写引力现象的数学语言。

笔者认为,周培源实际上是对 Einstein 做批评——既然运动学的背景时空仍为 Minkowski 时空,其引力论中的坐标即物理时空的位置与时间。既然可在平直时空下求解场方程,应当认为 Riemann 的弯曲时空不过是描写引力的数学语言,而非引力的本质。另外有一个情况值得注意;周先生在论文中说,Einstein 引力理论自发表以来并未解决很多问题,有的问题即使数学上有了解,它的物理意义并不清楚。这与我们在《美国 LIGO 真的发现了引力波吗?》的文章中所说“EGFE 实际上是无用的东西”[21],见解是一致的。

在这里我们引述李惕碚[1-3]在批评时空弯曲方面的深刻见解。他指出:Einstein 错误地把对引力现象的数学描写当成实际变化。他说,既然物理规律不因时间、地点而变,时空应是均匀平直(不可扭曲)的。而且,在平直时空中水星轨道才有进动。实际上,每个行星都有自己的弯曲空间,也就是说弯曲的位形空间不等于弯曲时空。

李惕碚认为,质量按线性规律产生引力势,而 GR 却用 Riemann 几何来表述引力规律，从而使 Einstein 落入由非线性张量分析织成的陷阱中。Einstein 并不了解运动质量的引力规律，算不出引力场，便把引力场表观复杂性转给了时空背景，把物理困难甩给了数学家。宇宙非常均匀平坦，是存在绝对时间的惯性系，即 Galileo 空间。但 GR 却用弯曲时空陷阱处理宇宙学，并赋予一个反理性的大爆炸起源。至于引力波，弯曲时空不能产生引力波，自然也就探测不到它。

最后，李先生回到"时空是否弯曲"这个主题；他认为 Einstein 的问题在于把描写引力场弯曲细节的 GR 方程当作是引力规律的表达，造成用引力现象的几何描述代替对引力规律的探寻。把物理流形的弯曲归结为时空弯曲，把缺少运动质量引力规律的场方程冒称为 GR 引力方程。GR 就是这样创立的。后来，Penrose 等证明 GR 必然导致黑洞奇点和大爆炸奇点的存在；然而这既是非物理的又是反理性的。李惕碚说，GR 理论中因果关系颠倒，逻辑自洽性缺乏，实际上是坚持引力特殊的"引力霸权"。这样的东西竟在百多年里奉为西方科学的最高成就，十分令人惊奇。

Einstein 有何理由把引力理论等同时空理论，并声称"物质和运动使时空弯曲"？李惕碚认为，在 GR 中混淆引力和时空的原因恰是强等效原理（引力等价于惯性力）；他的密封舱思想实验搞糊涂了他自己。总之，GR 中所谓弯曲时空其实都是"弯曲的位形空间"。

梅晓春研究员多年来不顾主流物理学家的歧视与压力，坚持对 GR 的研究和批评。随着时间的推移，他的分析深刻性不断提高。2015 年梅晓春[24]发表专著《第三时空理论与平直时空中的引力和宇宙学》，书名即表达了对所谓弯曲时空的反对。2021 年 6 月，加拿大学术刊物 *Physics Essays* 刊登了梅晓春[3]的论文，其题目译成中文是《广义相对论的行星与光的运动方程的常数项的精确测量》；这篇文章的重要性在于，它用严格的推演证明 Newton 理论方程的正确和 Einstein GR 理论方程的错误。论文说：

在目前的广义相对论中，运动方程中的常数项应该取什么值，至今一直没有被认真地讨论。本文按照施瓦西度规和黎曼几何短程线方程严格证明，GR 与时间有关的行星运动方程中常数项必须等于零。否则将 GR 的运动方程做近似后，得到的 Newton 引力要改变它的基本形式，但这是不可能的。由于这个常数项不存在，GR 只能描述太阳系中天体的抛物线轨道运动，不可能描述椭圆和双曲线轨道运动。用 GR 计算水星近日点进动也没有意义。本文同时证明，GR 的光与时间无关的轨道方程与时间有关的运动方程是相互矛盾的。按照与时间无关的轨道方程计算，光在太阳引力场中的偏折角是 $1.75''$。按照与时间有关的运动方程计算，光在太阳引力场中的偏折角是 Newton 引力理论预言值 $0.875''$ 的数量级为 10^{-5} 微小修正。同时光在太阳引力场中受排斥力的作用，偏折方向和 GR 预言的方向相反。在地球上观察，太阳发出的光的波长是紫移，而不是红移，与实际观测不符。产生这个矛盾的原因在于，Einstein 假设光的运动满足 ds = 0，它还破坏了弯曲时空中短程线的唯一性。

梅先生的论文证明广义相对论不能描述行星椭圆运动；他认为 GR 的弯曲时空引力理论是依靠想象建立起来的，不可能与建立在经验基础上的 Newton 引力理论达到一致。引力的描述必须回到平直时空的动力学方式。事实上，当前天体物理学和宇宙学中遇到的重大困难，都是由引力的几何化描述引起的。由于弯曲时空引力理论，现代物理学中出现种种奇谈怪论，如时空扭曲、奇异性黑洞、白洞、虫洞、时间倒流、时空互换、宇宙加速膨胀，等等。再加上各种超弦和超膜理论，把现代物理学变成玄学、星象学和暗能量等怪论的大杂烩。

梅晓春对西方理论物理学的尖锐批评切中时弊，一针见血。类似地，在美国生活和工作的王令隽教授的抨击也是如此有力。他在《物理哲学文集（第一卷）》中说[25]：

> 根据对自然现象的无休止实验和工程实践，得到了时间和空间的概念。时间是一切运动的公共自变量，空间是一切运动的公共场地。时间和空间互相独立。时间是一维单向的，空间有三个自由度。时间和空间不随速度和加速度而变。物质既不能创生，也不会湮灭。任何物理量都不应无穷发散。光（电磁波）之间不存在万有引力，光线不会被引力弯曲；如此等等。根据这些科学原理和逻辑规则判断，就知道相对论不可能成立。

这些话要言不烦，句句中的。王令隽还在 2015 年发表长篇英文论文评论 GR 百年[26]，这里只引他的一个观点：

> 所谓证实了 GR 的 3 个经典实验，都是拼凑数据来证明 GR 预言的正确性的。最明显的是 Pound 和 Rebka 的引力红移实验，本来其结果与 GR 相差 4 倍；为了迎合 GR，便想尽办法凑出与 GR 相符的结果。

2014 年杨新铁教授注意到加拿大天文物理学者刘戈登的文章说："我很欣慰能告慰中国著名物理学家、前北京大学校长周培源博士的在天之灵。他的直觉是：可以把 Einstein 的引力场方程放到平直时空中求解，并赋予坐标以物理意义。在他生命的最后 20 年，和中国物理学界乃至世界物理学界进行了长期论战。可惜他没能找到他的直觉的理论根据，所以他的观点被物理学界所排斥。我找到了周博士直觉的理论基础。我的论文表明，周博士的直觉是正确的。我曾于 1992 年去北京求见周博士，可惜他当时病危住院抢救，未能如愿，十分可惜。"

Gordon Liu 即刘清涛。笔者联系了现在澳大利亚的刘先生，他发来 2013 年的英文论文，题为《Riemann 时空、de donder 条件和平直时空中的引力场》[27]。笔者阅后向他提了几个问题："您似乎独立推导了平直时空的引力场方程，我称之为 LGFE，我很感兴趣。但有如下问题：①请写出完整方程式，注明每个符号的意义。②说明此方程发表后是否被学界接受？今天您自己如何评价？③LGFE 的用途？（如：能否计算引力场强？能否用于航天？）④LGFE 比 Einstein 方程（EGFE）有何优越性？⑤从 LGFE 如何导出 Newton 方程？"

收到笔者的邮件后，刘先生做了长达 9 页的回复，题为《关于引力和时空的新观点》，实际上是一篇文章。此邮件谈了两个主要问题：①关于时空的新观点；②关于新的张量引力势理论；又给出了引力场方程的广义引力势张量形式。刘先生解释说，方程结构形式不变，但用广义引力势张量取代度规张量；这当中考虑了与 EGFE 传统写法一致。此外还讨论了 Newton 近似问题。

然后，笔者请梅晓春研究员读了刘先生的 2013 年论文[28]，他写了以下意见：

> 刘清涛先生的文章已阅。他也是反对广义相对论把引力看成弯曲时空的，试图在平直时空的背景下解释引力理论。与李惕培先生的看法有点类似：承认 GR 的数学公式，试图在平直时空背景下解释这套数学体系；但看法不如李先生深刻。他仍然接受广义相对性原理，李先生是不接受广义相对性原理的。
>
> 问题是，他没有办法彻底抛弃弯曲时空。虽然提出一套数学方法，想把引力看成物理场，但仍然只是形式上的东西，无法落实到具体问题。一到具体问题，比如推导行星运动方程的修正，就有可能回到 GR。这是没有办法的事，如果不彻底否定 GR 的数学体系，所有的改造都是这种结果。因此我认为他的改造是不成功的，也不可能成功。

可见，梅先生是主张彻底推翻 GR 数学体系，否则引力研究不能回到正轨。认为想与 Einstein 体系妥协没有出路，因为我们面临一场科学革命。但是刘先生回复说，他并不赞成 Einstein 的广义相对性原理；他主张修改和发展相对论，不赞成推翻。

6 EGFE 的无用性

关于引力的物理学，其实在 GR 中只是时空的几何学。这种数学第一、物理第二的做法，其恶果集中体现在其核心方程 EGFE 的身上。前已指出，EGFE 的提出有太多的假定和推测。经常是预先设想了结果，设定一些假设后通过数学手段趋近和达到这一结果。总之，Einstein 引力场理论不是令人放心的可靠理论，它无法取代 Newton 的理论。Newton 的经典引力理论是建立在 Kepler 实验定律所包含的无数实验观测结果之上的，经过了几百年科学实验和工程实践的检验，并且继续在科学和工程中接受广泛的检验，从来没有一个例子证明 Newton 万有引力定律的错误。相反，GR 从基本假设、理论框架、实验检验和实际应用都存在根本性的不自洽或者违背基本的物理事实。因此，说"广义相对论比 Newton 引力理论更精确"是不对的。

Newton 引力理论中描述势场的是一个标量方程。Einstein 引力场方程是一个二阶张量方程，是包含 6 个独立微分方程的方程组；其复杂性非常大、非线性非常强。10 个独立的未知函数 $g_{\mu\nu}$，描述 $g_{\mu\nu}$ 随时空变化的 40 个一阶导数、100 个二阶导数，复杂程度令人生畏。早就有人指出，这个 EGFE 是"即使数学天才也无法求解"的。说穿了，是根本无用的。EGFE 不仅没有解析解；甚至没有求解的方法。如把边界条件的复杂考虑进去，求解就更困难。关于有高度非线性的原因，通常认为是由于物质（源）的能量、动量与时空曲率的相互影响，使 EGFE 不仅是引力场方程也是物质（源）的运动方程。

勉强求解 EGFE 要求满足一系列条件：①所处理对象结构简单，几何形状完全对称；②引力场强很小，满足弱场条件；③满足稳态条件（引力场与时间无关）；等等。实际条件下，是无法应用 EGFE 的。不妨看一下科学理论与蓬勃发展的航天的关系，GR 真的是乏善可陈，或者说是负面关系。例如 GR 不能处理在引力场中自由运动物体的规律；当火箭发射升空后，携带燃料逐步减少，不是一个恒定质量的运动体；弯曲时空理论处理粒子和物体运动成为不可能，EGFE 中的 $T_{\mu\nu}$ 不知怎么写，方程更无法求解。但在 Newton 力学中，处理这个问题却相当简单。

Einstein 将引力理论弄得如此复杂，人们有理由期待这种复杂化会带来新的发现。期待将一个标量方程扩展为二阶张量方程以后，会发现此前物理学界不知道的新的物理规律。然而这种复杂化并没有带来新的内容。除了（0，0）分量以外，Einstein 引力场张量方程中的其他分量的微分方程或导致时空度规的无穷大发散和时空翻转，这都与实际相脱离。

由于在线性近似条件下 Einstein 引力场方程和 Newton 万有引力定律一致，人们通常以为这就证实了 Einstein 引力方程的正确。但这是错误的，要证明 EGFE 正确，必须证明它在一般情况下的正确性，必须证明在线性近似不适用的强场条件下 Newton 定律是错的而 Einstein 引力方程是正确的，但在实际上没有这种证明。

所谓线性场近似亦即弱场近似，无论求证"与 Newton 的一致性"，或是预言"存在引力波"，走的都是这条路。除了弱场假设，还有稳态假设——略去所有的对时间的导数项；在这些条件下，硬是弄出一个与 Newton 引力场方程（NGFE）一样的方程（$\nabla^2\Phi = 4\pi G\rho$），这样搞法既不说明 EGFE 正确，也不说明它有用。

1982 年周培源院士曾说 Einstein 引力理论"自发表以来并未解决很多问题"，这是一种委婉的说法。直率的评语应为"GR 的核心 EGFF 竟然是无用的东西"。在他之后，多位专家学者（如李惕碚、王令隽、梅晓春，以及笔者）表达的看法与周院士惊人地一致。相对论者会说，GR 的最大用途是宇宙学；但是李惕碚指出，GR 根本不能用于表述宇宙介质的运动"——一位研究宇宙学的专家就是这样直率地对 GR 做了否定。现在我们再引用宋健院士（曾为中国科技界领导人之一，同时是航天专家）的看法，他指出[28]："宇宙中布满了恒星和星系，按照 GR 它们都能对时空弯曲作贡献；这对航天界和今后的宇航界是一个重大问题。如果空间是很弯曲的，充满了黑洞一类看不见的天体，到处是暗礁和陷阱，会给未来宇航造成困难甚至威胁，按星图制定的飞行计划都可疑。因此人们关心 GR 的结论和推论究竟是否正确？由于有 20 世纪 90 年代的航天观测和地面天文观测结果的支持，目前大多数天文学家和宇宙学家都倾向于认为宇宙是平坦的，至少在大尺度上是如此。这是美国航天局（NASA）宣布宇宙背景探测卫星 COBE 的探测成功是 1992 年的重大成就的主要原因。近年所有的观测都支持'宇宙基本上是平坦的'这一结论，这对未来的宇航工作者是大喜讯，增强了人们未来从事宇航事业的信心。"

7　引力波真的存在吗？

1916 年 Einstein 考虑过引力波（gravitational waves）的问题，既然电磁场对应地有电磁波，引力场是否也有引力波？但他说计算表明引力波没有能量，不是真实的波，而是一种表观波。1918 年他再次论述引力波[17]，给出引力辐射与引力系统的四极矩关系公式。Einstein 用推迟势（retarded potential）解近似的引力场方程，然后论述了平面引力波和力学体系的引力波辐射。1937 年 Einstein 和 Rosen[29]发表论文，提出柱面引力波解，认为是引力场方程的第 1 个严格的辐射解。然而科学界不认同这篇论文，论文距离波源远区的引力波应为球面波；但据 1927 年的 Birkhoff 定理，真空球对称度规（引力场）一定是静态的，亦即真空中不可能存在严格的对称引力波。1937 年的论文仍然说引力波不能传输能量。Einstein 在其晚年仍对引力波没有信心，曾说"如果你问我究竟有没有引力波，我的回答是不知道"。

尽管 GR 创立者表明了态度，国际主流物理界不以为意，仍积极开展研究。20 世纪 80 年代，美国投巨资建设激光干涉引力波天文台（LIGO）。直到 2015 年，据说收到了引力波信号。引力波的事情非常哗众取宠，有分析的必要。

EGFE 是一个二阶张量偏微分方程，非线性很强。把一个高度非线性的方程强行改变为线性是不合理的，然而 Einstein 就这样做了。否则，一个无解的方程就等于完全无用，这是他绝不会接受的。不仅如此，最好像电磁场理论导出电磁波那样，从 GR 导出引力波来；所以就进行近似化处理，以求达到既定目标。

由于在 EGFE 中 $R_{\mu\nu}$ 是 $g_{\mu\nu}$ 及其一阶、二阶微分的非线性函数，造成它不能有波动的周期解的事实。对此，相对论学者如 S. Weinberg[30] 是很清楚的。但他担心由此导致"对引力的理解存在根本缺陷"，说穿了就是怕人们失去对 GR 的信任，因此又说"在电动力学中也有出现非线性的情况"。但在电磁场与电磁波理论中，由场论（Maxwell 方程组）在有旋场情况下是直接由场方程导出精确的波方程，不需要任何近似处理来线性化，对此，怎能用"电动力学中也有"某个非线性问题来替导出 GR 引力波的过程辩护？

我们知道，GR 用度规张量描述"弯曲时空"，弧元的基本形式为

$$ds^2 = g_{\mu\nu}(x)\,dx_\mu dx_\nu \tag{6a}$$

而 GR 通过引力场方程求度规张量 $g_{\mu\nu}$ 的具体形式。但非线性偏微分方程不可能有波动的周期解。也就是说，Einstein 如坚持引力场方程正确，就不会有引力波了。

然而正像相对论（SR 和 GR）中许多情形一样，明显的是预定结果在先，推导只是为获得该结果而实施的步骤。所谓近似处理，先将度规 $g_{\mu\nu}$ 写成

$$g_{\mu\nu} = \eta_{\mu\nu} + h_{\mu\nu} \tag{9}$$

式中 $h_{\mu\nu}$ 是小量（$|h_{\mu\nu}| \ll 1$）；故度规接近于 Minkowski 度规 $\eta_{\mu\nu}$；由此可实现对 EGFE 的改写。但这时仍不能求出唯一解，故又假定取用一种谐和坐标；而且，把运动方程中出现 $g_{\mu\nu}$ 的乘积中的高阶项去掉。经过一系列处理方得到最终目的公式

$$\Box^2 h_{\mu\nu} = 0 \tag{10}$$

这个齐次方程与电动力学中的波方程一样，于是"有引力波"了，而且这个波居然"以光速传播"。

问题是，GR 正是由于存在高阶修正项，才被认为比 NGFE 优越。如果没有高阶项，GR 就什么也不是了。因此，实际上整个做法是无视事实（严格按照 GR 运动方程就没有引力波），人为炮制"有引力波"的理论结果。

而且，时至今日仍然有人说"引力波像电磁波"，这是荒唐的想法。引力相互作用和电磁相互作用是两种独立的、不同的物理作用，为何非要把它们扯在一起甚至相互等同？在 Einstein 搞相对论的年代（1905—1918），电磁理论已非常成熟。研究引力场理论时借鉴电磁场理论，这无可非议。但如过分照抄照搬，就会走到荒谬的地步。就算我们走电磁场理论的逻辑，如认定引力波存在，那么要先证明引力场是旋量场。我们认为

Newton 万有引力定律与 Coulomb 静电力定律的相似已证明引力场是静态场，而引力和静电力都以超光速传播的事实进一步证明了这点。引力场既然是静态的无旋场，是不会有引力波的。

2016 年 2 月 11 日，美国激光干涉引力波天文台（LIGO）宣布[31-32]于 2015 年 9 月 14 日探测到引力波，说这是"两个黑洞合并"造成的，收到的波形与 GR 的预测一致。以后又有几次宣布，例如 2017 年 10 月 16 日说已第 5 次探测到引力波[33-34]；而这是由于"两个中子星的合并"。2017 年 10 月 3 日 Nobel 奖委员会宣布，LIGO 的三位美国科学家（K. Thorne 是其中之一）获得当年的 Nobel 物理奖。然而一直有不同国家（德国、巴西、英国、丹麦、中国）的科学家质疑，认为 LIGO 不可能探测到引力波，甚至向 Nobel 奖委员会发电子邮件，详述他们的反对理由。

回顾过去，1887 年德国物理学家 H. Hertz 用实验证明了电磁波存在，从而证实了 J. Maxwell 的理论预言。在 20 世纪电磁波得到了广泛的应用，极大地改变了人类的生活。因此，处于 21 世纪的今天，如果能发现另一种全新的波动形式（例如引力波），那是一件了不起的大事，应当热烈欢迎。但是，这种发现必须是可靠的，要经得起实践的检验。然而被大肆宣传的"美国 LIGO 发现引力波"，并不能满足这些基本要求。

英国科学刊物 *New Scientist* 于 2018 年 11 月 3 日出版的一期上，刊登了一篇文章 *Wave goodbye? Doubts are being raised about 2015's breakthrough gravitational waves discovery* (《与波再见？关于 2015 年的突破性引力波发现，提出怀疑》)。文章说，丹麦 Copenhagen 的玻尔物理研究所（Niels Bohr Institute）的一个团队对噪声影响等做研究的结论是："The decisions made during the LIGO analysis are opaque at best and probably wrong." (根据 LIGO 分析而做的判断可能是错误的，至少是不透明的。) 12 月 4 日，宋健院士给笔者写了一封短信，指出"*New Scientist* 文章质疑 LIGO 2016 年发现的重力波；但在 2017 年 10 月三位中国科学家（梅晓春、黄志洵、胡素辉）合写的一篇评论[35]，内容与此文大多重合。可见质疑者并非仅你们三人"。其实笔者在 2017 年即有一篇长文章[36]，可能宋健院士未注意到。

LIGO 团队内部也一直有人认为"发现引力波"之说不可靠。2011 年 3 月 LIGO 曾在加州某地开会，"检查已有的发现证据，审查论文草稿，投票决定是否向期刊投稿"。现场有 300 多人，另有上百人通过网络远程参与，长时间讨论后人们通过了论文草稿，有人打开了香槟。但当时的实验室主任 Jay Marx 走上讲台宣布："半年来的工作只是一场闹剧。"因此，如果不是这位有良知的科学家的制止，LIGO 会比后来的宣布提前 5 年。如果我们回顾历史，晚年的 Einstein 也不认同引力波的存在。他说："If you ask me whether there are gravitational waves or not, I must answer that I do not know."[37]

8 引力传播速度是超光速

Einstein 引力波理论的核心思想是，物质决定时空曲率，而变化的时空曲率造成引力辐射，它叠加在静态时空之上形成动态时空曲率变化；而引力辐射功率是取决于运动物质的质量四极矩对时间的三次微商。从根本上讲，GR 不认为引力是力；但是又不断模仿电磁作用理论中的概念，诸如平面波、柱面波、球面波、推迟势、场方程、波方程，等等；甚至连"作用速度"都要从电磁理论中"借用"——电磁作用传递速度是光速 c，那么引力传递速度及引力波波速也是光速 c。

1905 年 Einstein 提出 SR，时年 25 岁。SR 中有一个结论说 "Velocities greater than that of light have no possibility of existence"（超过光的速度不可能存在）。宋健院士说，不能把这句话当作科学定律，因为没有实验根据[38]。林金院士则说，当火箭竖立在发射台上，舱内的宇航员观察到轴向加速度表读数为 1g，就知道自己静止在发射台上。当火箭起飞，加速度表不断变化，宇航员据此计算出准确的导航参数。宇航员除了精确化对时间的描述为运动钟固有时间，其他理解同类于 Newton 力学第二定律。宇航员建立了自主描述火箭运动的动力学过程，修正了自主惯性导航的理论基础。只要开发出新型动力源，宇宙航行的速度不存在上限[39]。除了航天专家们的论述，笔者近年来的两本书[40-41]，也可证明 Einstein 的说法是错误的。

其实早在 1911 年，即 SR 红极一时、GR 尚未问世时，德国物理学家 R. Lämmel 教授曾当面告诉 Einstein："有的东西比光快——万有引力。"[42]但这位 SR 创始人听不进去，因为他的 SR 已公布 6 年，不能改口。类似的话在 1913 年也由 M. Born 当面跟 Einstein 说过。在这里我们将细致地讲述这个引力速度问题，因为我们发现竟有知名物理学家对此模糊不清。首先要指出，在某些文献中，把引力速度（speed of gravity）与引力波速度（speed of gravitational waves）混为一谈，这是不对的。因前者指引力作用的传播速度，后者是引力波（如果存在）的固有波速，对于持"没有引力波"观点的学者（包括笔者），后一问题根本不存在，但前者仍是需要计算和测量的问题。换言之，在 1916—1918 年间 Einstein 提出引力波理论之前，没有人考虑"引力波波速"问题，但却早就有人思考和讨论"引力作用传播速度"问题。

从 17 世纪到 20 世纪，三位前辈科学家都认为引力传播速度远大于光速（$v_G \gg c$），他们是 I. Newton（1642—1727）、P. Laplace（1749—1827）、A. Eddington（1882—1944）。这是因为若引力以有限速度 c 传播，将有扭矩作用于行星，则绕太阳运行的行星将变得不稳定。认识到这点是重要的，引力速度若为光速 c 就太"慢"了，因而是不可能的。先看 Newton，对他 1687 年发表的万有引力理论而言，光速是一个太小的数值。Newton

的著作没有正面讨论引力传播的速度，但他认为引力作用是即时发生的，即引力速度 $v_G = \infty$，后人称为超距作用。他知道太阳的光线到达地球要好几分钟，但太阳引力作用于地球，这个过程绝不会花费几分钟的时间。对 Newton 而言，支配天体运行的引力，和太阳等光源发出的光，两者属于不同的体系，没有必然的联系。因而，Newton 绝不会认为"引力传播速度就是光的传播速度"。

法国数学家、天文学家 P. Laplace[43] 于 1805 年通过分析月球运动得出 $v_G \geq 7 \times 10^6 c$；1810 年根据潮汐造成太阳系行星轨道不稳定的长期影响断定 $v_G \geq 10^8 c$；后来 Laplace 又说引力传播速度可能是光的几百倍。因此，可以说 Laplace 是超光速研究真正的先行者。

英国剑桥大学教授、天文台台长 A. Eddington 曾是相对论的热情支持者，但在 1920 年他指出[44]：如果太阳从现在位置 S 吸引木星，而木星从它的现处位置 J 吸引太阳，两引力处在同一直线上并且平衡；但如太阳从它先前的位置 S′吸引木星，而木星从它先前的位置 J′吸引太阳，两力产生力偶，趋向于增加系统的角动量，并且是累积的，将迅速引起运动周期的变化，不符合引力作用速度是光速的观点。总之，如天体间的引力以有限速度传播，运行轨道是不稳定的。进一步，Eddington 根据对水星近日点进行的讨论断定引力速度 $v_G \gg c$；根据日蚀全盛时比日、月成直线时提前断定 $v_G \geq 20c$。

20 世纪末 T. Flandern 发表了关于引力速度的研究文章[7]，引起广泛关注。在回顾了 Eddington 的工作之后他指出，对太阳（S）—地球（E）体系而言，如果太阳产生的引力是以光速向外传播，那么当引力走过日地间距而到达地球时，后者已前移了与 8.3min 相应的距离。这样一来，太阳对地球的吸引同地球对太阳的吸引就不在同一条直线上了。这些错行力（misaligned forces）的效应使绕太阳运行的星体轨道半径增大，在 1200 年内地球对太阳的距离将加倍。但在实际上，地球轨道是稳定的，故可判断"引力传播速度远大于光速"。他的工作得到两个结果：使用地球轨道数据做计算时得 $v_G \geq 10^9 c$；使用脉冲星（PSR1534+12）的数据做计算时得到 $v_G \geq 2 \times 10^{10} c$。

近年来中国科学工作者认识到测量引力速度的重要性并进行了研究。例如 2011 年朱寅[45] 的英文论文题为《引力速度的测量》，其中说："根据引力场和电磁场中的 Liénard-Wiechert 势，显示出引力场的传播速度可由比较测得的引力速度和测得的 Coulomb 力速度而测量出来。"我们知道 2007—2011 年，R. Smirnov-Rueda 等发表三篇论文，声称他们测量到电磁相互作用速度（指 Coulomb 力场传播速度）远大于光速，论文发表在 *Appl Phys A* 和 *Europhy Lett* 上。加之在同一时期国际上发现量子纠缠态传播是超光速的；而且已经正式承认，量子纠缠是一种 true monlocal；承认量子通信是可以超光速[46]。这些情况对朱寅会有影响，导致他在 2013 年通过太阳对同步卫星轨道的扰动，观察到引力速度远大于光速。2014 年朱寅[47] 在预印本网站上发表了系统、全面的英文文章，题目仍为《引力速度的测量》，其摘要说：

引力速度是重要的宇宙常数，但尚未由直接的实验观测而获得，其解释也相互矛盾。本文给出：引力场相互作用和传播可由比较引力速度测量和 Coulomb 力测量而得到。提出了测量引力和 Coulomb 力速度的方法。依据卫星运动观测到引力速度大于真空中速度 c，由这个观测和近来的实验研究了电场和引力场结构。

朱寅 2013 年通过太阳对同步地球卫星轨道的扰动计算证明了引力速度远大于光速；在 2014 年提出了在实验室中用原子干涉仪测量引力速度的方法；过去科学界已用该仪器测量了引力常数 G。他设想把原子干涉仪与天文观察相结合，他说："我们如果在实验室测量到引力速度，将是一个历史性的结果。"但他也认为当今的物理学界对超光速的接受是存在问题的，因为这与相对论矛盾。

9　相对论与量子理论有根本性矛盾

通常称相对论（SR、GR）和量子力学（QM）是 20 世纪两个最重要的科学理论；然而两者的关系一直紧张。1998 年联合国教科文组织曾发表《世界科学发展报告》，前言部分题为"科学的未来是什么"，其中有一段话说："相对论和量子力学理论是 20 世纪的两大学术成就，遗憾的是这两个理论迄今被证明是互相对立的。这是一个严重的问题。"两种科学思想的分歧竟写入了联合国的文件，这是很少见的。

众所周知，1926 年上半年 E. Schrödinger 创造了 QM 的波动力学，其核心是描述微观粒子体系运动变化规律的 QM 基本运动方程——Schrödinger 方程（SE）[48]。M. Planck 认为该方程奠定了量子力学的基础，如同 Newton、Lagrange 和 Hamilton 创立的方程在经典力学中的作用一样。必须指出，SE 的推导是从 Newton 力学出发的；这一事实让一些相对论者不舒服，因此坚持说 SE "适用于低速情况（粒子速度 $v \ll c$）"。但他们错了——光纤技术的发展，在理论上依靠 SE 的支持，而光纤中的光子以光速（c）运动，根本不是什么低速情形[49]。相对论者怕 SR、GR 有朝一日被否定，因此坚持"平分天下"：宏观、高速现象由相对论管，微观、低速现象由量子理论管。但许多事实表明量子理论用在宏观方面同样有效，这又做何解释呢？

一些物理学家说，SR 与 QM 的融合早已在量子场论（QFT）中解决，典型例子就是 Dirac 在 1928 年关于量子波动方程（DE）的推导及应用上的成功。我们的观点是，上述说法不仅错误，而且多年来造成了误导。关于 DE 它的推导虽非像 SE 那样直接从 Newton 力学出发，但也不是真正使用了 SR 的时空观和世界观。DE 推导源于有关质量的两个方程——质能关系式和质速关系式，但它们均可由相对论出现前的经典物理推出；并且质能关系式在 1900 年即由 H. Poincarè 提出，质速关系式在 1904 年由 H. Lorentz 提出。

因此，实际上 DE 的推导并非从相对论出发。既然 DE 与 SR 并无必然的联系，说它"代表 SR 与 QM 的结合"即不可接受。

在这种情况下，有什么理由再说"Dirac 方程代表着相对论性量子力学的建立"？实际上，深入的分析已证明 SR 与 QM 是对立的理论体系，Einstein 本人确实是"终生不渝"地反对量子力学。这样一来，Weinberg 所谓"能使量子力学与相对论相容的唯一理论是量子场论（QFT）"，也就成了空话。

Dirac 在 31 岁时的 Nobel 讲演词，流露出欣慰和得意[50]——认为自己解决了 Schrödinger 没有做、Klein 和 Gordon 没做好的问题，即"在相对论指导下导出微观粒子波方程"。但到了后来，虽然在 1964 年（62 岁）时仍有"SR 主导、QM 是从属"的意味，但已明确地指出，"建立相对论性量子力学有不可克服的困难"[51]。在 1978 年（76 岁）他表现出强烈的困惑和不满：从根本上不再着迷于"相对论与量子力学的一致和协调"；不再认为量子电动力学（QED）是好理论；呼吁物理学界做"真正的大变革"[52]。

总之，晚年 Dirac 不再迷恋相对论，而是逐步拉开距离。这突出表现在对 QFT 和 QED 的贬低。他说，包括量子电动力学在内的 QFT 的成功"极为有限"，根本不足以描述自然界。

量子场论（QFT）的提出和成型是 1927 年以后的事，经历了数十年，其时物理界已普遍接受相对论作为指导性理论。一直以来人们认为 QM 和 QFT 都应遵循相对论要求，这种看法直到 1982 年（Aspect 实验成功）才发生改变——著名物理学家 J. Bell（以及其他人）在 1985 年公开批评 Einstein 的观点，强力支持 QM，又建议物理思想应该"回到 Einstein 之前"。但这时已有了成型的基本粒子物理学，它对于一些根本性问题——例如微观粒子的相互作用是否真正具有 Lorentz 变换（LT）不变性，没有再做研究。然而，中国科学家梅晓春做了思考，用严肃认真的分析和计算，说明 LT 变换不变性在粒子物理作用过程中可能并不存在，指出 QFT 有根本性问题；SR 中的相对性原理不成立。

20 世纪 20 至 30 年代爆发了一场关于 QM 的大辩论，它是 Einstein 挑起的。Einstein 很早就从 QM 的崛起预见到了相对论的危机，并开始应对。众所周知，W. Heisenberg 荣获 1932 年 Nobel 物理学奖是由于他提出了矩阵力学和不确定性原理，这对 QM 的建立非常重要。但是，Einstein 对 QM 持反对态度；这在 1926 年开始显露，而在 1935 年达到顶点，其时他与 B. Podolsky，N. Rosen 发表了 EPR 论文[53]。此文中的局域性原则与 SR 对应；对于一个分离系统（Ⅰ和Ⅱ）而言，二者之间不可能存在超距效应。N. Bohr 对 EPR 论文做了反驳[54]，指出不确定性原理对Ⅰ和Ⅱ的影响——当测量Ⅰ时Ⅱ会有反应，这与它们之间的距离无关。当然，上述讨论均是针对微观粒子的。

　　笔者将量子力学大辩论的情况加以整理，罗列如表1；它的题目是"相对论与量子力学的分歧"，其实只是给出部分矛盾与分歧（实际上比这些更多）。可以看出，相对论中局域描述方式与 QM 中粒子波动性不相容，与 QM 中允许粒子转化也不相容。在粒子物理学中，非相对论 QM 是逻辑自洽的单粒子理论，然而相对论 QM 的前提在逻辑上是不自洽的，难于像 SE 那样作为单粒子运动方程。那么相对论的局域实在论（locally reality）是什么意思？它包含两个方面：物理实在论和相对论性局域因果律。但量子理论在本质上是空间非局域的理论。

表 1　相对论与量子力学的分歧

	量子力学 Copenhagen 学派观点	相对论学派观点
主要人物	N. Bohr, W. Heisenberg, W. Paul, M. Born, P. Dirac 等	A. Einstein, B. Podolsky, N. Rosen 等
波函数	认为波函数反映微观粒子在时空的几率分布及演化，实际上精确描写了单个体系（如粒子）的状态	反对说"波函数能精确描写单个体系的状态"，反对几率性、统计性解释（"上帝不掷骰子"）
测不准关系式（不确定性原理）	认为微观粒子运行有无法消除的不确定性，测不准关系式的规律不仅重要而且造成了与因果关系相悖的不可预测性	否定测不准关系式，认为光的量子发射和吸收有朝一日可在完全因果性的基础上理解
量子力学完备性	认为量子力学是完备的、正确的；而 QM 是一个统计理论，故只能决定可能出现结果的几率；不存在什么隐变量。认为搞隐变量无济于事，因为这些所谓隐变量不会在描述真实过程时出现。实际上，任何局域性的隐变量理论都不能导出 QM 的全部统计性预言	认为量子力学不完备，可能还有更深刻的物理规律——例如可能存在还未发现的隐变量，可以决定个别体系的规律。如发现隐变量，仍存在因果性。总之，自然界必定有确定论式的描述，应继续努力追求更好（但现在未知）的理论
波粒二象性及互补原理	认为一切微观粒子（无论有质量与否）均有波粒二象性，有时表现为粒子（有确定轨道），有时表现为波（能产生干涉条纹）；这取决于观测者的实验方法。但不可能同时观测到二者。实际上，根本点是既互斥又互补的量子关系，任何实验都将导致对其共轭变量的不确定性；故互补原理与测不准关系式一致	作为光子学说的提出者，Einstein 早就认识到光既是波动又是粒子是一种矛盾现象。但他不认同不确定性原理，也就无法接受 Bohr 的互补性理论，该理论把测不准关系式看成为互补原理的一个例证和结果
量子纠缠态	EPR 论文出来后 Bohr 立即做了反驳；认为 QM 具有首尾一致的数学表述形式，指责 QM 不完备说服力不强。所谓"实在性判据"并不严格。认为分离体系（Ⅰ和Ⅱ）的相互作用的存在是可能的	1935 发表 EPR 论文，该文第一部分认为 QM 假设波函数确定包含了对体系的物理实在的完备描述。第二部分意在证明，这一假设和实在性判据一起将导致矛盾。总体来否定 QM 的完备性，否认体系分开为两部分时还会有相互作用

在表 1 中提到纠缠态（entangle states），但这个词是后来（20 世纪 60—80 年代）才有的。但是 EPR 论文涉及的就是一个纠缠问题。在漫长的时间里，科学家一直对似乎违背物理学定律的"量子纠缠"现象百思不得其解。该现象表明亚原子粒子对能够以一种超越时间和空间的方式隐秘地联系在一起。"量子纠缠"描述的是一个亚原子粒子的状态如何影响另一个亚原子粒子的状态，不管它们相距多么遥远。这冒犯了 Einstein，因为在空间的两个点之间以比光速更快的速度传递信息被认为是不可能的。EPR 论文体现了 Einstein 的局域性思想，在他 56 岁时最大限度地运用其智慧给量子力学以他所希望的沉重打击。1927 年 Heisenberg 不确定性原理的出现使 Einstein 震惊，但他认为：EPR 论文可以驳倒该原理并证明 QM 不完善。后来的情况充分证明 Einstein 错了。一位在欧洲核子研究中心（CERN）工作的科学家 John Bell 原来坚定地支持 Einstein、相信物理实在性和局域性。他认为是某种隐变量（hiden variables）造成了 QM 中神秘的超距作用。实际上可以构造一个理论上的不等式（粒子观测结果必定遵循该式），从而证实 EPR 论文所说的 QM 不完备性。Bell 的分析构建在 Bohm 的自旋相关方案及隐变量理论的基础上[55]。我们现在免去数学分析，仅强调指出：Bell 不等式与 QM 不一致。Bell 定理是说，一个隐变量理论不能重现 QM 的全部预言。但情况究竟如何，必须由实验来确定。突破是由于法国物理学家 Alain Aspect 的精确实验。Aspect 领导完成的实验以高精度证明结果大大违反 Bell 不等式[56]，而与量子力学的预言极为一致。Bell 不等式被精确实验证明不成立，意味着 EPR 论文错了，而 QM 是正确的。这件事对物理界如同地震，从而打开了量子信息学研究的大门。John Bell 的名字进入了科学史，他的不等式被誉为"人类历史上最伟大的科学发现之一"。Bell 的原意是要以更深刻的理论来呼应 EPR，事态却走向了反面。Einstein 用来否定量子力学完备性的 EPR 思维，反而成了证明量子理论完备性的科学思想。进入 21 世纪后，量子通信大发展[57]，量子雷达开始起步[58]。

SR 与 QM 二者水火不相容，已经很清楚了。GR 与 QM 关系，矛盾更严重。这是因为 GR 的几何特性，故它也叫 Geometrodynamics（几何动力学）；如此称呼虽然贴切但却对相对论没有好处。GR 把引力几何化，以曲面为背景，这与 QM 格格不入。对 QM 来说把重要的作用力（引力）描写成时空弯曲的表象是不可接受的，在 QM 中没有几何学语言的地位。因此，笔者认为，"物理几何是一家"的诗化表达没有意义。为了深入说明 GR 存在的问题，我们再指出以下两个例子。其一，1959—1961 年发现了 Aharonov-Bohm 效应。在引力场中会不会有 AB 效应的情况？回答是，由于引力势与静电势在形式上相似，也存在引力势差引起的量子干涉效应，这在 1975 年就用中子技术观察到了。这对相对论很不利，因为这方面的实验证据引起了对等效原理的怀疑，而该原理是引力几何化的基础。在 QM 的方程中，惯性质量 m 总是出现在分母，而引力势能中的引力质量总是出现在分子；即使这两者相等，它们也不能相消。也就是说，轨道可以与质量无关，干涉效应却一定与质量有关。因此可以说，作为引力几何化基础的等效原理与量子理论不相容。

另一个例子是曾经风行一时、最终无声无息的弦论，它说物质的构成不是由于基本的粒子，而是由于一个个微小的弦（string）。弦论认为 GR 理论即使不能真的和量子理论相结合，至少能相容，但超弦理论预言时空中存在额外的空间维，例如其基本方程有 10 个时空维度，其中 4 个是人们所熟悉的平直时空，另 6 个是高度空间弯曲的。这很不可信，也无法用实验证明。弦论的式微是必然的，称它为"超越 GR 的理论"没有意义。

K. Thorne 承认[20]，到 1957 年，相对论和量子理论在本质上的分歧变得越来越明显；尤其在强引力、强量子效应时，他们做出不同的预测。LIGO 的创始人 Thorne 是能够讲真话的，相对论和量子理论的无法相容已经很清楚了。

10　漏洞百出因而到处打补丁的相对论

经过百余年的宣传，以及大学中相对论课程的开设，Einstein 一直是高居神坛之上的人物。为什么有不少人开始时虔诚地学习相对论，以后却产生怀疑，甚至走上了反对相对论的道路？Einstein 本人难辞其咎。他的理论经常是说法多变，为了维护某些"原理"又随时抛弃另外一些东西。例如他在创立 SR 时断然否定了以太，在搞 GR 时又觉得空间中不能什么都没有，还是要保留以太，他称之为"广义相对论以太（ether of GR）"。又如，他说引力波以光速 c 传播，引力传播速度也是光速；虽然德国物理学家 Lämmel（在 1911 年）、Born（在 1913 年）当面告诉 Einstein，万有引力的传播速度大于光速，但 SR 摆在那里已多年，光速极限原理还要维护。也许他意识到 Lämmel 和 Born 说的是对的。至于后来者，一哄而起、人云亦云，所以本来荒谬的东西，竟在无数物理学文献和教科书中按照 Einstein 的口径记录下来。

Einstein 的相对论，常有前后矛盾的情况。在完成 GR 之后，Einstein 从总体上仍然维护 SR，把 GR 说成是 SR 的发展。但另一方面，当二者有矛盾时，他也会为了 GR 而抛弃 SR 的某些重要原则。笔者注意到，在讨论引力势对光速的影响时，就出现这种情况。

前面说到，Einstein 早在 1911 年就认为引力会使光线偏折，而后来却把这作为 1915 年 GR 理论的推论。查阅他的 1911 年论文，我们发现在分析过程中 Einstein 还提出了光速受引力势的影响时会减小的计算公式。他把 gh 作为引力势的大小（g 是重力加速度，h 是距离），分析路线为：能量→频率→时间→光速，分析的物理框架是太阳光射向地

球，设到达光的频率为 f，则有

$$f = f_0 \left(1 + \frac{\Phi}{c^2} \right) \qquad (11)$$

式中 Φ 是太阳与地球间的引力势差（的负值），f_0 是阳光（出发时的）频率，Einstein 认为这将导致光谱上的红移。从时间推速度，设 c_0 为原点上的光速，c 是引力势为 Φ 的某点的光速，则得

$$c = c_0 \left(1 + \frac{\Phi}{c^2} \right) \qquad (12)$$

这时 Einstein 说，光速不变性原理在此理论中不成立。众所周知，该原理是 SR 的重要基础之一，但 SR 的创始人毫不犹豫地将其抛弃。

引力红移后来被列为 GR 的实验检验之一。在其他理论著作中的表达，和上述情况相同。取

$$\Delta f = f_0 - f \qquad (13)$$

由式就有

$$\frac{\Delta f}{f_0} = \frac{-\Phi}{c^2} = \frac{gh}{c^2} \qquad (14)$$

故引力红移的说法，在 GR 提出的 4 年前就有了。我们已经说过，引力势的概念可疑。但有一些著作强调，Einstein 的引力红移其频率变化"已被实验证明"。有的书甚至说，早在 1907 年 Einstein 即根据等效原理预言了这种现象，但距离 GR 问世还要再等 8 年呢！

物理学家陈绍光曾在 2004 年的著作中批评 Einstein[59]，说他由于怕破坏光速不变原理而不敢正视引力场对光传播的影响。有时 Einstein 是使用了 Newton 理论作推导，并非用 GR 作推导。诸如此类，笔者认为这些做法掩盖了相对论的内在逻辑矛盾。

11 结束语

本文从理论层面对 GR 的提出和后来的情况做综合分析，并把 GR 与 Newton 力学（NM）、量子力学（QM）相比较。得出的结论是 GR 并不正确，而且无用，易造成误导。得出这一结论虽令人遗憾，却有充分理由。GR 越来越多地以一些假设，一些从未被实证观察的东西作为自己的论据：黑洞、引力波、大爆炸宇宙论、暴涨、暗物质和暗能量等就是其中最令人震惊的一些例子。没有这些东西，我们就会发现，在实际的天文学观测和 GR 理论的预言之间存在着直接的矛盾。这种不断求助于新的假设来填补理论与现实之间鸿沟的做法，在物理学的任何其他领域中都是不可能被接受的。更重要的

是，GR 理论从来没有任何量化的预言得到过实际观测的验证。该理论捍卫者们所宣称的成功，统统归功于它擅长在事后迎合实际观测的结果。它不断地在增补替理论漏洞打补丁的论点，就像中世纪时 Ptolémée 的地心说总是需要借助本轮和均轮来自圆其说一样。GR 使宇宙学陷入混乱，其间又伴随着变了味的 Nobel 物理学奖。限于篇幅，有许多内容无法写进本文，请读者见谅。

参考文献

［1］李惕碚. 爱因斯坦弯曲时空陷阱与周培源、彭恒武时空观［C］. 在湖南湘潭大学和中国科技馆的学术报告，2020 年 11 月、2021 年 2 月.

［2］黄志洵. 爱因斯坦的狭义相对论是正确的吗？［J］. 中国传媒大学学报（自然科学版），2021，28（5）：71 - 82.

［3］Mei X C（梅晓春）. The precise calculations of the constant terms in the equations of motions of planets and photons of general relativity［J］. Physics Essays，2021，34（2）：183 - 192.

［4］Newton I. Philosophiae naturalis principia mathematica［M］. London：Roy Soc，1687.（中译本：王克迪，译. 自然哲学之数学原理［M］. 西安：陕西人民出版社，2001.）

［5］罗俊. 牛顿平方反比定律及其实验检验［A］. 10000 个科学难题（物理学）［C］. 北京：科学出版社，2009.

［6］黄志洵. Casimir 效应与量子真空［J］. 前沿科学，2017，11（2）：4 - 20.

［7］Flandern T. The speed of gravity：what the experiments say［J］. Phys Lett，1998，A250：1 - 11.

［8］Einstein A. Zur elektrodynamik bewegter körper［J］. Ann d Phys，1905，17：891 - 921.（English translation：On the electrodynamics of moving bodies，reprinted in：Einstein's miraculous year［C］. Princeton：Princeton University Press，1998. 中译本：论动体的电动力学［A］. 范岱年，赵中立，许良英，译. 爱因斯坦文集［M］. 北京：商务印书馆，1983，83 - 115.）

［9］Einstein A. The relativity principle and it's conclusion［J］. Jahr. Der Radioaktivität und Elektronik，1907，4：411 - 462.（中译本：关于相对性原理和由此得出的结论［A］. 范岱年，赵中立，许良英，译. 爱因斯坦文集［C］. 北京：商务印书馆，1983，150 - 209.）

［10］Einstein A. The influence of the gravity on the light propagation［J］. Ann d Phys. 1911，35：901 - 908.

［11］Einstein A. Grossmann M. Outline of a generalized theory of relativity and a theory of gravitation［A］. 1913.（中译本：爱因斯坦文集［C］. 北京：商务印书馆，2009，251 - 298.）

［12］Einstein A. The Field Equations for Gravitation［J］. Sitzungsberichte der Deutschen Akademie der Wissenschaften. Klasse fur Mathematik，Physik und Technik，1915：844 - 847.

［13］Einstein A. Die grundlage der allgemeinen relativitätstheorie［J］. Ann der Phys，1916，49：769 -

822.

［14］Schwarzschild K. Uber das Graviationsfeld eines Massenpunktes nach der Einsteinschen Theorie ［J］. Sitzungsberichte der Deutschen Akademie der Wissenschaften zu Berlin, Klasse tur Mathemalik, Physik und Technik, 1916：189.

［15］Schwarzschild K. Uber das Gravialionsfeld einer Kugel aus inkompressibler Flussigkeit nach der Einsteinschen Theorie ［J］. Sitzungsberichte der Deutschen Akademie der Wissenschaften zu Berlin, Klasse fur Mathematik, Physik und Technik, 1916：424.

［16］Einstein A. 根据广义相对论对宇宙学的考察 ［J］. Sitzung. der Preuss. Akad. der Wissensch, 1917, 1：142 – 152.

［17］Einstein A. 论引力波 ［A］. 1918. 范岱年, 等, 译. 爱因斯坦文集 ［M］. 北京：商务印书馆, 1983：367 – 383.

［18］Einstein A. The meaning of relativity ［M］. Princeton：Princeton University. Press, 1922. （中译本：郝建纲, 等, 译. 相对论的意义 ［M］. 上海：上海科技教育出版社, 2001.）

［19］黄志洵, 姜荣. 美国 LIGO 真的发现了引力波吗？——质疑引力波理论概念及 2017 年度 Nobel 物理奖 ［J］. 中国传媒大学学报（自然科学版）, 2019, 26（3）：1 – 6（英文版 6 – 12）.

［20］Thorne K. The science of interstellar ［M］. New York：Warner Bros, 2014. （中译本：苟利军, 王岚. 星际穿越 ［M］. 杭州：浙江人民出版社, 2015.）

［21］胡宁. 广义相对论和引力场理论 ［M］. 北京：科学出版社, 2000.

［22］周培源. 论 Einstein 引力理论中坐标的物理意义和场方程的解 ［J］. 中国科学, 1982, 25（6）：628 – 643.

［23］彭桓武, 徐锡申. 理论物理基础 ［M］. 北京：北京大学出版社, 1998.

［24］梅晓春. 第三时空理论与平直时空中的引力和宇宙学 ［M］. 北京：知识产权出版社, 2015.

［25］王令隽. 物理哲学文集：第 1 卷 ［M］. 香港：东方文化出版社, 2014.

［26］Wang L J（王令隽）. One hundred ya year of General Relativity-a critical view ［J］. Physics Essays, 2015, 28（4）：421 – 442.

［27］Liu G（刘清涛）. Riemann space-time, de Donder conditions and gravitational field in flat space-time ［J］. International Journal of Astronomy and Astrophysics, 2013, 3：8 – 19.

［28］宋健. 航天纵横——航天对基础科学的拉动 ［M］. 北京：高等教育出版社, 2007.

［29］Einstein A, Rosen N. On gravitational waves ［J］. Franklin Inst, 1937, 223：43.

［30］Weinberg S. Gravitation and Cosmology, Principles and Applications of the General Relativity ［M］. New York：John Wiley, 1972.

［31］Abbott B, et al. Observation of gravitational wave from a 22-solar mass binary black hole coalcscence ［J］. Phys Rev Lett, 2016, 116：1 – 14.

［32］Abbott B, et al. Observation of gravitational wave from a binary black hole merger ［J］. Phys Rev

Lett, 2016, 116: 1 – 16.

[33] Abbott B, et al. GW170814: A three-detector observation of gravitational waves from a binary black hole coalescence [J]. Phys Rev Lett, 2017, 119: 141101, 1 – 16.

[34] Abbott B P, et al. GW170817: Observation of gravitational waves from a binary neutron star inspiral [J]. Phys Rev Lett, 2017, 119: 161101, 1 – 18.

[35] 梅晓春, 黄志洵, 胡素辉. 评 LIGO 发现引力波实验和 2017 年诺贝尔物理奖 [N]. 科技文摘报, 2017 – 10 – 20 (34 – 35).

[36] 黄志洵. 对引力波概念的理论质疑 [J]. 前沿科学, 2017, 11 (4): 64 – 87.

[37] Infeld L. Quest: an antobiography [M]. New York: Chelsea, 1980.

[38] 宋健. 航天、宇航和光障 [A]. 香山科学会议第 242 次学术研讨会论文集 [C]. 2004, 11: 7 – 22.

[39] 林金. 宇航中时间的定义与测量机制和超光速运动 [A]. 香山科学会议第 242 次学术研讨会论文集 [C]. 2004, 11: 41 – 54.

[40] 黄志洵. 波科学与超光速物理 [M]. 北京: 国防工业出版社, 2014.

[41] 黄志洵. 超光速物理问题研究 [M]. 北京: 国防工业出版社, 2017.

[42] Lämmel R. Minutes of the meeting of 16 Jan. 1911 [A]. 爱因斯坦全集: 第 3 卷 [C]. 戈节, 译. 长沙: 湖南科学技术出版社, 2002.

[43] Laplace P. Mechanique celeste [M]. New York: volumes published from 1799 – 1825, English translation: Chelsea Publ, 1966.

[44] Eddington A. Space, time and gravitation [M]. Cambridge: Cambridge University Press, 1920.

[45] Zhu Y (朱寅). Measurement of the speed of gravity [J]. Chin Phys Lett, 2011, 28 (7): 1 – 4.

[46] Salart D, et al. Testing the speed of spoky action at a distance [J]. Nature, 2008, 454: 861 – 864.

[47] Zhu Y (朱寅). Measurement of the speed of gravity [J]. arXiv: 1108. 3761, 2014.

[48] Schrödinger E. Quantisation as a problem of proper values [J]. Annalen der Physik, 1926, 79 (4): 1 – 9; 81 (4): 1 – 12.

[49] 黄志洵. "相对论性量子力学" 是否真的存在 [J]. 前沿科学, 2017, 11 (4): 13 – 38.

[50] Schrödinger. 薛定谔讲演录 [M]. 北京: 北京大学出版社, 2007.

[51] Dirac P. Lectures on quantum mechanics [M]. New York: Yeshiva University. Press, 1964.

[52] Dirac P. Direction in Physics [M]. New York: John Wiley, 1978.

[53] Einstein A, Podolsky B, Rosen N. Can quantum mechanical description of physical reality be considered complete? [J]. Phys Rev, 1935, 47: 777 – 780.

[54] 尼耳斯·玻尔集: 第七卷 [M]. 戈革, 译. 北京: 科学出版社, 1998, 233 – 244.

[55] Bell J. On theEinstein-Podolsky-Rosen paradox [J]. Physics, 1964, 1: 195 – 200. (又见: Bell J. On the problem of hidden variables in quantum mechanic [J] Rev Mod Phys, 1965, 38: 447 – 452.)

[56] Aspect A, Grangier P, Roger G. The experimental tests of realistic local theories via Bell's theorem

［J］. Phys Rev Lett, 1981, 47: 460 −465. （又见: Aspect A, Grangier P, Roger G. Experiment realization of Einstein-Podolsky-Rosen-Bohm gedanken experiment, a new violation of Bell's inequalities ［J］. Phys Rev Lett, 1982, 49: 91 −96. ）

［57］黄志洵. 试评量子通信技术的发展及安全性问题 ［J］. 中国传媒大学学报（自然科学版）, 2018, 25（6）: 1 −13.

［58］黄志洵, 姜荣. 从传统雷达到量子雷达 ［J］. 前沿科学, 2017, 11（1）: 4 −21.

［59］陈绍光. 谁引爆了宇宙 ［M］. 成都: 四川科学技术出版社, 2004.

试论引力势对光速的影响

摘要：引力对光传播的影响是一个重要的科学问题。广义相对论（GR）认为引力会改变光的方向、速度和频率。本文对有关研究的历史和现状做了评述，提出了一些与经典理论观点不同的看法。本文特别指出，引力势概念在理论上和实际上并非那么重要，因为它缺乏实验基础。这与电磁学中的情况不同。因此，我们重新考虑 Einstein 1911 年和 Franson 2014 年的论文，他们预期光速将因引力势而变慢。我们知道 Maxwell 方程组是基于若干实验定律而建立的，故电磁势有很大意义。然而类电磁引力场方程组不满足这个条件，因而引力势的影响力并非由事实所支持。1987 年的 SN1987A 超新星事件并不能作为 Franson 理论的证据。

关键词：引力场；引力势；光传播；广义相对论；类电磁引力场方程组

Commnent on the Influence of Gravitational Potential on Light Speed

Abstract：The influence of gravity on light propagation is an important problem in scientific study. The general relativity（GR）believes that the gravity can change the direction, velocity and frequency of light. In this paper, we comment on the history and the present condition of this situation, and give some different viewpoints from the classical theory. In addition, it is especially pointed out in this paper that the concept of gravitational potential is not so important in theory and in practice, because it lacks experimental foundation. This is different from the situation in electromagnetics. Therefore, we re-consider the articles of Einstein in 1911 and Franson in 2014 that they predicated the light speed reduce by the gravitational potential. We

know that the Maxwell equations are based on several experimental laws, so the meaning of e-
lectromagnetic potential is very great. But the electromagnetics-like gravitational field equations
do not satisfy this condition, and then the influence of gravitational potential is not supported by
facts. The event of Supernova SN1987A in 1987 can't serve as evidence for Franson's theory.

Keywords：gravitational field；gravitational potential；light propagation；general relativi-
ty；electrornagnetics-like gravitational field equations

1 引言

　　引力对光传播的影响，是一个重要的科学问题，但 Newton 并未做过专门论述。
广义相对论（GR）认为引力会改变光的方向、速度和频率。这些事情如做详细讨论
会复杂而冗长，本文缩小范围只谈引力势对光速数值的影响。众所周知，1973 年国
际计量局（BIPM）决定真空中光速 c 值为 299792458m/s；它的基础是高精度光频测
量和高精度光波长测量，再用标量方程 $c = \lambda f$ 求出真空中光速。1983 年国际计量大
会（CGPM）根据这个值规定了新的米定义；从那时起 c 值被固定化了，即真空中
光速成为指定值；国际计量界认为无须再测量真空中光速。1983 年的米定义已沿
用至今。

　　但近年来有一些论文质疑光速的恒值性，例如 2014 年的 Franson 理论[1]，以及
2015 年的 Padgett 实验[2-3]。我们知道，狭义相对论（SR）对光速是有明确说法的——
光速不变性原理和光速极限原理；而这些理论和实验妨害了 SR 理论及现行米定义的理
论基础。因此，应当重视这些工作，尤其是 Franson 的理论。这也就关系到应当如何看
待引力势（gravitational potential）的问题。本文重点讨论引力势对光速数值的影响。观
点与 Franson 不同；对 Einstein 的早期理论（1911）也持不同看法。

2 Franson 的光速理论存在问题

　　关于光速的研究没有停止也不会停止。J. Franson[1]认为，现有的某些实验现象已可
证明光速比过去所认为的值要慢。他的论据来源于对 1987 年超新星 SN1987A 的观测，
当时在地球上检测到由爆发而来的光子和中微子，而光子比中微子晚到 4.7h[4]。过去
对此现象人们只做了模糊的解释，Franson 认为这可能是由光子的真空极化造成的——
光子分开为一个正电子和一个电子，在很短时间内又重组为光子。在引力势作用下，重
组时粒子能量有微小改变，使速度变慢。粒子在飞经 16800ly（ly 是光年）的过程中

（从 SN1987A 到地球），这种不断发生的分合将造成光子晚到 4.7h。

Franson 的论文摘要说："本文考虑了包括有质粒子引力势能量的效应，放入于量子电动力学的 Hamilton 量。得到了对光速的预期修正，它与精细结构常数成正比。此方法得到的光速修正取决于引力势而非引力场，它不是规范不变的。本文预期结果与 1987 年的超新星观测（Supernova 1987a）实验相一致。"可见，Franson 的理论分析和计算，起作用的是"势"，而非"场"。他描绘了一种可能的内在物理过程——光在真空中传播时会受"真空极化"作用的影响，光子在瞬间分解为电子和正电子，而后又重新结合起来。当它们分裂时，量子作用在这对虚拟粒子间形成一种引力势，从而使光子减速。Franson 理论对光速修正有一个简单的结果

$$\frac{\Delta c}{c} = \frac{9}{64}\alpha \frac{\Phi_G}{c^2} \tag{1}$$

式中 Φ_G 为引力势。由于 $\Phi_G < 0$，故上式表示光速减慢了。

一些科学媒体评论说，如 Franson 正确，目前天体物理学的理论体系将崩塌，所有基于光速的测量数据都将是错误的。例如，太阳光到达地球的时间将比我们此前认为的要长；位于大熊星座的 M81 星系，距离我们 1.2×10^7ly，是地球上望远镜可观测到的最亮星系之一。如果光速比现在认为的慢，从 M81 星系发出的光将比我们先前认为的要晚大约两周的时间才能到达地球。由此产生的影响将非常惊人：如果是那样的话，所有天体之间的距离都得重新计算，所有描述天体运行规律的理论都得修改。甚至可以说天体物理学的研究不得不从头开始。

对于 Franson 的断言（光子在长途飞行中在银河系引力势作用下速度会减慢），笔者过去相信过，也宣传过他的理论。今天自己认识到是错了；问题在于 Franson 离不开 GR 的框架，对引力势认识不清，只在数学处理上做一些小改革，就认为有了重大发现。这都是不对的，本文也是笔者纠错的机会。其存在的主要问题如下：

首先，在 Franson 理论中，光子以奇怪方式飞行——光子的真空极化可能造成周期性地分裂为正电子、电子，很快又重组为光子。在引力势作用下，粒子能量有微小改变，使速度变慢。光子在飞经 16800ly 的过程中，从 SN1987A 到地球，造成光子比中微子晚到 4.7h。但这种说法只是 Franson 的想象，缺乏实证，不能成为站得住的理论，至多只是一家之言，是一种猜测。

其次，对于 1987 年的事件[4]，它有多种可能性。笔者曾指出，实际上仍有两种可能存在：①光子以 c 运动，中微子以超光速（$v > c$）运动；②中微子以 c 运动，光子以亚光速（$v < c$）运动。Franson 的观点属于②，但可能性①也不能排除。不久前又有一个新的研究论文出来：在英国《天体粒子物理学学报》上发表的一篇论文声称[5]，一项新研究证明中微子很可能是超光速粒子，因为其质量平方是负数（$m_0^2 < 0$），质量是

虚数（$m_0 = j\mu$，$\mu = 0.33\text{eV}$）。这虽然是一种间接证明，但由 Lorentz 质速公式，粒子速度将大于光速（$v > c$）。无论如何，现在不能完全确定"中微子以光速运动"，物理学家最好慎用这一结论。

最后，最重要的问题是，Franson 完全在 GR 理论框架里思考，搞点小改革，并非真正的创新。本文将说明，GR 关于引力势的论述（包括 Einstein 的 1911 年论文[6]）是脱离实际的、简单的对电磁理论做模仿，而没有实验现象、实验定律支撑。是仅靠摆弄矢量代数的结果，而非物理实际。引力势概念的意义很成问题，因此不能证明"引力势使光速变慢"是真实的。

3 引力势与引力场的类电磁方程组

GR 理论认为，存在引力场的时空是 4D 的 Riemann 几何，即弯曲时空。而 GR 的基本方程是 Einstein 引力场方程（EGFE）。这是一个关于时空度规张量 $g_{\mu\nu}$ 的二阶偏微分方程组，是强非线性的，无法求出严格解；其形式为

$$R_{\mu\nu} - \frac{1}{2} g_{\mu\nu} R = \frac{8\pi G}{c^4} T_{\mu\nu}$$

式中 $R_{\mu\nu}$ 是 Ricci 张量，R 是曲率标量，$T_{\mu\nu}$ 是能量动量张量，G 是 Newton 引力常数，c 是真空中光速。对 EGFE 而言，场源运动和场本身结合在一起，必须同时求解，这无疑加大了困难。所以一直以来人们求的是 EGFE 的近似解。那么，能否不按 EGFE 的方式，而是参照早已取得巨大成功的经典电磁理论，来分析和理解引力场？我们先做科学史实的考察，发现 Einstein 在 1915 年提出 GR 之前几年，就已经这样做了。

在电磁理论中，引入矢量势函数 $\vec{A}$、标量势函数 Φ，最早只是一种分析手段，二者本不具有物理意义和可测性。但后来的研究发现，仅靠场的参数（$\vec{E}$ 和 $\vec{B}$）不能完全描写电磁现象，从而提高了对势函数的重视。电磁理论中场和势的基本关系为

$$\vec{B} = \nabla \times \vec{A} \tag{3}$$

$$\vec{E} = -\nabla \Phi - \frac{\partial \vec{A}}{\partial t} \tag{4}$$

这就表示可以用势来描写电磁场。

假定我们用类似方法研究引力场，则可依照电磁理论而提出引力场和引力势的关系方程

$$\vec{B}_G = \nabla \times \vec{A}_G \tag{5}$$

$$\vec{E}_G = -\nabla \Phi_G - \frac{1}{c} \frac{\partial \vec{A}_G}{\partial t} \tag{6}$$

这里 $\vec{A}_G$ 是引力矢势，Φ_G 是引力标势，$\vec{B}_G$、$\vec{E}_G$ 代表引力场强（矢量），而下标 G 表示 gravity；因此与 Maxwell 方程组对应的类电磁引力场方程组为

$$\nabla \cdot \vec{E}_G = -4\pi G\rho \tag{7}$$

$$\nabla \cdot \vec{B}_G = 0 \tag{8}$$

$$\nabla \times \vec{B}_G = -\frac{4\pi G}{c}\vec{J} + \frac{1}{c}\frac{\partial \vec{E}_G}{\partial t} \tag{9}$$

$$\nabla \times \vec{E}_G = \frac{1}{c}\frac{\partial \vec{B}_G}{\partial t} \tag{10}$$

式中 ρ 为物质质量密度，$\vec{J}$ 为物质质量流矢量。因此可以推出与电磁理论中相似的波方程

$$\nabla^2 \vec{A}_G - \frac{1}{c^2}\frac{\partial^2 \vec{A}_G}{\partial t^2} = \frac{4\pi G}{c}\vec{J} \tag{11}$$

$$\nabla^2 \Phi_G - \frac{1}{c^2}\frac{\partial^2 \Phi_G}{\partial t^2} = 4\pi G\rho \tag{12}$$

对于无源的自由空间（$\vec{J} = 0$，$\rho = 0$）就有

$$\nabla^2 \vec{A}_G - \frac{1}{c^2}\frac{\partial^2 \vec{A}_G}{\partial t^2} = 0 \tag{11a}$$

$$\nabla^2 \Phi_G - \frac{1}{c^2}\frac{\partial^2 \Phi_G}{\partial t^2} = 0 \tag{12a}$$

这些与电磁学中的处理很接近；问题是，这样做的合理性如何？$\vec{E}_G$、$\vec{B}_G$ 是对应电场、磁场的引力场强参数，它们有实际意义吗？

公式（7）（8）（9）（10）虽可称为引力场的类电磁（electromagnetic like）方程，其价值和意义却很可疑。众所周知，Maxwell 方程组是有实验基础的；正是由于 Faraday 电磁感应定律，才能写出

$$\nabla \times \vec{E} = -\frac{\partial \vec{B}}{\partial t}$$

对比之下，公式（10）就显得不伦不类了；因为它没有实验定律作基础，只是从形式上对电磁理论的照抄照搬。

电磁场、波既可以通过电场强度 $\vec{E}$、磁场强度 $\vec{H}$ 来描述，也可以用标量电势 Φ、矢量磁势 $\vec{A}$ 来描述，二者是完全等价的。因此，如果类电磁引力场方程组站不住脚，参数 $\vec{E}_G$、$\vec{B}_G$（或 $\vec{H}_G$）就失去意义，则对应的 Φ_G、$\vec{A}_G$ 也没有多少价值。这是很明显的。

有一点必须明确：引力相互作用与电磁相互作用是两种独立的现象和过程，绝不能画等号。不久前有专家提出"引力场与电磁场的统一理论"，我们不甚赞成。问题在于 Maxwell 方程组的每个式子都有实验现象和定律作基础，而引力场类电磁方程组却没有。

仅靠摆弄矢量代数并不能证明二者的统一性。研究引力场可以向电磁场理论学习，但不能做过头。

4　讨论

Einstein 早在 1911 年就认为引力会使光线偏折，而后来却把这作为 1915 年 GR 理论的推论。查阅他的 1911 年论文[6]，我们发现在分析过程中 Einstein 还提出了光速受引力势的影响时会减小的计算公式。他把 gh 作为引力势的大小（g 是重力加速度，h 是距离）。分析路线为：能量→频率→时间→光速，分析的物理框架是太阳光射向地球。设到达光的频率为 f，则有

$$f = f_0\left(1 + \frac{\Phi}{c^2}\right) \tag{13}$$

式中 Φ 是太阳与地球间的引力势差（的负值），f_0 是阳光（出发时的）频率。Einstein 认为这将导致光谱上的红移。从时间推速度，设 c_0 为原点上的光速，c 是引力势为 Φ 的某点的光速，则得

$$c = c_0\left(1 + \frac{\Phi}{c_0^2}\right) \tag{14}$$

这时 Einstein 说，光速不变性原理在此理论中不成立。

引力红移后来被列为 GR 的实验检验之一。在其他理论著作中的表达，和上述情况相同。取

$$\Delta f = f_0 - f \tag{15}$$

由式（13）就有

$$-\Delta f = f_0\frac{\Phi}{c^2}$$

亦即

$$\frac{\Delta f}{f_0} = \frac{-\Phi}{c^2} = \frac{gh}{c^2} \tag{16}$$

故引力红移的说法，在 GR 提出的 4 年前就有了。我们已经说过，引力势的概念可疑。但有一些著作强调，Einstein 的引力红移其频率变化"已被实验证明"。有的书甚至说，早在 1907 年 Einstein 即根据等效原理预言了这种现象。这真是"天才"啊，距离 GR 问世还要再等 8 年呢！而且，1905 年在 SR 中现身的光速不变原理，在 1907 年至 1911 年期间又被他自己否定了，这是怎么回事？

在 Einstein 前后矛盾的陈述中，有一点是肯定的——引力势不仅影响光的进行方向，还影响光速数值的大小。这样一来参数"真空中光速 c"将失去其不变性、恒值性

和常数性。因此，GR 和 SR 的理念存在矛盾。其实，GR 说光不走直线，即已暗示光速 c 不可能完全恒定。

有的西方物理学家紧跟 Einstein，没有发觉其理论的漏洞和矛盾，从而陷入迷茫。例如 Franson 说 Einstein 预言了在引力势中光速会降低，而且这是 GR 的一部分。在地球参考系中，测得的光速 c 为

$$c = c_0 \left[1 + 2\frac{\Phi_G(r)}{c_0^2} \right] \tag{17}$$

式中 c_0 是本地自由落体参考系中测得的光速，由于 $\Phi_G < 0$，$c < c_0$。Franson 断言，如果光经过像太阳那样巨大的物体，例如从卫星或遥远行星发出的激光脉冲从太阳旁边通过到达地球，路程中与太阳最近时的距离为 D，那就可计算所用的传输时间；再与以 c_0 计算的传输时间作比较，从这些实验中得出的结果与公式的预测值"极其相符"。星光经过巨大天体会发生偏转的现象也可由此做直观的解释。Franson 的这些说法的正确性令人怀疑。

总之，我们认为引力势的情况与电磁势不同。1959 年 Y. Aharonov 和 D. Bohm 发表论文《电磁势在量子理论中的意义》，认为在没有电磁场的区域电磁势对电荷仍有效应。建议的实验方法是，使电子束分成两束绕着磁场线圈两旁通过，然后重新汇合起来并观察其干涉效应，目的是观察改变线圈电流时电子干涉图形是否移动，从而判定电子的相移，他们预计有量子干涉现象发生。1960 年 R. Chambers 以实验证实了上述预言。这不奇怪，因为 Maxwell 方程组是建立在有对应实验定律基础上的理论。但是，"引力场的类电磁方程组"却没有可依靠的实验定律，引力势对光传播影响的分析（1911 年的 Einstein 文章、2014 年的 Franson 文章）也就会失效。

5 关于引力红移的早期实验证明

科学家的写作，如目的只是宣传 GR 的"正确、伟大"，就会对有问题的实验做粉饰，把令人怀疑的情况、数据略去不谈。这里有一个典型的例子。

俞允强[7]在其著作《广义相对论引论》§6.6（光频的引力红移）中说，当光子在引力场中运动，在不同地点将测出不同的频率；离引力中心越远，频率越低。这种引力红移与 Doppler 红移不同。由于引力场弱，红移量很小，例如在太阳表面测得频率为 f_0 的光，在远处频率变为 f

$$f = \left(1 - \frac{GM}{R} \right) f_0 \tag{18}$$

式中右端第 2 项的值约为 10^{-6}。

那么这是否有实验证明呢？他说在 20 世纪 60 年代由 Pound 等人利用 Mosbauer 效应做了实验，结果与理论符合很好，故成为 GR 正确性的一个重要证据。

然而王令隽[8]提出了不同的观点。他说，虽然 GR 认为由于太阳表面的引力势小于地球表面，会造成太阳表面氢原子光谱的波长大于地球表面测得的氢原子光谱（$\delta\lambda/\lambda = 2.12 \times 10^{-6}$），但 1960 年由 Pound 和 Rebka 所做实验，实测结果是理论预言的 4 倍。实验者做"数据处理"后与理论才符合得"很好"。王令隽说，这是为了迎合权威理论而编造的故事，不是真正独立的实验检验。笔者的看法是：围绕 GR 的正确性问题，西方科学界的造假已是一再发生，这也反映出人们对 GR 其实缺乏信心。

6　结束语

科学研究的任务是找出自然界实际存在的客观规律。无论理论或实验，其结果历经多少年都应经得住检（审）查。然而在本文论述的课题中，我们发现 Einstein 的理论、Franson 的理论、Eddington 等人的实验，都可能是有问题的。最近（2021 年 7 月 31 日），国外学术刊物 *Inter. Astronomy and Astrophys. Res. Jour.* 刊登了梅晓春与笔者合著的英文论文[9]，深入分析和强烈批评了 Eddington 等人于 1919 年发表的实验报告（该报告说发生日食时的实验证实了 GR 所说的光经过太阳表面时因时空弯曲而发生偏折），说明西方科学界已开始重视 Einstein 理论的问题。这个情况使笔者惊讶：说引力会使光传播的方向、速度和数值改变，原来并没有真正可靠的事实和证据。不仅有明显的拼凑痕迹，还常常不能自圆其说。我们认为引力作用和电磁作用相互独立存在，并不一定会互相影响，更未必会有大影响。正如原子中的两种物理作用（弱作用、强作用）未必会相互影响一样。我们期待今后会出现新的、可靠的研究成果。

参考文献

［1］Franson J. Apparent correction to the speed of light in a gravitational potential ［J］. New Jour Phys, 2014, 16（6）: 1 - 22.

［2］Giovannini D, Padgett M, et al. Spatially structured photons that travel in free space slower that the speed of light ［J］. Science Express, 10. 1126 science. aaa3035, 22. Jan 2015: 1 - 6.

［3］黄志洵. 使自由空间中光速变慢的研究进展 ［J］. 中国传媒大学学报（自然科学版）, 2015, 22（2）: 1 - 13.

［4］黄志洵. 论 1987 年超新星爆发后续现象的不同解释 ［J］. 前沿科学, 2015, 9（2）: 39 - 53.

［5］Ehrlich R. Six observations consistent with the electron neutrino being a tachyon with mass, $m_{v_e}^2 = -0.11 \pm 0.016 \text{eV}^2$ ［J］. Astroparticle Phys, 2015, 66: 11 - 17.

［6］Einstein A. The influence of the gravity on the light propagation ［J］. Ann d Phys, 1911, 35: 901 - 908.

［7］俞允强. 广义相对论引论（第二版）［M］. 北京：北京大学出版社, 1997.

［8］Wang L J（王令隽）. One hundred years of General Relativity-a critical view ［J］. Physics Essays, 2015, 28（4）, 421 - 442.

［9］Mei Xiaochun（梅晓春）, Huang Zhixun（黄志洵）. The measurements of light's gravity deflection of General Relativity were invalid ［J］. Inter Astronomy and Astrophys Res Jour, 2021, 3（3）: 7 - 26.

The Measurements of Light's Gravity Deflection of General Relativity were Invalid[*]

Mei Xiaochun[1]   Huang Zhixun[2]

(1 Department of Theoretical Physics and Pure Mathematics, Institute of Innovative Physics
in Fuzhou, Fuzhou, China

2 School of Information Engineering, Communication University of China, Beijing, China)

Abstract: There were two kinds of measurements of gravity deflection of light in general relativity. One was to measure the visible light's deflection of stars during solar eclipses, and another was to measure the radio wave deflection of quasars. This paper revealed that these measurements had not verified the deflection value 1.75″ predicted by general relativity actually. The reasons are as below. 1. All these measurements had not actually took into account the effects of the refraction index of atmospheric matter and the corona of the solar surface on the deflected light. 2. The measurements of visible light's deflection were inaccurate and the obtained data had very large dispersion. 3. The deviation caused by the fluctuation and refraction of the atmosphere on the earth's surface is not considered enough. 4. The complex statistical methods such as the least square method and various parameters fitting were used to make the measured data consistent with the predictions of Einstein's theory, instead of directly observing the prediction values of Einstein's theory. 5. For the interference measurements of radio waves, the relative observation methods were used rather than the direct observation method, and interpretation of measurement results depended on theoretical models. In fact, astronomers tend to assume in advance that Einstein's theory was true, then by introducing a series of parameters to fit the measurements, so that the measurements always meet the Einstein's predictions. According to this method, a set of parameters can also be found to fit the measurement data so that the deflection of

---

   * 本文原载于 *Intern. Astronomy and Astrophys. Res. Jour.* , Vol. 3 , No. 3 , 2021 , 7 – 26.

light can also satisfy the prediction of Newtonian gravity. The results are not unique. The conclusion of this paper is that the measurements of light's gravity deflection of general relativity were invalid. In fact, according to the authors' published paper, general relativity did not predict that light in the solar gravitational field would be deflated by twice as much as the prediction of the Newton's theory of gravity. How could the observations detect such deflection?

Keywords: General relativity; Newtonian theory of gravity; Gravitational deflection of light; Radio astronomy; Solar atmosphere; Corona; Least square method

1 Introduce

Recently, Mei Xiaochun published a paper to reveal that there were serious problems in the constant terms of the motion equations of planets and light of general relativity[1]. Strictly following the Schwarzschild metric and the geodesics of Riemann geometry, it was proved that the constant term in the time-dependent equation of planetary motion of general relativity must be equal to zero. Therefore, general relativity can only describe the parabolic orbit of celestial body (with a minor modification). It can not describe the elliptic orbit and the hyperbolic orbit of celestial bodies. It becomes meaningless using general relativity to calculate the precession of Mercury's perihelion.

In contrast, a constant term is missing in the motion equation of light which results in serious mistake. When the high order correction term of general relativity does not exist, light travels in a straight line in a spherically symmetric gravitational field. This is completely impossible. The reason is that Einstein assumed that the motion of light satisfied $ds = 0$, which led to the absence of constant term and destroyed the uniqueness of geodesic.

If this constant term exists in the equation of light in general relativity, the deflection angle of light in the solar gravitational field can not be $1.75''$. It can only be a small correction of the prediction value $0.875''$ of the Newton's theory of gravity with a magnitude order of 10^{-5}. At the same time, light is affected by the repulsive force in the solar gravitational field, and the direction of deflection is opposite to that predicted by general relativity and the Newtonian theory of gravity. When observing on the Earth, the wavelength of light emitted by the sun becomes purple shift, rather than red shift. This result is not true[1].

So general relativity had not predicted the deflection angle $1.75''$ of light in the solar gravitational field. Over the past century, however, more than a dozen measurements had been conducted on the gravitational deflection of light, all of them declared that the predictions of general relativity were verified. What's going on here? How could astronomers observe what did not actually exist?

There were two main types of measurements on the gravitational deflection of light. One is the direct measurement during eclipses by telescopes, represented by the measurements of Eddington and Dyson in 1919[2], and the measurements by Burton F. Jones et al. in the desert oasis of Ethiopian in 1973[3].

The another was the interferometric measurement of radar waves emitted by the quasar when the sun covered the quasars. This method was the indirect measurement. The typical ones were the measurements conducted by G. A. Seiestad, D. O. Muhleman and J. M. Hill in Cambridge, UK in 1972[4], and the measurements conducted by A. B. Fomalont and R. A. Sramek in the American Radio Observatory from 1973 to 1975[5].

This paper discusses the problems existing in these two types of measurements. It seems to show Einstein's saying that theory determines what we can see, especially for very small effects such as the corrections of general relativity. All these measurements needed to use the least square method in the final data processing, through parameter fitting, to make the measurement results consistent with the theoretical prediction. In fact, if a different set of parameters were chosen for fitting, the measurement results would also agree with the prediction value of the Newton's theory of gravity. It means that the results are unique.

By carefully analyzing the Eddington's paper published in 1920, the author finds that the errors in the Eddington's measurements were on the same order of magnitude as those predicted by general relativity. So it was useless to test general relativity with such precision measurements.

In addition, in the 35 photographs taken by two groups during the expedition, only nine were deemed usable and 24 were abandoned. Of the seven available photographs in the Eddington's paper, three showed the light bent in the opposite direction of gravity and four bent in the direction of gravity. Eddington had to use incorrect statistical method to erase the effects bent in the opposite direction of gravity. So Eddington's measurements were in fact fluctuations, and did not prove the predictions of general relativity at all.

The measurements provided in Eddington's paper had no margin of error, and the error magnitude of the measurements of the star's coordinates was on the same order of magnitude of the gravitational effects of general relativity. Eddington did not take into account the influence of temperature on the thermal expansion and the cool contraction of photograph, did not considered the refraction of light caused by the presence of atmosphere on the solar surface, did not considered the effect of the abrupt drop of the temperature of the earth's atmosphere in the area of solar eclipse.

In view of the difficulty of using optical telescopes to observe gravitational deflection, radio telescopes had been used to make measurements since the 1970s. By using radio interference, this kind of measurement were relative observations, rather than direct observations. The interpretation of the measurement results depended on the theoretical model. Astronomers in fact tended to assume that Einstein's theory was true in advance, by introducing a series of parameters to fit the measurements to meet the Einstein's theoretical predictions. In fact, in this way, we can also find a set of parameters and make the measurement results consistent with the predictions of Newtonian gravity.

Therefore, the conclusion of this paper is that the measurements to verify general relativity on the gravity flection of light in the solar gravitational field is actually invalid.

The phenomenon of gravitational ring and gravitational lens observed in astronomy is actually only the result of the Newtonian gravity. We should use the Newtonian formula of gravity, rather than the formula of general relativity, to do calculations.

2　Eddington's measurements during the solar eclipse in 1919

A total solar eclipse was predicted to be visible from some parts of the southern hemisphere on May 29, 1919. The British Astronomical Society sent two expeditions to observe. One team, led by C. Davidson, went to Sobral, off the northeast coast of Brazil, in South America. The other team, led by A. S. Eddington, set out to observe on the Principe island in the Gulf of Guinea in western Africa.

Davidson's expedition used two telescopes. One was astrocamera to have an eyepiece of Greenwich Space Telescope with a diameter of 33 centimeters (16 inches) and a focal length of 4. 43 meters. Another was a refraction telescope with a 10-centimeter (4-inch) eyepiece and a focal length of 19 feet and 4 inches. The small telescope had been used as a backup, but curiously, 19 pictures which were taken by astrocamera were deemed unusable, and only seven pictures that were taken with the four-inch telescope were used at last.

Eddington's expedition used an astrocamera to have the eyepieces of Oxford telescope, with a diameter of 33 centimeters and a focal length of 4. 43 meters. 16 photos were taken. Eddington decided that two of them were available, and the other fourteen were discarded. Using these two pictures for analyses, Eddington came up with a deflection angle of 1. 61″, roughly consistent with the Einstein's prediction.

2. 1 The measurements in Sobral

Fig. 1 was drawn from Eddington's paper, showed the positions of 11 stars near the sun during the eclipse[2]. The circle at the center represented the size of the sun. In the circle, P — S line represented the direction that the moon sweep over the solar surface.

The square was the exposure plate of astrocamera with an area of 13 by 13 inches. The rectangle was the exposure plate of small astronomical telescope. Star 1 was thought to be too close to the sun to be seen, with its light obscured by the corona. The data from Stars 7, 8, 12 and 13 were considered unavailable, so only the data observed from Stars 2, 3, 4, 5, 6, 10 and 11 were used.

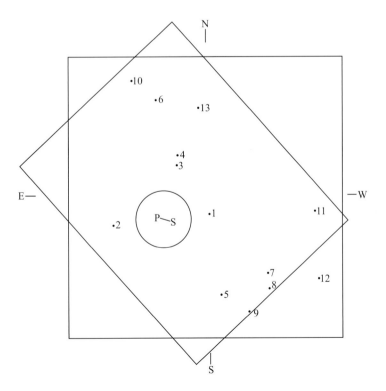

Fig. 1　The solar position in space during the eclipse in Eddington's measurements

Fig. 2 came from Table 1 of Eddington's original paper and showed the coordinates of seven stars in the telescope picture in a non-eclipse time. The origin of coordinate system was the solar center, and the coordinate unit of stars is 50 minutes. For Star 1, $x = +0.026$, $y = 0.200$. By times $50'$, they were $x = +1.3' = +78''$, $y = -10' = -600''$. The right hand sides were the prediction values of general relativity for the flection of light for each star with a unit of second along the x and y axes. Sobral column was the predicted values for the observation point at Sobral, and Principe column was the predicted values for the observation point at Principe.

Fig. 2 The deviation angles between the stellar coordinates observed in Eddington's expedition and the theoretical values predicted by general relativity

No	Names.	Photog Mag.	Co-ordinates Unit = 50'		Gravitational displacement.			
					Sobral.		Principe.	
			x.	y.	x.	y.	x.	y.
		m.			"	"	"	"
1	B. D. ,21°,641	7.0	+0.026	−0.200	−1.31	+0.20	−1.04	+0.09
2	Piazzi,IV,82	5.8	+1.079	−0.328	+0.85	−0.09	+1.02	−0.16
3	κ^2Tauri	5.5	+0.348	+0.360	−0.12	+0.87	−0.28	+0.81
4	κ^1Tauri	4.5	+0.334	+0.472	−0.10	+0.73	−0.21	+0.07
5	Piazzi,IV,61	6.0	−0.160	−1.107	−0.31	−0.43	−0.31	−0.38
6	νTauri	4.5	+0.587	+1.099	+0.04	+0.40	+0.01	+0.41
7	B. D. ,21°,741	7.0	−0.707	−0.864	−0.38	−0.20	−0.35	−0.17
8	B. D. ,21°,740	7.0	−0.727	−1.040	−0.33	−0.22	−0.29	−0.20
9	Piazzi,IV,53	7.0	−0.483	−1.303	−0.26	−0.30	−0.26	−0.27
10	72Tauri	5.5	+0.860	+1.321	+0.09	+0.32	+0.07	+0.34
11	66Tauri	5.5	−1.261	−0.160	−0.32	+0.02	−0.30	+0.01
12	53Tauri	5.5	−1.331	−0.918	−0.28	−0.10	−0.26	−0.09
13	B. D. ,21°,686	8.0	+0.089	+1.007	−0.17	−0.40	−0.14	+0.39

For convenience, Fig. 2 took into account the ratio r/r_0 in the calculation, where r_0 was the radius of the sun, and r was the distance from the star to the solar center. It was equivalent to having converted all the stars to the solar surface for the deviation values predicted by general relativity.

Fig. 3 The angular deviations of light from seven stars observed in Sobral

No. of Star.	I.		II.		III.		IV.		V.		VII.		VIII.	
	Dx.	Dy.	Dx.	Dy.	Dx.	Dy.	Dx.	Dy.	Dx.	Dy.	Dx.	Dy.	Dx.	Dy.
	r	r	r	r	r	r	r	r	r	r	r	r	r	r
11	−1.411	−0.554	−1.416	−1.324	+0.592	+0.956	+0.563	+1.238	+0.406	+0.970	−1.456	+0.964	−1.285	−1.195
5	−1.048	−0.338	−1.221	−1.312	+0.756	+0.843	+0.683	+1.226	+0.468	+0.861	−1.267	+0.777	−1.152	−1.332
4	−1.216	+0.114	−1.054	−0.944	+0.979	+1.172	+0.849	+1.524	+0.721	+1.167	−1.028	+1.142	−0.927	−0.930
3	−1.237	+0.150	−1.079	−0.862	+0.958	+1.244	+0.861	+1.587	+0.733	+1.234	−1.010	+1.185	−0.897	−0.894
6	−1.342	+0.124	−1.012	−0.932	+1.052	+1.197	+0.894	+1.564	+0.789	+1.130	−0.888	+1.125	+0.838	−0.937
10	−1.289	+0.205	−0.999	−0.948	+1.157	+1.211	+0.934	+1.522	+0.864	+1.119	−1.820	+1.072	−0.768	−0.964
2	−0.789	+0.109	−0.733	−1.019	+1.256	+0.924	+1.177	+1.373	+0.995	+0.935	−0.768	+0.892	−0.585	−1.166

Fig. 3 came from Table 2 of Eddington's original paper and showed the light's deviations of 13 stars observed in Sobral. I, II, III, IV, V, VII, VIII were the numbers of seven exposure plates. Dx and Dy were the angular deviations of light relative to the directions of x and y axes. The unite is second.

To do this, a set of data about the positions of stars during the solar eclipse were measured, called as the eclipse plate data. A few months after the solar eclipse, the team went back to the spot and took a set of data, called the comparison plate data. The data was photographed through glass during the solar eclipse, known as the scalar plate data. The values of the eclipse plate and the comparison plate were compared with the values of the scalar plate, the deviation values were obtained as shown in Fig. 3 (Eddington did not provide the data of Star 1 in the paper).

The angle deviations of each star on each eclipse plate are discussed below. The data of Stars 2, 3, 4, and 5 in Fig. 3 are rearranged and shown in Fig. 4. The situations of Stars 6, 10 and 11 are basically the same[3], so they are not included in Fig. 4.

Fig. 4 The angle deviations of Stars 2, 3, 4, 5 on the different eclipse plates

	$Dx(2)$	$Dy(2)$	$Dx(3)$	$Dy(3)$	$Dx(4)$	$Dy(4)$	$Dx(5)$	$Dy(5)$
I	−0.789	0.109	−1.237	0.150	−1.216	0.114	−1.048	−0.338
II	−0.733	−1.019	−1.079	−0.862	−1.054	−0.944	−1.221	−1.312
III	1.256	0.924	0.958	1.244	0.979	1.172	0.756	0.843
IV	1.177	1.373	0.861	1.587	0.849	1.154	0.683	1.226
V	0.995	0.935	0.733	1.234	0.721	1.167	0.486	0.861
VII	−0.768	0.892	−1.010	1.185	−1.028	1.142	−1.267	0.777
VIII	−0.585	−1.166	−0.897	−0.894	−0.929	−0.930	−1.152	−1.332

Let's consider Star 2. On the four eclipse plates I, II, VII and VIII, the angle deviations $Dx(2)$ are negative values. But they are positive values on the three plates III, IV, and V. Since Star 2 was located on the left side of the Sun, $Dx(2)$ with a positive value indicating gravitational attractive force and a negative value indicating repulsive force, so these seven measurement values are contradictory. Then we consider $Dy(2)$. They are positive values on the eclipse plates I, III, IV, V and VII, and negative values on the eclipse plates II and VIII. The results are also contradictory.

Compared with the theoretical prediction value in Fig. 2, and let the theoretical prediction values of deviations are $D'x(2)$ and $D'y(2)$. For Star 2, we have $D'x(2) = 0.85$, $D'y(2) = -0.09$. It can be seen that half of the measurement values on the eclipse plate are in the wrong directions. Especially for $Dy(2)$ and $Dy'(2)$, the differences are very large. The absolute values $Dy(2)$ of six plates are around $\pm 1''$, ten times of $D'y(2)$. How can we say that the predictions of general relativity have been confirmed with such huge errors and wrong directions?

Adding up the values Dx of seven eclipse plates and dividing it by 7, we get the arithmetic mean value $\overline{Dx} = 0.079$. Adding up the values Dy of seven eclipse plates and dividing it by 7, you get the arithmetic mean value $\overline{Dy} = 0.301$. It is impossible to get 0.85 and -0.09. For Star 2, Eddington's measurements were actually random fluctuations. It can not be either a gravitational deflection $1.75''$ of general relativity or a gravitational deflection $0.85''$ of Newtonian theory of gravity.

Looking at Star 5 again. Four Dx out of the seven eclipse plates are negative and three Dx are positive. Three Dy of them are negative, and four Dy are positive. They contradicts each other. In fact, for all 11 stars, that are always the case. The measurement results are contradictory and statistically insignificant. In fact, it does not even explain the qualitative problem of light's gravity deflection, much less quantitative problem.

So how did Eddington derive from these data and got the conclusion that the predictions of general relativity had been confirmed? He used a statistical method called the least square method, to adjust the parameters and turn the data into the evidence meting with general relativity. What Eddington did was, for each star, to set[3]

$$Dx = ax + by + c + \alpha E_x \qquad Dy = dx + ey + f + \alpha E_y \qquad (1)$$

Where the values of Dx and Dy are shown in Fig. 3, and a, b, c, d, e, f are the undetermined parameters, which are related to the properties of the glass scale plate added to the astronomical telescope, the refractive index of the glass plate, the aberration and direction angle. α is defined as the angular deviation caused by the effect of general relativity, E_x and E_y represent the directions of x-axis and y-axis, αE_x and αE_v represent the angular deviations predicted by general relativity in the direction of x-axis and y-axis.

Based on Eq. (1), Eddington choose the parameters a, b, c, d, e, f without any rational explanation, and used the least square method to do calculations and obtained the result that the deflection angle of the star's light passing through the sun's surface is $\alpha = 1.98'' \pm 0.12''$. Obviously this is not the result of actual measurement of each star. It is fitted out by using random fluctuation data and the least square method and is actually meaningless.

The essence of this calculation is presuming that Einstein's prediction is correct and looking for a set of parameters that make Eq. (1) true for each star, thus producing a uniform set of data. As for whether the values of parameters are really consistent with the nature of scale glass plates, it is not considered. In fact, following this method, as long as taking other proper values for the parameters a, b, c, d, e, f, we can match any deflection angle, including the result $\alpha = 0.87''$ of the Newtonian theory of gravity and use it to deny general relativity.

2.2　The measurements on Principe island

Eddington's measurements on Principe island were a virtual failure. Of the 16 eclipse photos taken, only two were considered usable, called the X and W plates. A few months before that time, Eddington had also taken several pictures of the eclipse area at the Oxford Observatory, called Check Plates, showing the pictures of the stars in the region far away from the sun, and used them to compare with the pictures of the eclipse. According to the Eddington paper, the reason was that on Princeton island, where the eclipse took place in the afternoon, it would take many months to photograph the eclipse field in the same position before dawn.

Eddington's data was processed using a different metric. In Fig. 5 and Fig. 6, the first column was the number of stars. In the measurements, only five of the stars were considered valid. The unit of x and y was 5 millimeters, corresponding to about $5'$. The unit of Δx and Δy is $0.003''$. The converted Δx and Δy were placed in the parentheses. The comparison results between X plate and Oxford plates G1 and H1 were shown in Fig. 5 and Fig. 6[3].

Fig. 5　The comparison of X plate with Oxford plate G1

No.	x	y	Δx	Δy
3	17.48	17.60	−2924 （−8.77″）	4236 （12.71″）
4	17.34	18.72	−2869 （−8.61″）	4512 （13.54″）
5	12.40	2.93	−5518 （−16.55″）	4121 （12.36″）
6	19.87	24.99	−1568 （−4.70″）	4148 （12.44″）
11	1.39	12.40	−3916 （−1.75″）	6398 （19.19″）

Fig. 6   The comparison of X plate with Oxford plate H1

No.	x	y	Δx	Δy
3	17.48	17.60	7320 (21.96″)	1785 (5.36″)
4	17.34	18.72	7126 (21.38″)	1881 (5.65″)
5	12.40	2.93	6751 (20.25″)	858 (2.57″)
6	19.87	24.99	7429 (22.29″)	1909 (5.73″)
11	1.39	12.40	7290 (21.87″)	1586 (4.98″)

Obviously, the deflections of all stellar light in the X plate were negative compared with the Oxford G1 plate, but they were all positive compared with the Oxford G2 platen, which was contradictory to each other, so the measurement results were meaningless. In addition, most Δx and Δy were much larger than 1.75″, even more than 10 times. This might explain why Eddington had to use a different standard for the same paper to describe the deflections, and multiplied by a factor of 0.003 to obscure the results.

Fig. 7   Comparison of W plate with Oxford plate D1

No.	x	y	Δx	Δy
3	17.48	17.76	3834 (11.50″)	5911 (17.73″)
4	17.34	18.72	3948 (11.84″)	5745 (17.24″)
5	12.40	2.93	2450 (7.35″)	5320 (15.96″)
6	19.87	24.99	4525 (13.58″)	5628 (16.89″)
10	1.39	12.40	5199 (15.60″)	5616 (16.85″)

Fig. 8   Comparison of W plate with Oxford plate I2

No.	x	y	Δx	Δy
3	17.48	17.60	4622 (13.87″)	−5609 (−17.73″)
4	17.34	18.72	4732 (14.20″)	−5751 (−17.25″)
5	12.40	2.93	5050 (11.15″)	−6824 (−20.47″)
6	19.87	24.99	4635 (13.91″)	−5425 (−16.28″)
10	22.60	27.21	4764 (14.29″)	−5109 (−15.32″)

The comparison results of W plate with Oxford plate were the same as shown in Fig. 7 and Fig. 8. The comparing with Oxford plate D1, all Δy rare positive, but compared with Oxford plate I2, all Δy were negative. The results contradicted each other too. And the deflections in all directions were much more than 1.75″, even more than 10 times.

Evidently, Eddington's measurements on Princeton island deviated far from the predictions of general relativity, even larger than measurements in Sobral. In order to make the measurements on Princeton island meaningful, Eddington also applied the least square method, by using Equation (1) to do calculation and by selecting parameters a, b, c, d, e, f, resulted in the angle $1.61'' \pm 0.30''$ for the deflection of starlight on the sun's surface. Eddington's measurements on Princeton island were therefore meaningless and could not be used to prove general relativity.

2.3　The other problems in Eddington's measurements

I) Refraction of gas and corona on the surface of the sun

The refraction of gas on the surface of the sun has a great influence on the deflection of light, which is an important cause to cause the error in Eddington's measurements. As we all know, the sun is a ball of plasma gas with intense nuclear reactions inside, constantly emitting light and plasma gas. This is completely different from the earth. The earth does not emit matter into outer space; the gas on its surface is balanced by gravitational constraints. The sun, on the other hand, is a dynamic system, with frequent large eruptions and a corona that can extend several solar radii beyond. The so-called solar wind can even affect the earth as far as 500 million kilometers away, causing disruption to the earth's communications systems.

The sun has a radius of 6.96×10^5 kilometers. Mercury is about 554.60×10^5 kilometers away from the sun, which is about 80 times the radius of the sun, and Earth is about 240 times

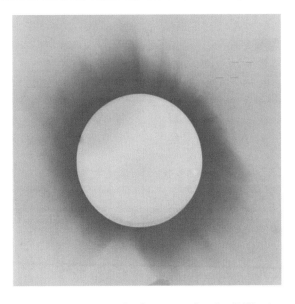

Fig. 9　The photograph of corona taken by Eddington

the radius of the sun. From Mercury's extreme environment, we can imagine how badly it would be affected by material emitted from the sun's surface. The pressure and density of gas on the solar surface are poorly understood. While there are theoretical models, there are no actual measurements. We can't compare the gas on the surface of the earth to the gas on the surface of the sun.

Eddington was clearly aware of the influence of the refraction of gas on the solar surface to the deflection of light, but he completely ignored this effect in his paper. He said[3]:

In order to produce the observed effect by refraction, the sun must be surrounded by material of refractive index $1 + 0.00000414/r$, where r is the distance from the centre in terms of the sun's radius. At a height of one radius above the surface the necessary refractive index $1 + 0.00000212$ corresponds to that of air at $1/140$ atmosphere, hydrogen at $1/60$ atmosphere, or helium at $1/20$ atmospheric pressure. Clearly a density of this order is out of the question. We know that the index of refraction of vacuum is 1. The index of refraction of the atmosphere on the surface of the earth is 1.00029 at a standard state with the temperature of zero and one atmosphere pressure. According to the distribution formula of atmospheric pressure with height, atmospheric pressure is equivalent to the height of 40000 meters on the earth's surface, which is very thin. The problem is that the atmosphere on the surface of the sun is not in equilibrium. The sun constantly emits light and particle streams all the time, so it is impossible to describe the density distribution of the solar atmosphere with the theory of equilibrium state on the earth's surface.

Fig. 9 was the picture of corona taken by Eddington. The corona was a burst of material from the sun, made up of fast-moving electrons, protons and plasma. It was still very intense in a place beyond several solar radii. In fact, the corona can reach even a dozen solar radii, and its influence can reach the earth in a broad sense.

As shown in Fig. 1, Stars 2, 3, and 4 were all within 2 solar radii. Because the corona was too strong, Star 1 could not be observed. In addition to the coronal mass, there was a large amount of gas on the surface of the sun whose density was basically stable, and whose pressure should reach or exceed the $1/140$ pressure of the earth's surface atmosphere. According to current observations, the temperature of corona can reach millions of degrees.

According to the formula $pV = nRT$ of ideal gas formula, pressure is proportional to temperature, and the atmospheric pressure on the solar surface can be very high. Under such high temperature conditions, the material moves very fast, and the collision probability increases greatly. The influence of gas on the refractive index of light is unknown. So Eddington's estimate of the pressure on the solar surface was wishful thinking, and we could not rule out the refraction of light by the gas on the solar surface.

II) The continuous refraction of gases with different densities on the earth's surface

As the atmosphere on the surface of the earth is fairly well understood, we can make some quantitative calculations about the influence of atmospheric refraction on Eddington's experiment. We can consider the earth as a uniform ball of medium composed of air. The refractive index of air against visible light is 1. 00029. As shown in Fig. 10, light is emitted from a distance star in parallel. The refraction of light caused by the sphere near the optical axis is calculated by the following formula[6]

$$\frac{n'}{s'} - \frac{n}{s} = \frac{n' - n}{R} \tag{3}$$

Where s' is the image distance, n' is the refractive index of the sphere, s is the object distance, n is the refractive index of the vacuum. Assume that the light rays radiates parallel to the sphere with $s = \infty$, $n = 1$, $n' = 1. 00029$. The radius of the earth is $R = 6. 378 \times 10^6$ meters, so that

$$\frac{R}{s'} = \frac{n' - n}{n'} \tag{4}$$

The refraction angle is

$$\sin\alpha \approx \alpha = R/s' = 2. 899 \times 10^{-4} arc = 59. 83'' \approx 1' \tag{5}$$

The angle of refraction is about 1 minute, which is 35 times the gravitational deflection of general relativity. So in the morning, when the sun is still below ground level, people on the surface of the earth can see the sun 0. 067 minutes earlier because the atmosphere refracts the light. But this is based on that the atmosphere is uniformly dense, so light is refracted only once at the interface between the sphere and the vacuum.

However, the actual situation is that the density of the atmosphere is different at different altitudes. The sunlight in the atmosphere is continuously refracted by the interface of different density layers as shown in Fig. 10. In this case, the calculation of refraction becomes very complicated. The actual observed result is that on the Earth's equator, the refractive angle of sunlight in the morning is about 0. 5 ~0. 8 degrees, The sun will be seen about 2 ~3 minutes earlier. This angle is 1028 ~ 1645 times of the gravitational deflection angle of general relativity.

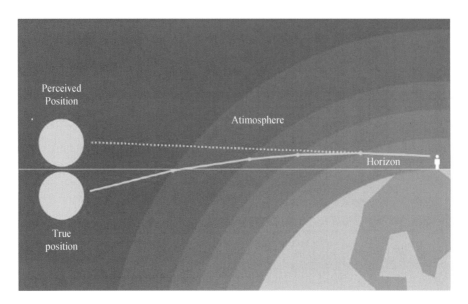

Fig. 10　Continuous refraction of light by the density change of the earth's atmosphere

Therefore, the refractive index of the atmosphere on the earth's surface as a uniform distribution of density is much smaller than the actual refractive index with different density. This result also applies to the refraction of the atmosphere on the sun's surface, since the density of gas on the solar surface is also uneven, the result may cause astronomers to seriously underestimate the refraction angle of light.

When the sun is overhead at noon, the angle of refraction of the atmosphere is zero. Assuming that the sun rises at 6:00 a. m. To 12:00 noon, a total of 6 hours, the average refraction angle changes by 5 to 8 seconds per minute. So taking pictures at different times of the day, and at different times on different days, the earth's atmosphere has a different refractive index. This led to systematic errors that were far greater than the gravitational deflection predicted by general relativity. This is a problem that neither Eddington nor subsequent measurements had considered.

Besides, Eddington's measurements had not considered the changes in refractive index caused by changes in density due to atmospheric movement at different times, as well as the changes in refractive index caused by the movement of air currents and the changes in the density caused by the cooling of the atmosphere during an eclipse when the moon hides the sun. These effects, though small, could be on the order of seconds, enough to affect the gravitational refraction value of light.

III）The errors caused by film thermal expansion and cold shrinkage

In Eddington's measurements, the eclipse plates and the comparison plates were photographed at different times. In Sobral in late May, for example, the average temperature was around 90 Fahrenheit degrees. But when the team returned to Sobral in mid-July to rephotograph the positions of stars in the same sky in the absence of the sun , the average temperature was about 70 Fahrenheit degrees, there was a difference of 20 Fahrenheit degrees. Due to the phenomenon of hot expansion and cold contraction of the film, it lead to the movement of star' position, so that the measurement results appeared deviation. The following calculations show that the deviation is on the same order of magnitude as the gravitational deflection.

We don't know what the coefficient of thermal expansion of Eddington's film was, but suppose that we could substitute it for the coefficient of thermal expansion of optical glass. Given that the coefficient of thermal expansion of glass is 1.10×10^{-5} meters per degree, let the side length of the film be 0.1 meters. The change in side length caused by the temperature change of 20 centigrade degrees is $1.10 \times 10^{-5} \times 0.2 \times 10 = 2.2 \times 10^{-5}$ meters or 0.022 millimeters. So a picture taken at a high temperature will shrink toward the center at a low temperature. The star's position shifts toward the center compared to a cold image, would give the illusion of gravitational deflection.

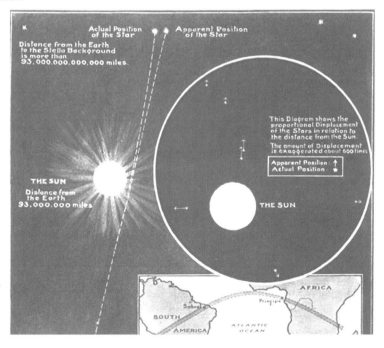

Fig. 11   The illustration of New York Times report on Eddington's measurements in 1919

Fig. 11 shown the New York Times report on the Eddington's measurements in 1919. The arrows represented the gravitational displacement of starlight. For the middle Stars 3 and 4, the displacement was about 6 millimeters, and the figure shown that the actual displacement is one 600th of this figure. That was to say, for Stars 3 and 4, the observed gravitational displacement was 0.01 millimeters. Therefore it possible to assume that the gravitational deflection of light measured by Eddington was caused by the thermal expansion and cold contraction of the film.

So Eddington's measurements of the deflection of light in the gravitational field of the sun could not tell whether it was an effect of the Newtonian gravity or an effect of general relativistic effect, or even whether the deflection were a gravitational effect.

IV) The time differences between the standard plate and the comparison plate

According to standard method, to determine the deflections of star's lights, the photographs taken during the period of eclipse need to be compared with the picture of the sky when the sun is far from the region. A comparative plates of the starlight should be taken at the same place after six months of the eclipse when the earth moves to other side of its orbit around the sun. But Eddington did not do so. The Sobral's comparative plates was taken between July 12 and 17, 1919, less than two months later than the eclipse plates were taken. The temperatures were different for two measurements.

The Principe's comparative plates had not been taken on the same place. It was taken when Eddington returned to England and used a telescope on the Oxford University Observatory to do it. It indicated the Principe team took the images from different locations, at different temperatures, and in different latitudes. The resulting error is of the same order of magnitude as the correction of general relativity to the Newtonian theory of gravity.

3 The observation in South Australia in 1922

On September 21, 1922, G. F. Dodwell and C. R. Davidson made a measurement of the deflection of light during a total solar eclipse in South Australia[7]. Four photographs were taken. The plates I and II contained both the stars in the eclipse field, and the stars in the distance from the sun, that were used for locating the stars in the eclipse field.

The plate IV showed too few stars to produce results. The scale of plate III was different from that of plate I and II, and there were no stars on this plate that can not be used for comparison, so the final result relied only on plates I and II. Three months after the eclipse, the team went back to take five plates of the eclipse area. The scale of comparison plate was determined on these five plates.

Fig. 12　The flection data of light during the solar eclipse fromAustralia in 1922

<table>
<tr><td colspan="11">Stars in the Eclipse Field.
Centre R. A. II^h 50^m 40^s.　Dec. +I°O'.</td></tr>
<tr><td rowspan="3">Serial No.</td><td rowspan="3">B. D. No.</td><td rowspan="3">Mag.</td><td colspan="2">Co-ordinates.</td><td colspan="2">Gravitational Factor.</td><td colspan="2">Displacement.</td></tr>
<tr><td>x.</td><td>y.</td><td rowspan="2">Ex.</td><td rowspan="2">Ey.</td><td rowspan="2">x.</td><td rowspan="2">y.</td></tr>
<tr><td>Int.</td><td>Int.</td></tr>
<tr><td>Sun</td><td>°</td><td></td><td>0. 00</td><td>0. 00</td><td></td><td></td><td>″</td><td>″</td></tr>
<tr><td>1</td><td>0 2831</td><td>7. 6</td><td>− 13. 72</td><td>− 6. 16</td><td>− . 061</td><td>− . 027</td><td>− . 16</td><td>− . 07</td></tr>
<tr><td>2</td><td>0 2843</td><td>6. 5</td><td>− 8. 00</td><td>− 5. 04</td><td>− . 089</td><td>− . 056</td><td>− . 23</td><td>− . 15</td></tr>
<tr><td>3</td><td>3 2560</td><td>7. 7</td><td>− 6. 95</td><td>+ 9. 49</td><td>− . 050</td><td>+ . 069</td><td>− . 13</td><td>+ . 18</td></tr>
<tr><td>4</td><td>β Virg.</td><td>3. 7</td><td>− 5. 77</td><td>+ 6. 87</td><td>− . 072</td><td>+ . 085</td><td>− . 19</td><td>+ . 22</td></tr>
<tr><td>5</td><td>− 0 2510</td><td>8. 0</td><td>+ 0. 27</td><td>− 11. 45</td><td>+ . 002</td><td>− . 087</td><td>+ . 01</td><td>− . 23</td></tr>
<tr><td>6</td><td>4 2544</td><td>8. 0</td><td>+ 0. 65</td><td>+ 15. 12</td><td>+ . 003</td><td>+ . 066</td><td>+ . 01</td><td>+ . 17</td></tr>
<tr><td>7</td><td>1 2628</td><td>8. 0</td><td>+ 1. 05</td><td>+ 3. 02</td><td>+ . 103</td><td>+ . 297</td><td>+ . 26</td><td>+ . 75</td></tr>
<tr><td>8</td><td>1 2633</td><td>7. 7</td><td>+ 5. 06</td><td>+ 1. 74</td><td>+ . 177</td><td>+ . 061</td><td>+ . 47</td><td>+ . 16</td></tr>
<tr><td>9</td><td>1 2636</td><td>6. 8</td><td>+ 6. 26</td><td>− 0. 20</td><td>+ . 160</td><td>− . 005</td><td>+ . 42</td><td>− . 01</td></tr>
<tr><td>10</td><td>2 2499</td><td>7. 1</td><td>+ 6. 74</td><td>+ 7. 19</td><td>+ . 069</td><td>+ . 074</td><td>+ . 18</td><td>+ . 20</td></tr>
<tr><td>11</td><td>− 1 2600</td><td>7. 7</td><td>+ 6. 99</td><td>− 14. 15</td><td>+ . 028</td><td>− . 056</td><td>+ . 07</td><td>− . 15</td></tr>
<tr><td>12</td><td>− 0 2520</td><td>6. 8</td><td>+ 9. 07</td><td>− 13. 29</td><td>+ . 035</td><td>− . 051</td><td>+ . 09</td><td>− . 13</td></tr>
<tr><td>13</td><td>0 2881</td><td>8. 3</td><td>+ 10. 38</td><td>− 2. 64</td><td>+ . 090</td><td>− . 023</td><td>+ . 24</td><td>− . 06</td></tr>
<tr><td>14</td><td>2 2509</td><td>8. 3</td><td>+ 13. 62</td><td>+ 5. 12</td><td>+ . 064</td><td>+ . 024</td><td>+ . 17</td><td>+ . 06</td></tr>
</table>

There were 14 stars on plates I and II, based on them, Dodwell and Davidson might give the deflection of light from each star on each plate. But they did not provide such detailed data. The data shown in Fig. 12 was taken from the paper published by Dodwell and Davidson[7], the last column of which shown a statistical average of each star in both plates, with the more detailed deviations erased. Why did not Dodwell and Davidson give the deviation of each star in each plate? Could it be as the Eddington expedition's measurements, once providing detailed data for each star in each photograph, would lead to contradictory results?

Dodwell and Davidson also used the least square method to process the data in order to get the results from the measurements to support general relativity. By considering Eq. (1) and adjusting the parameters a, b, c, d, e, f, the deflection angle of 1. 77″ was deduced. For the same reason, the results of Dodwell and Davidson's measurements were dubious.

4　The measurements in the oasis of Chinguetti desert, Mauritania in 1973

Since Davidson and Dodwell, several groups had made the observations of light's deflections at the eclipses[8]. They were Freudlich (May 9, 1929), А. Л. МихайловМ ÿ (on July 19, 1936), Biesbroek (May 20, 1947), Biesbroek (February 25, 1952), and Burton, F. Jones (on May 30, 1973). Some of the measurements deviated significantly from the Einstein's predictions, while others deviated less. One of the most accurate observations was made by Burton F. Jones of the University of Texas in the Oasis of Chinguetti Desert in Mauritania at the total solar eclipse of 30 June 1973[9]. Let's talk about this expedition.

Burton F. Jones measured 150 stars in the eclipse field and 60 stars in the comparison field photographed in three plates. Five months after the eclipse, three plates were photographed in the same location. By comparing the six plates and through a series of complex calculations, the observation results were represented by the points shown in Fig. 13. Some of the stars considered unqualified had been excluded. The horizontal axis was the distance of the star's light from the center of the sun, and the vertical axis was the angle at which the star's light is deflected.

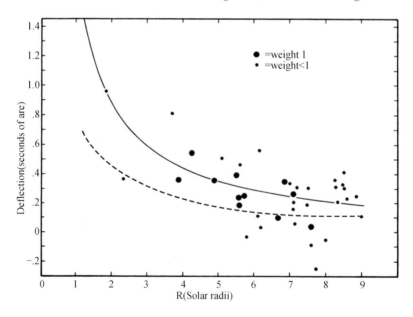

Fig. 13　The measurement results of the group of University of Texas in the oasis of Chinguetti desert, Mauritania in 1973

When processing the observed data, the Burton F. Jones still used the least square method, in which nonlinear equations and multiple iterations were involved, including introducing different weights to various parameters, to obtain the deflection value of each star. So Fig. 13 was still not a direct measurement, but a product of complex calculations. These included the correction of annual and diurnal aberrations, as well as the correction of instrumental-induced deviations and refraction of the light system. Changes in temperature, pressure and humidity were also calculated, and there were many conditions that could cause errors did not taken into account.

Based on Fig. 13, Burton F. Jones's experimental group finally obtained a deflection angle of 1.75 (0.95 ±0.11) seconds, suggesting that Einstein's prediction was confirmed. The solid line was what Einstein's theory predicted, and the dotted line was what Newtonian gravity predicted. It can be seen from Fig. 13, even if such a complex calculation method was adopted and so many parameter modifications were introduced, the obtained points were still very diffuse with large deviation from the predicted values of general relativity.

And more importantly, the measurement still did not take into account the refraction of light by the atmosphere and corona on the solar surface. If these factors were taken into account, the gravitational deflections of all points would shift down, more consistent with the Newton's theory of gravity. In fact, if we use the different fitting parameters and the least square method, we can also get the result of Newton's gravitational prediction. So Burton F. Jones's measurements did not distinguish between the Newton's theory of gravity and the Einstein's theory of gravity too, and did not confirm the prediction of the Einstein's theory of gravity.

5 The radio wave deflection experiments of light's deflections

5.1 The principles of radio interferometry

Unlike direct observations made by telescopes at visible wavelengths, radio wave measurements observed the radiations of stars at invisible radio wavelengths. By two or more radio telescopes at different locations, the interference waveform generated by the radio waves emitted by celestial bodies can be measured to infer the positions of celestial bodies in space. So it belongs to indirect measurement, which was related to theory modes. That was to say, the positions of radio wave emitter were not directly observed, but calculated theoretically.

The principle of a radio telescope is shown in Fig. 14[5]. Assume that two radio telescopes on the Earth's surface are located at the two ends of the baseline $\overline{B}$ and that the object being observed is located in the direction of $\overline{\sigma}$. the angle between $\overline{B}$ and $\overline{\sigma}$ is θ. Two radio telescopes are connected by conduction wires and the radio signals they receive are transmitted to a data-processing device. Because the radio waves from the celestial bodies don't take the same time to reach the two telescopes, the interference occurs. By analyzing the interference pattern, the position of celestial bodies in space can be inferred.

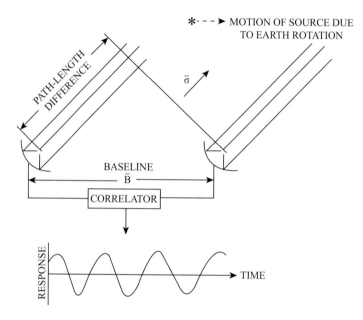

Fig. 14   The schematic diagram of radio astrometry measurement

Assume that two radio telescopes on the earth's surface are located at the two ends of the baseline $\overline{B}$ and that the object being observed is located in the direction of $\overline{\sigma}$. The angle between $\overline{B}$ and $\overline{\sigma}$ is θ. Two radio telescopes are connected by conduction wires and the received radio signals are transmitted to a data-processing device. Because the radio waves from the celestial bodies don't take the same time to reach the two telescopes, the interference occurs. By analyzing the interference pattern, the position of celestial bodies in space can be inferred.

The resolution of radio telescope is calculated by the formula $\delta = \lambda/L$, λ is the wavelength of the radio wave, and L is the distance between two radio telescopes. Although the wavelengths of radio waves are much larger than that of visible light, the resolution of a radio telescope can be small because the distance between two telescopes can be very large. The calculation formula of radio astrometry measurement is as follows[5]

$$R(t) = A\cos\left(\frac{2\pi}{\lambda}\overline{B} \cdot \overline{\sigma} + \varphi(\overline{\sigma}, t)\right) \tag{6}$$

Where, $R(t)$ is called the response caused by the time difference between two radio waves, $\overline{B}$ is the baseline vector, and $\varphi(\overline{\sigma}, t)$ is the phase caused by various interference factors. Since the earth is rotating, each physical quantity on the right side of Eq. (6) actually varies with time, and $R(t)$ accordingly varies with time.

Since what is actually measured is the interference response of two radio waves, it involves very complex mathematical calculations to deduce the spatial position of the celestial body from the above formula. The biggest uncertainty of Eq. (6) is the phase generated by various interference factors. How correctly to estimate the phase is the key problem.

5.2 The radio wave deflection experiment at Cambridge, England in 1972

The measurements of radio telescope of the gravitational deflection of light do not need to be taken during a solar eclipse, but it needs to look for suitable radio emitting bodies and make observations during the period when the sun is close to and covers the radio emitting bodies. Since the earth is constantly rotating and moving around the sun, the whole measurement process is in a dynamic state, so the determinations of the initial positions of the radio emitting bodies is very important. It is necessary to find two or more radio emitting objects, one is farther away from the sun as a reference for measurement. The other was close to the sun during the measurement, covered by the sun, and then came out of the sun's cover (due to the relative motion of the earth). By comparing the two sets of measurement data, the deflection of radio wave in the solar gravitational field is determined. Since the radio emitting bodies used as the reference was also moving with respect to the earth during this period, such measurement values are relative ones rather than absolutes. The obtained gravitational deflections are also relative values.

In the early 1970s, G. A. Seiestad, D. O. Muhleman and J. M. Hill et al. used radio interference astronomical telescopes to observe the radio sources 3C 273 and C 279 before and after solar occultation, in an attempt to measure the deflection angle generated by the gravitational field of the sun. Radio source 3C 273 was far from the sun and was used for calibration. What was actually measured was the deflection of C 279 radio waves. The results showed that the irregular phase deviation caused by the fluctuation of water vapor content in the troposphere limited the accuracy of this method[9].

In Cambridge University in 1972, F. Mriley measured the radio waves of radio source C 279 before and after solar occultation with two radio telescopes 5 kilometers apart. He believed that the phase stability of the instrument was better than 5 degrees per day, and there was no evidence of phase deviation on a short time scale. The errors were small compared to those introduced by the troposphere, and it was therefore not considered necessary to conduct a quick check of the collimation error of the instrument by observing 3C 273. The measured deflection of radio waves caused by the gravitational field of the sun was 1. 04 ± 0. 08 times as large as predicted by the general theory of relativity, thus it was considered to confirm the general theory of relativity. The experimental results are shown in Fig. 15[10].

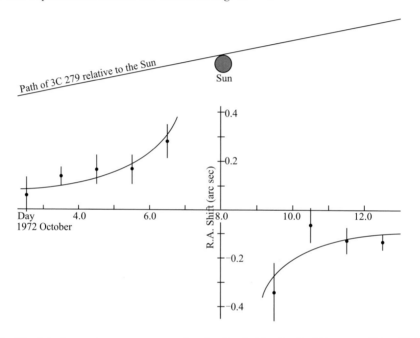

Fig. 15   Interferometer measurements by the Cambridge Radio Telescope, UK, 1972. The abscissa is time in days, and the ordinate is deflection angle in seconds

Because radio waves entered the vicinity of the sun and was obscured by the sun, there were no data on Days 7, 8 and 9. One great problem with this measurement was that it also did not take into account the refraction of radio waves by the gas on the sun's surface. In fact, the measurements on 3. 5, 4. 5, and 10. 5 were in the anti-gravitational deflection direction compared to the measurement in other times. This might be caused by the violent fluctuations in the density of the air currents on the sun's surface.

Besides, the accuracy of the experiment was questionable. The measured radio wavelength was 6 centimeters, and the distance between the two radio telescopes was 76240. 6 wavelengths (4574. 436 meters). According to the resolution formula of telescope, we have

$$\Delta\theta = \frac{\lambda}{D} = \frac{1}{76240.6} = 1.3116 \times 10^{-5} = 2.76'' \tag{7}$$

In other words, if we measure two stars in an image with this device, they are indistinguishable from each other when their center point is less than 2. 76″. However, we can see from Fig. 15 that the changes of the center position of the radio source are less than 0. 1″ between the abscissa 3. 5 and 4. 5, 4. 5 and 5. 5, as well as 11. 5 and 12. 5. The error range of measurement each day is also nearby 0. 1″. For a radio telescope with resolution 2. 76″, it is generally impossible to distinguish such a small displacement. When the measurement value and the measurement error are in the same order of magnitude, the measured data has no statistical significance.

5. 3　The radar wave deflection measurements at the American radio observatory in 1975

The radar wave deflection measurements at the American Radio Observatory in 1975 was not so much an attempt to test the Einstein's theory of gravitational deflection as an attempt to distinguish between the Einstein's theory of gravity and the Brans-Dick's theory of gravity. According to Brans-Dick's scalar tensor theory of gravity, when the light of a star from outer space passes through the edge of the sun, the gravitational deflection was[5]

$$\Delta\theta = 1.75\left(\frac{1+\gamma}{2}\right)''\qquad(8)$$

The parameter $\gamma = 1$ was the result of Einstein's theory. When $\gamma = (1+\omega)/(2+\omega) \neq 1$ (ω is a scalar coupling constant), it is the result of Brans − Dick's theory. The essence of this experiment is to presume in advance that the deflection angle 1. 75″ predicted by general relativity is basically correct, and then to determine the unknown parameter γ through fitting by using the least square method.

A. B. Fomalont and R. A. Sramek measured three quasars numbered 3C0116 + 08, 3C0119 + 11 and 3C0111 + 02. From the point of view on the earth, three quasars were almost in a straight line. 3C0119 + 11 and 3C0111 + 02 were far from the sun and were used as background reference. 3C0116 + 08 passed the edge of the sun and was covered by the sun on April 11, 1974, and reappeared through the edge of the sun on April 12, as shown in Figure 16[5].

The experiment consisted of two antennas, one telescope with a radius of 85 feet (26 meters) and another telescope with a radius of 45 feet (14 meters). The lengths of three baselines were 33. 1, 33. 8, and 35. 3 kilometers respectively. The observed quasar radio wavelengths were 2695 MHz and 8085 MHz. According to Eq. (6), the change of the deflection angle of 3C0116 + 08 with time was deduced through the measurement of correspond value $R(t)$ and the

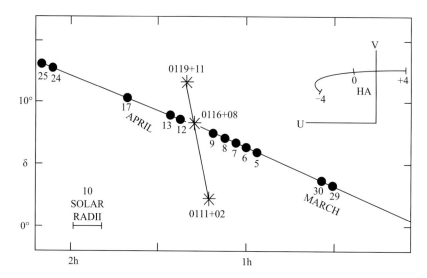

**Fig. 16   The Graph of interference measurements at the United States Radio Telescope, 1974.
The x-axis is the radius of the sun, and the y-axis is the phase angle (degrees)**

complex calculation. This change was relative to the change of the other two quasars. Because the light of the other two quasars also passed near the sun to reach the earth, and therefore they also were affected by the sun's gravitational field.

The key is how to to determine the phase angle generated by other interference factors in Eq. (8). In the published paper of A. B. Fomalont and R. A. Sramek, they defined[5]

$$\varphi_x^j(t) = C^j(t) + D^j(t) + B_x^j(t) + \psi_x^j(t) \tag{9}$$

$$\varphi_s^j(t) = C^j(t) + \frac{1}{3}D^j(t) + B_s^j(t) + \psi_s^j(t) \tag{10}$$

Indicators j and s described different baselines and radio sources. $C^j(t)$ represented the phase effects of the sun's corona. $B_x^j(t)$ and $B_s^j(t)$ described the standard position error of the radio source and phase changes caused by the presence of the source's internal structure. $\psi_x^j(t)$ and $\psi_s^j(t)$ and described the phase changes caused by instruments.

The paper had not provided the specific forms of the above quantities. No physical measurements were made to determine their values. Similarly, the least square method was used with the weight to adjust the relationship between each parameter. Taking into account the actual measured response value $R(t)$ and through a very complex algorithm, the deflection angle of the radar wave caused by gravity was deduced from Eq. (9) and (10), and obtained the value of parameter γ at last. So this is not so much a measurement as a theoretical deduction.

The final gravitational deflection given in the A. B. Fomalont and R. A. Sramek paper was shown in Fig. 17 – 20. The conclusion was that the parameter $\gamma \approx 1$ in Eq. (8) which was considered more consistent with the Einstein's prediction[5].

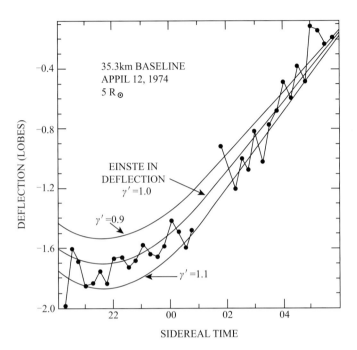

Fig. 17　Measurementdata at 3 solar radii

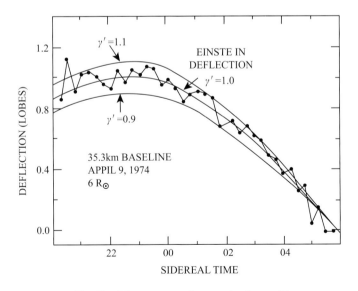

Fig. 18　Measurement data at 6 solar radii

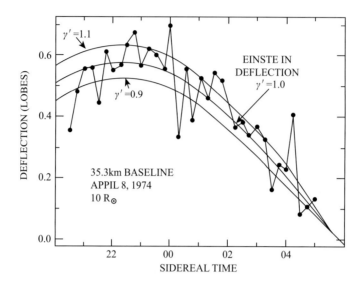

Fig. 19   Measurement data at 10 solar radii

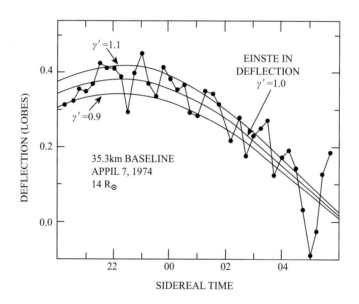

Fig. 20   Measurement data at 16 solar radii

The paper of A. B. Fomalont and R. A. Sramek only gave the measurement results at 5, 6, 10, and 14 solar radii. Why don't they give the measurement results at the distance between 1 and 4 solar radii closer to the Sun? We don't know, but a reasonable guess was that the error of gravitational deflection was so large in theses fields, so that it's impossible to find a self-consistent set of parameters that would make all the measurements and calculations consistent enough to satisfy Einstein's theory.

It should be emphasized again that the measurements of Fomalont and Sramek, actually assumed in advance the basic value of gravity deflection was 1.75″, then to determine what the value should be taken for parameter γ for the radar wave gravitational deflection formula (6). So these measurements were only try to distinguish the Einstein's theory from the Brans-Dick's theory of gravity, not tests to see if the Einstein's theory was correct.

In fact, if we assume in advance that the deflection of radar wave is the value predicted by the Newtonian gravity, a set of self-consistent parameters can be obtained according to this data processing method, so that Eq. (6) can be satisfied, and it is proved that the deviation of radar wave satisfies the Newtonian gravity formula.

5.3 More observations of light's gravitational deflection and gravitational lens

Following the work of A. B. Fomalont and R. A. Sramek, astronomers made some measurements of gravitational deflection of radar waves[10]. These measurements were similar to those taken by A. B. Fomalont and R. A. Sramek, assuming that Einstein's prediction of 1.75″ was correct and then fine tune it. Because the least square method was used for parameter fitting, neither of them can be used to prove general relativity.

Some theories adopted the post-Newtonian approximation of general relativity, introducing more tunable parameters, for example γ, β, ε, to calculate the gravitational deflection of light[11-13]. The corresponding gravitational deflection experiment was not so much to prove Einstein's prediction as to find some consistency parameters for the post-Newtonian approximation.

While studying the phenomenon of gravitational deflection of light, physicists also proposed the problem of gravitational lens[14-15]. When light from a distant object in the deep universe reaches the earth, if it encounters a massive object, the light will be bent, as if it were passing through an optical lens. To an observer on the earth, therefore, a celestial body may produce multiple images, even forming a circular virtual image known as the Einstein ring.

However, the phenomenon of gravitational lens can also be explained by the Newtonian theory of gravity. Unlike general relativity, Newtonian gravity requires twice as much center mass as general relativity for the same light deflection. Since the predictions of general relativity do not hold, we should use Newtonian gravity (it is better to plus a modification of magneto-like gravity) to calculate gravitational lens, which will have an impact on the mass judgment of gravity lens matter.

6 Conclusions

There are four basic experiments to verify general relativity. One is the gravitational redshift of light which is related to the equivalence principle, independent of the Einstein's equation of gravitational field. Another three are related to the equation of gravitational field. They are the perihelion precession of Mercury, the deflection of light and the radar wave delay in the gravitational field of the sun. Among them, the gravitational deflection of light is the most famous and sensational.

According to the Einstein's theory of gravity, light coming from a distant star passes through the solar surface, a deflection angle of 1.75″ can be observed on the earth. According to the Newtonian theory of gravity, the deflection angle is 0.875″. The deflection predicted by Einstein's theory is twice that of Newton's theory. This effect is considered an important experimental criterion to determine which of the two theories is correct.

Before the measurements of Eddington, Einstein's gravity theory of curved space-time was so discredited that no one took it seriously. It was due to the measurements of light's gravity deflection, the scientific world paid attention to general theory and made Einstein famous.

It has been proved that in the deduction of the time-independent equation of light's motion of general relativity, a constant term is missing. If this constant term exists, the deflection angle of light calculated by using general relativity is only a slight correction of the value 0.875″ predicted by the Newton's theory of gravity with the magnitude order of 10^{-5}. In other words, general relativity has not predicted that the deflection angle of light in the solar gravitational field is 1.75″.

For a century, all observations on the gravitational deflection of light have been considered to confirm the prediction of general relativity. How could physicists possibly observe something that theory has not predicted and does not exist in reality? In this paper, the problems in these experiments are revealed.

There are two types of gravitational deflection experiments for general relativity light. One was to measure the deflection of visible light emitted by stars in out space during the solar eclipses. Another was to measure the deflection of radio waves emitted by quasars. Most observers were preconceived, hoping to confirm the predictions of the Einstein's general theory of relativity, not the other way around.

The measurement by visible light was inaccurate due to the small gravitational deflection of light, the great interference of the atmospheric material on the sun's surface to the motion of light, the fluctuation and refraction of the atmosphere on the earth's surface, and the deviation of measuring instruments. In the process of data processing, the least square method and other complex statistical methods should be used to make the measurement data of each star to be consistent, instead of directly observing the deflection of light. The measurements needs to be fitted for obtaining the parameters to agree with the prediction of the Einstein's theory.

For the interference measurement of radio waves, the relative observation method was adopted, rather than the direct observation, and the measurement results were more dependent on the theoretical model.

Astronomers in fact prefer to assume that the Einstein's prediction is self-consistent, introducing a set of parameters to fit the measurements to meet Einstein's theoretical predictions. In fact, in this way, if we presuppose that the deflection of light satisfies the predictions of Newtonian gravity, we can also find a set of parameters, fit them to the experimental measurements, and conclude that the predictions of the Newtonian gravity are confirmed.

So the truth of the matter may be, as Einstein said, that theory determines what we observe. This is especially true for very small effects, such as those predicted by general relativity. Glashaw, an American physicist, once claimed that he could fit out an elephant by giving him four free parameters, and that the elephant's trunk could swing by giving him five free parameters. Physicists should take note of this thing, which appears in the experiment of gravitational deflection of light in general relativity.

References

［1］ Mei Xiaochun. The Precise Calculations of the Constant Terms in the Equations of Motions of Planets and Light of General Relativity. Physics Essays, 2021, 34（2）, p. 183 – 192. https：//www. researchgate. net/publication/351730530, The_precise_calculations_of_the_constant_terms_in_the_equations_of_motions_of_planets_and_photons_of_general_relativity.

［2］ F. W. Dyson, A. S. Eddington, C. Davidson. A Determination of the Deflection of Light by the Sun's Gravitational Field from Observations Made at the Total Eclipse of May 29, 1919. https：//royalsocietypublishing. org/doi/10. 1098/rsta. 1920. 00093.

［3］ Burton F. Jones. Gravitational Deflection of Light：Solar Eclipse of 30 June 1973 II. Plate Reductions, The Astronomical Journal, Vol. 81, No. 6, June, 1976.

［4］F. M. Ryle. A Measurment of the Gravitational Deflection of Radio Waves by the Sun During 1972, October, Mon. Not. R. , Atr. Soc. (1973) 161, Short Communication.

［5］E. B. Fomalont, R. A. Sramek. The Astrophysical Journal, 199: 749 – 755, 1975 August 1.

［6］Wu Guoguan, Zhan Yuanling. Optics. Higher Education Press. 1988, p. 47 (In Chinese).

［7］G. F. Doewll, C. R. Davidosn. Determination of the Deflection of Light By the Sun's Gravitational Filed from Observation made at Cordillo Downs, South Australia During the Total Eclipse of 1922, September 21. https: //academic. oup. com/mnras/article-abstract/84/3/150/1014643bygueston, 19 January 2020.

［8］A. B. Fomalont, R. A. Sramek. Comments on Astrophysics. 1977, Vol. 7, No. 1, 19 – 37.

［9］Jack, B. Chickel. Total Solar Eclipse. Princeton Library 8. Shanghai Science and Technology Press, 2002, p. 206 (In Chinese).

［10］SS Shapiro, JL Davis, DE Lebach, JS Gregory. Measurement of the Solar Gravitational Deflection of Radio Waves using Geodetic Very-Long-Baseline Interferometry Data, 1979 – 1999, Phys Rev Lett. 92, 121101 — Published 26 March 2004.

［11］G. W. Richter, R. A. Matzner. Second-order Contributions to the Gravitational Deflection of Light in the Parametrized post—Newtonitm Formalism, Phys Rev D, 1982, 26.

［12］R. Epstein, I. Shapior. Post Newtonian Deflection of Light by the Sun. Phys Rev D, 1980, 22.

［13］E. Fischhach, B. Freeman. Second-order Contribution to the Gravitational Deflection of light. Phys Rev D, 1982, 22.

［14］Narayn R, Bartelmann M, Dekal A, Ostiker J. P. eds. Formation of Structure in the Universe. Cambridg: University Press, 1999: 360.

［15］Bartelmann, M, Schneider P. Phys Rep, 2001, 340: 291.

黑洞物理及引力波

黑洞真的存在吗？*

——质疑黑洞概念及 2020 年 Nobel 物理奖

摘要：虽然 2020 年度 Nobel 物理奖被授予黑洞研究，但黑洞只是数学分析和猜测的产物。迄今并无可靠的观测证据证明黑洞存在。奇性黑洞是广义相对论（GR）的一个推论，实际上 GR 并不能证明大质量天体会坍缩成奇性黑洞，所谓证明是不可信的错误。有人用"GR 的正确性"推断黑洞存在，又用"黑洞存在"断言 GR 正确。这种逻辑循环互证是科学研究中不能允许的。

本文指出 1939 年的 Oppenheimer-Snyder 论文的方向有误。而且，必须注意在 2014 年著名物理学家 S. Hawking 做了自我批评，说他在黑洞的理念上犯了大错，黑洞并不存在。从历史情况看，Einstein 不支持黑洞理论。

近年来西方的理论物理学走上了错误之路。例如奇点本为纯数学概念，却被认为是宇宙的起点，或使巨大黑洞得以生成。我们把这种情况称为"奇点物理"；它仅有数学上的意义，并非物理实在。自然科学的基础是一系列观测与实验，而非依靠猜测的支持。

关键词：广义相对论（GR）；黑洞；奇点

Does the Black Hole Really Exist?

—Question the Concept of the Black Hole and the 2020 Nobel Prize in Physics

Abstract：Although the 2020 Nobel Prize in Physics was awarded for the study of the black hole, the black hole is only the product of mathematical analysis and speculation. So far,

---

* 本文原载于《中国传媒大学学报（自然科学版）》，第 27 卷，第 5 期，2020 年 10 月，1—8 页。

there is no reliable observational evidence to prove the existence of the black hole. The singular black hole is a corollary of General Relativity (GR). In fact, GR cannot prove that massive celestial bodies will collapse into the singular black hole.

The so-called proof is untrustworthy and wrong. Someone use "the correctness of GR" to infer the existence of the black hole, and use "the existence of the black hole" to assert that GR is correct. This kind of logical cycle mutual verification is not allowed in scientific research.

This article points out that the paper written by Oppenheimer and Snyder in 1939 went into the wrong direction. And it must be noted that renowned physicist S. Hawking was self-critical in 2014. He admitted that he made a biggest blunder in the black hole theory, that the black hole doesn't exist. Historically, Einstein did not support the theory of the black hole.

In recent years, Western theoretical physics has gone on the wrong way. For example, the singularities, which are purely mathematical concepts, are thought to be the beginning of the universe, or to have given rise to giant black holes. We call this situation "singularity physics". It only makes mathematical sense, not physical reality. Natural science is based on a series of observations and experiments, not on speculations.

Keywords: General Relativity (GR); black hole; singularities

1 引言

2020 年 10 月 6 日瑞典皇家科学院宣布，今年的 Nobel 物理学奖的一半授予英国人 Roger Penrose，因为他"发现广义相对论（GR）有力地预测了黑洞的形成"。另一半授予德国人 Reinhard Genzel 和美国人 Andrea Ghez（女），因为他们"发现银河系中心的一个超大质量致密物体"。值得注意的是，Penrose 获奖主要是由于理论工作——1965 年使用数学模型证明黑洞可以形成；而另两人获奖虽然有媒体说是因为"发现一个超大质量黑洞"，但瑞典皇家科学院并未这么讲。另有媒体解释说，这两位科学家在 20 世纪 90 年代对银河系中央名为人马座 A＊的区域展开研究，用世界上最大的望远镜发现一个质量极大（太阳的 4×10^6 倍）的不可见物体牵引周围的恒星，使我们的星系产生了独具特色的螺旋。因此，这年的 Nobel 物理奖是授予关于黑洞的理论工作和实验研究，但并未明确地声明奖励黑洞的实验发现。

必须指出，国际上对主流理论物理界的研究路线，以及与此相应的奖励刺激，是有不同看法的。这条路线充斥着：大爆炸宇宙学与暴涨理论，暗能量与暗物质，多维空间与多宇宙（平行宇宙），引力波与黑洞，等等。有越来越多的人对理论物理学中过分夸大数学的作用、以数学代替物理表示不满。在国内，当 2020 年 Nobel 物理奖公布后，也有反对意见；例如河南郑州的一位教授在电子邮件中说：

> 今年的物理诺奖公布了，仍然是赞扬黑洞的。但至今没有人真正看见过黑洞，所有的黑洞都是来自引力理论的推猜。他们咬定黑洞一定存在，根本不去怀疑用以分析数据的理论是否存在某些缺失，用一个有缺陷的理论得出荒谬的结论。你以前写过一篇关于霍金认错的文章[1]，隐约告诉人们黑洞是不存在的，我认为这篇文章内容是好的，但旗帜不太鲜明。是否能修改一下，以《黑洞存在吗》为题目写一篇批驳文章，给某些人醒醒脑。

另外，北京的一位教授（专业是天体物理）也向笔者指出，今年的诺奖授予是无视众多反对声音的做法，而现在的理论物理是处在错误潮流之中。他们那一套已经定型，尽管荒谬。例如大爆炸宇宙学说 137 亿年前由奇点炸出一个宇宙，这与"上帝创世说"无异。

本文是在朋友们推动下写成的。为了叙述上的方便，我们将黑洞物理学（Physics of Black Holes）简写为 PBH。

2　黑洞理论的早期发展

首先指出，所谓黑洞是摆弄数学公式和数学概念的结果，迄今并没有找到它。正如 S. Hawking[2] 在 1996 年所说："黑洞是在没有任何观测证据证明其理论正确性时，作为数学模型大加发展；但你怎能相信一个其依据只是基于令人怀疑的 GR 的计算对象呢？"尽管如此，我们还是耐心地说明，这个黑洞理论是如何产生、如何发展起来的。

1783 年英国人 John Mitchell 在《皇家学会哲学学报》上发表一篇文章，说宇宙中可能存在一种暗星（dark star 或 black star），是地球人看不见的。根据光的"微粒说"，把光看成大量粒子的集合；在星体具有超强引力的情况下，光将被拉回而不再前进。这样的恒星具有超大质量，可能有很多。显然，如把光看成波动，就说不通了；当时的 Newton 力学可以使 Mitchell 假说成立，它与"逃逸速度"相对应，这是可以用万有引力定律计算的。

1796 年法国数学家 Pierre Laplace[3] 在其著作《宇宙系统》中提出了与 Mitchell 类似的说法，也是根据 Newton 引力理论推算，认为存在一种暗天体。计算表明，一个直径比太阳大 250 倍而密度与地球相似的恒星，其引力将使光线不能传播出去，观测者将看不到它。但是，该书的第 3 版中有关论述被删除，其原因不太清楚。

1915 年 A. Einstein[4] 提出 GR 理论，其中包含有 Einstein 引力场方程，即 EGFE，其形式为

$$R_{\mu v} - \frac{1}{2} g_{\mu v} R = -\kappa T_{\mu v} \tag{1}$$

式中 $T_{\mu v}$ 是物质的动量能量张量，$g_{\mu v}$ 是度规张量，κ 是相对论引力常数。

1916 年 K. Schwarzschild[5-6] 在同一刊物上发表论文，对 EGFE 给出一个简单情况下的特解。他假定：①星体为球状；②星体无旋转；③星体具有均匀质量；④引力场是静态的。所以，虽然我们说 EGFE 非常复杂实际上无法求解，但是早期却搞出了一个近似的（简化条件下的）解析解

$$ds^2 = \left(1 - \frac{2GM}{r}\right) dt^2 - \left(1 - \frac{2GM}{r}\right)^{-1} dr^2 - r^2 d\theta^2 - r^2 \sin^2\theta d\Phi^2 \tag{2}$$

式中 r 是致密星体半径，M 是质量，G 是万有引力常数，θ、Φ 为球坐标相应的角度，t 是时间。

这个解被后人认为代表了一个球形黑洞。如恒星质量高度集中于一个非常小的范围，恒星表面引力场就可能强大到连光都不能逃逸。很久以来，包括 Einstein 在内的许多科学家都对这种极端情形存在表示怀疑。但后来出现的"恒星末期寿命结束时（由于核燃料已耗尽）就会塌缩为球形黑洞"的理论活跃一时。事件视界（event horizon）的半径由下式计算

$$r_s = \frac{2GM}{c^2} \tag{3}$$

式中 c 是光速，M 是黑洞质量。在做归一化表述时，也可写作 $r_s = 2GM$。

1922 年 Einstein[7] 在演讲 GR 理论时提到 Schwarzschild 解，但其讨论是为了验证由 EGFE 可否得到与经典力学相同的行星运动计算结果；对这个解可以导出黑洞概念的事情他一字未提。Einstein 的演讲涉及 GR 在宇宙学中的运用，也谈到奇点（singularities）和奇性（singular）；但对黑洞避而不谈，其原因值得玩味。笔者认为，鉴于演讲地点是世界闻名的美国 Princeton 大学，听众都是高学养的科学家，Einstein 经仔细考虑后决定不提及"由 GR 理论推论宇宙中存在黑洞类天体"的判断，是由于他对 PBH 理论不太支持。

1935 年印度人 S. Chandrasekhar[8] 算出当恒星耗尽燃料后，多大的恒星可以对抗自己的引力而维持寿命。因为当恒星变小时，物质粒子相互靠得很近；但按 Pauli 不相容原理，它们必须有非常不同的速度，互相散开使星体膨胀，这种排斥力和引力的平衡使恒星尺寸不变。Chandrasekhar 指出，恒星命运有一个极限参量，例如一个大约为太阳质

量 1.5 倍的冷恒星不能支持自身以抵抗自己的引力（这叫 Chandrasekhar 极限）。总之他用完全简并的电子气体的物态方程建立了一个白矮星模型，说白矮星的质量上限是 1.44M（M 为太阳质量）。在此值以下，恒星以白矮星作为归宿而结束一生；在此值以上，恒星将变成中子星或黑洞。1983 年他获 Nobel 物理奖，原因是"对恒星结构和演化的研究（特别是对白矮星的预言）"。

1935 年 A. Eddington 发表了与他的学生 Chandrasekhar 不同的意见，认为会有一个规律（定律）使"恒星经过坍缩变成黑洞"这一荒谬现象不会发生。Einstein 也有类似想法。有趣的是，过了 23 年后（即 1958 年），著名美国物理学家 J. Wheeler 也持类似看法，认为形成黑洞的"塌缩"在物理学中并不合理，应当抛弃。

1939 年 Einstein[9] 为了说明"Schwarzschild 奇点（黑洞）不存在于物理实在之中"而写的文章分析了一种球状结构（球状粒子集），其周长小于 1.5 倍临界周长，则粒子速度会超光速，而根据狭义相对论（SR）是不可能的，等等。因此，他从 GR 理论出发的计算却直接地反对 Schwarzschild 奇点。后来崇尚 PBH 的专家不承认此文正确，尽管他们尊崇 Einstein 和 GR。他们的解释是，在 1939 年那个时期还难以认识"足够致密的物体必然会坍缩"，而坍缩正是产生黑洞的可能原因。众所周知，1955 年 Einstein 去世；因此 Einstein 的一生可能都未把黑洞当真。

如果笔者的分析不错，那就引申出一个结论：在今后的讨论中，不要把"究竟有没有黑洞"与"GR 的正确性究竟如何"二者捆绑在一起。Einstein 是 GR 理论的发明人，Eddington 是 GR 的坚定拥护者（正是他在 1919 年公布的报告[10] 宣称日食测量队的恒星光经过太阳表面确会发生 1.75″偏折，与 GR 的计算一致，使 Einstein 成了世界名人）；如果这两位都不相信宇宙中真有黑洞这种东西，那么别人怎能说"只有承认黑洞存在才是承认 GR 正确"？

1939 年 7 月 10 日美国 Berkeley 加州大学教授 R. Oppenheimer[11]（二战爆发后他成为美国研制原子弹团队的技术负责人）投寄给 *Physical Review* 杂志一篇论文，是与他的学生 H. Snyder 合作的，证明从 GR 理论出发而做的分析计算表示质量足够大的宇宙天体会崩塌成奇异性黑洞（注：所谓奇异性黑洞是指收缩为奇点后的密度是无限大）。当年 9 月 1 日，*Phys. Rev.* 发表了这篇难懂的论文。Oppenheimer 实际上是说黑洞是超大质量恒星"死亡"后的结果；这是从 Chandrasekhar 开始，经过 Oppenheimer 和 Landau 等人形成的思想体系：质量大于 1.4 个太阳的恒星死亡时会形成黑洞，而不是别的。

该论文的预言依赖于超强引力。但其计算太过理想化：忽略自转、激波、辐射。因此这是一个坍缩恒星的理想化模型，用数学方程描写坍缩。恒星坍缩时表面发光的红移越来越大，最终是无限大，就看不见恒星了，或者说它与宇宙隔开了。

1958 年至 1963 年，美国物理学家 J. Wheeler 经历了对"Oppenheimer 黑洞"从反对

到欣赏甚至热情赞美的变化。Wheeler 也曾对美国国防作出贡献（Oppenheimer 领导了第一颗原子弹的设计研制，Wheeler 参与了 E. Teller 领导的第一颗氢弹的设计研制），后来回头来研究理论物理和天体物理。Wheeler 尊重比自己年长的 Oppenheimer，但在 1958 年的一个国际学术会议上他批评说，形成黑洞的坍缩并不合理，应当抛弃；应有一种新的物理规律。Wheeler 讲完后 Oppenheimer 站起来说，在 GR 框架内用坍缩过程来描述是可以的，用不着什么新定律。但在几年后，由于进一步的研究和计算机模拟，1963 年岁末当类星体被发现时，Wheeler 转变了态度，在当年另一个会议上夸赞了 Oppenheimer 和 Snyder[11] 的 1939 年论文，推动了 "Oppenheimer 黑洞" 的概念化。1967 年秋季，Wheeler 提出了 Black Holes 这个词，以取代过去的 "冷冻星" "坍缩星" 之类的词。但正是在这一年，Oppenheimer 逝世了（终年 63 岁）。

1965 年英国物理学家 R. Penrose[12] 发表题为 Gravitational Collapse and Spacetime Singularities（《引力坍缩与时空奇点》）的论文，被认为是他的代表性著作。文章说，在有合理物质源的 GR 经典理论中，引力坍缩情形中的时空奇点是不可避免的。这被称为奇点定理，它认为恒星发生剧烈坍缩时，引力大到会形成一个显视界，结果是每个黑洞内都有 1 个奇点。证明时所用数学工具为拓扑学（Topology）。在 Penrose 的方程里，每当坍缩产生奇点，同时总会产生包围奇点的黑洞。因此，看来没有不被视界包围的 "裸奇点"。

1970 年至 1975 年，英国著名物理学家 S. Hawking（中译名霍金），对 PBH 提出了一系列革命性观点。1970 年他和 Penrose 一起发展了奇性定理[13]；1972 年至 1973 年他提出了关于黑洞过程不可逆性的黑洞动力学第二定律，也叫视界面积不减定理[14-15]；1971 年至 1974 年他提出黑洞有辐射[16-17]，这是因为量子理论决定了黑洞表面真空涨落造成虚粒子对，负能虚粒子经由隧道效应而进入黑洞，正能粒子穿过外引力而辐射出来。因此，远处的观察者有可能观察到黑洞。Hawking radiation 理论使他成为一位明星或权威，推动黑洞研究进入一个新时期。2018 年 3 月 Hawking 病逝。

以上是 PBH 的早期历史；最后谈谈在 21 世纪初期 "霍金认错" 的情况。Hawking 公开承认自己在 30 年前犯了错误。2014 年，他先在与 Nature 杂志人员的访谈中说，虽然经典理论认为物质无法从黑洞中脱逃，但在量子理论中却允许能量和信息从黑洞中出来。当年 1 月 22 日，Hawking 在 arXiv 预印本网站贴出文章说，根本不存在黑洞边界，视界线与量子理论矛盾，黑洞是没有的。黑洞理论是自己一生中的最大错误（biggest blunder）。由于 Hawking 是 PBH 的领军人物，他的认错引发了轩然大波。有的人考虑自己的个人利益，也由于在量子力学（QM）与相对论的矛盾中 Hawking 公然站到了 QM 一边，Hawking 的追随者们愤怒地责怪他。例如美国 UC-Berkeley 的 R. Bousso 说："Hawking 的认错令人憎恨。"

3 对"Oppenheimer 黑洞"的评论

前已述及，1939 年 Oppenheimer 和 Snyder[11] 的论文在早期 PBH 理论中具有较高地位，虽然它分析时用了较多理想化条件。它实际上是 GR 黑洞的思想基础，本质上是一个描写行星坍缩并形成黑洞的理论。在叙述时，我们也简称其为 OS 论文。它说，一个圆球状物质（恒星）在自身引力作用下有可能坍缩到它的引力半径范围之内，而这是从 GR 出发所做的计算。引力半径 $r_s = 2GM/c^2$，M 是球的总质量。例如，若球质量是太阳质量，$r_s = 3$km。当球体（恒星）坍缩到 r_s，其产生的光线（或其他粒子）均不可能射出到 r_s 表面范围之外。可见，OS 论文体现了 GR 黑洞的概念。

前已述及，Chandrasekhar 指出，存在某个极限值，Pauli 不相容原理不能阻止质量大于该值的恒星发生坍缩。但根据 GR，该恒星会怎样呢？Oppenheimer 正是企图解决这个问题。他的分析表明，恒星引力场改变了光的路径；由于 GR 提出的引力会使光线略为偏折的效应，而恒星收缩时表面引力场增强，加大了偏折，结果是光线更难于从恒星逃逸。这种情况对应事件视界（event horizon）的概念。

中国物理学家梅晓春研究员曾经仔细研读 OS 论文并做了分析。笔者相信中国物理界很少有人会做这件事，现在谈谈他的分析。梅晓春[18] 的论文题为《广义相对论关于大质量天体崩塌成奇异性黑洞的计算是错误的》，此文共有 68 个编了号的公式，具有理论物理界无法轻视的数学水准。文章的摘要说：

> 根据广义相对论，Oppenheimer 和 Snyder 证明，质量足够大时宇宙中天体将崩塌成奇异性黑洞。我们重新分析他的原始的计算，指出该计算存在以下几个严重问题：①证明的前提是，假设星体的密度不随时空坐标而变，$\rho(R,\tau) = \rho_0$ 是一个常数。这个前提是分步引入的，先假设密度不随空间坐标而变，再假设不随时间而变。但最后却得出星体崩塌"密度无穷大"的结论，前提与结论相矛盾。②按照这种计算，星体崩塌成奇异性黑洞与星体的质量和初始密度无关。即使星体的质量和密度非常小，比如一小团密度均匀的稀薄的气体，在引力的作用下也会收缩成奇点，这实际上根本不可能。③按照解引力场方程 EGFE 的程序，应当事先知道物质密度对时空坐标的变化形式，然后才能求度规的形式。如果物质密度随时空坐标的变化方式不知道，引力场方程根本不能求解，因此他的计算在程序上就是不可能的。④按照他的计算，设 R 是星体在任意 τ 时刻的半径，则 τ 随着 R 的增大而增大。然而在星体的崩塌过程中，应当是半径变得越小花费的时间越长，因此计算结果实际上不可能描述星体的收缩。物质崩塌成奇异性黑洞的另外一种改进型的计算方法也存在上述问题，甚至引入随意

的坐标变换来简化运动方程，结果同样是不可信的。因此至今实际上并没有用 GR 证明，质量足够大的星体会崩塌成密度无穷大的奇异性黑洞。

因此，梅晓春认为 Oppenheimer 关于物质崩塌成奇异性黑洞的计算是错误的。现有天体物理学中所谓的奇异性黑洞理论实际上没有任何物理学基础。在本文之前，他已经发表了一系列文章，证明奇异性黑洞在自然界中不可能存在。这些文章讨论的是 Einstein 的 EGFE 的静态解，诸如物质的空心球分布，双球体分布和环状分布。本文讨论 EGFE 的动态解，进一步揭示了 Einstein 引力理论的局限性。

梅晓春进一步指出，当场源物质存在运动速度时，Einstein 引力场方程实际上无法求解。为了使 EGFE 能够求解，物理学家不得不采用随动坐标。这种做法实际上是人为地逃避运动速度对引力场方程的影响，不能代表真实的物理过程。其结果只能说明，在场源物质存在运动速度情况下，Einstein 引力场方程实际上是无效的。

因此现有宇宙学和天体物理学中所谓奇异性黑洞、白洞和虫洞等实际上都与真实的物理世界无关。GR 中出现的时空奇异性并不是由大质量的高密度物质引起的，而是由采用弯曲时空的数学描述方法引起。按照目前的天体物理学，有在类星体中心可能存在大黑洞。然而 R. Schild 等观测显示，类星体的中心有所谓的"磁场急剧收缩体"。由于存在磁场和物质，类星体的中心根本不可能是奇异性黑洞。Schild 等人观测结果与本文的计算和分析是一致的，宇宙空间不可能有 GR 黑洞。

4 黑洞至今尚未被观测到

物理学的发展是以实验事实为基础建立起理论和定律，再用进一步的实验来证实或证伪；用大量工作和反复印证，才能建立起可信的理论。用这样的标准来检查 PBH，可以看出该理论体系是有问题的，并非用数学分析就能改善。根本的问题在于，迄今为止黑洞并没有真正被观测到。PBH 理论赋予黑洞的特性是没有光也没有任何形式的辐射，如此定义出来的东西是根本不能观测的。

根据分析和猜测，早期认为天鹅座 X–1 天体可能是黑洞，这是考虑它有特殊的辐射特征，而且其质量是太阳的 5.5 倍。但这只是猜测。另外，椭圆星系 M87 的核心可能有黑洞，也是从辐射和质量两方面做估计。诸如此类，没有真正的证据，再多（数十个）候选者也没有用。

2019 年出现了"已对黑洞拍照"之说，我们来看此事能否作为黑洞被探测到的证据。其实，一方面说"即使光线也不能从黑洞逃脱"，另一方面又说"已给黑洞拍了照片"，这两种说法本身就有矛盾。2019 年 4 月 10 日国外的电讯说，一个国际团队在全球 6 个地点同时召开记者会，宣布"获得了首张黑洞照片"（其实是轮廓）。又说广义相对论得到印证，而且吹嘘这是 Nobel 级成果。据说，"首次向人类展示真容"的黑洞位于室女座超巨椭圆星系 M87（Messier 87）中心，距离地球大约 5500 万光年。从照片上看这是一个中心为黑色的明亮环状结构，黑色部分是黑洞投下的"阴影"，明亮部分是绕黑洞高速旋转的吸积盘（accretion disk）。媒体的报道又说，黑洞并不是一个 empty space（空荡荡的空间），而是 a great amount of matter packed into a very small area（大量物质堆积在一个极小的区域），所以是 supermassive（超大质量）的。这次观测到的所谓黑洞质量是太阳的 65 亿倍。

笔者曾与王令隽教授讨论所谓"黑洞照片"问题，对此他回答说：

> 我们怎么正确地认识这张公布了的 EHT 黑洞照片？其实这是一张天体照片，和广义相对论毫无关系，也根本不能作为证实 GR 的直接证据。要和广义相对论扯上关系，必须证明这张照片上的东西具有 GR 黑洞的两个本质特征：①在认定的所谓"黑洞"边界（Event Horizon）上时空度规无限大发散；②在这个边界以内时间与空间反转。如果不能证明这两点，那就根本不能说这张照片就是 GR 黑洞。这张照片是地球上 8 个射电天文台的亚毫米波观测数据由电脑合成的照片，信号不在可见光频段，所以所有的彩色都不是直接观测的，而是根据数学模型模拟计算出来的。我不排除宇宙间有非常大的黑色星云或者黑色星体存在的可能性。但是，这些和 GR 黑洞毫无关系，除非你能证明所观察到的天体具有边界上的无穷大发散和内部的时空反转。
>
> 黑洞权威 Hawking 晚年否定黑洞的存在，认为黑洞研究是他一生铸成的大错。但也不能阻挡后人继续进行黑洞的研究项目，因为黑洞研究已然成了一个国际性的产业。任何一个产业都有自我肯定和力求生存的本能。所以，黑洞研究和大爆炸理论研究还会在学术界存在相当长的时期。

因此，他否认黑洞存在，指的是宇宙中不存在符合 GR 定义的黑洞。但这里有一个问题：既然 EHT 实验团队有理论团队为实验提供理论准备，难道他们没有证明所观察的天体具有广义相对论黑洞的本质特性？王先生认为绝对没有；因为实际上没有任何人能证明一个边界上度规无穷大发散而边界内时空反转的天体的存在。

走笔至此，想起一个笑话："你向黑洞里丢进一个钟，它会变成一把尺；你如丢进去一把尺，它将变成一个钟。"由此看出"GR 奇异性黑洞"在概念上的荒谬。

总之，黑洞的存在至今仍缺少可靠的证明。2020 年 10 月 21 日外国媒体又提供了另一例证，说是"距地球最近的黑洞"被降级。"降级"一词是委婉的说法——多国科学家得出结论，是两颗恒星的轨道稍为异常。这不是什么"降级"，而是天文界对错误的纠正。每当出现难解释的天文现象时就说"发现了黑洞"，这个习惯也该改改了。

5 讨论

就以上内容，我们再做讨论，以便从概念上补充应有的认识：

①Einstein 引力场方程（EGFE）具有非常复杂的特性，实际上不可求解。百年前 Schwarzschild 找到了一个最简单的边界条件下的解，也就是球对称质量的静态引力场。对于最基本的 Schwarzschild 黑洞，r_s 是解的奇点，在这个半径以内的物体，即使速度等于光速也没有足够的能量克服引力而飞出，即使光子也不能飞出这个区域，所以把这个区域叫"黑洞"。在黑洞边界，时空度规无限大发散；此即黑洞的奇点问题。另一问题是，当 $r < r_s$，EGFE 的解中时间元和径向空间元两项会变号，故空间坐标微分 dr 的系数是正的，变为时间坐标微分；而时间坐标微分 dt 的系数和 $d\theta$、$d\Phi$ 一样，都是负的，一起构成三维空间坐标微分。此即时空反转现象，是 GR 黑洞的另一特征。记住这两点很重要。

那么，该怎么看 Einstein 本人对黑洞的反对？为什么他认为在物理实在中没有 Schwarzschild 奇点？王令隽认为，Einstein 持这种态度是因为黑洞边界上的无限大发散（以及黑洞内的时空反转）都是悖论，承认黑洞存在就会毁掉整个 GR 理论。

②OS 论文构建了一个理想化坍缩恒星的模型。而且，它还关系到对奇点的看法。理论物理学家往往深爱奇点，这东西好像什么都没有，又好像包含了无比众多的可能性。据说 Wheeler 希望能迫近地研究奇点，但 OS 使这个梦想破灭，因为坍缩恒星周围形成的视界把奇点包在中间，因而从视界外面无法探索奇点。于是后来又出现了"有没有裸奇点"的讨论，参加讨论（甚至打赌）的有 K. Thorne，R. Penrose，以及 Hawking（前两位均已在不同年份收获 Nobel 物理奖，只有 Hawking 除外）。

黑洞是由理论物理学家在奇点理论的基础上搞出来的怪物。奇点，又是奇点，这东西产生了大爆炸宇宙学（这与神学家宣传的"上帝创世论"无异）；后来又孕育了 PBH，也充满星象学的味道。这条研究路线的实行不断受到 Nobel 物理奖评委会的鼓励——2017 年奖励所谓"黑洞互撞产生的引力波"研究；2019 年奖励与大爆炸宇宙学研究直接相关的项目；2020 年奖励 PBH 的"理论大家"。但是请问：黑洞作为一种宇宙天体的存在真的证实了吗，证据是什么？评委会这种搞法要把物理学引向何处？"奇点黑洞"这东西连 GR 创始人 Einstein 都不支持；长期搞 PBH 的 Hawking 都宣布自己犯了错误。为什么还不醒悟？

总之，对奇点的重视超过了合理的程度。为了描述西方理论物理界的状况，笔者提出一个词——"奇点物理"（Singularity's Physics）；似乎只要抓住奇点不放就有可能获大奖。把一个本来的数学概念演化为具有重大物理意义的客观实在，强使公众接受，这充分证明西方理论物理学是走在错误的道路上。

③Stephen Hawking 确实是一位伟人。虽然他受相对论影响很深，但他更愿意从量子理论中寻找归宿。他于 2018 年 3 月 14 日去世，据说他长眠在 Issac Newton 墓旁边。西方主流物理界现在不提及 Hawking，但他的作用和影响仍然存在。他对物理学做出的最大贡献是提出"霍金辐射"概念，即认为黑洞实际上并不黑，而是会随时间推移散发出少量辐射。这一结果极为重要，因为它表明黑洞一旦停止"生长"，将会因能量损失而开始非常缓慢地收缩。由此出发，笔者认为"霍金认错"实际上暴露出相对论与量子理论之间的巨大矛盾。据报道，已有美国天体物理学家提出这个问题——GR 与量子力学如何契合？量子引力仍是物理学中最重要的未解之谜之一。

6　结束语

长期以来，中国科学界习惯于紧跟西方，没有认识到在他们那里已是混乱不堪。说西方的理论物理学走入了死胡同[19-20]，这个判断是正确的。所谓数学形式主义，是指以数学代替物理，把数学复杂性当作物理上的正确性；GR 理论对此现象有很大的责任。一些人用"GR 正确"论证"黑洞一定存在"，同时又用"黑洞存在"证明"GR 正确"；这种逻辑循环在讲求实证的自然科学研究中是不能允许的。因此，Hawking 的勇气和人格力量令人钦佩，谨以此文作为对 Stephan Hawking 的致敬和纪念！

致谢：笔者感谢王令隽教授、梅晓春研究员的启发，感谢曹盛林、杨建亮教授的鼓励。还要感谢两位女士（吕晓丹、王雨）的支持。

参考文献

[1] 黄志洵. 几年前的"霍金认错"有道理吗？——对所谓黑洞照片的一点看法 [J]. 中国传媒大学学报（自然科学版），2019，26（6）：1-5.

[2] Hawking S. A brief history of time. London：Bantom books，1996. 中译本：许明贤，吴忠超. 时间简史 [M]. 长沙：湖南科学技术出版社，2002.

[3] Laplace P. Exposition du Système du Monde. Volume Ⅱ：Des Mouvements Réels des Corps Célestes [M]. Paris，1796. Published in Einstein as The System of the World（W. Flint，London，1809）.

〔4〕 Einstein A. The Field Equations for Gravitation〔J〕. Sitzungsberichte der Deutschen Akademie der Wissenschaften zu Berlin, Klasse fur Mathematik, Physik und Technik, 1915, 844.

〔5〕 Schwarzschild K. Uber das Graviationsfeld eines Massenpunktes nach der Einsceinschen Theorie〔J〕. Sitzungsberichte der Deutschen Akademie der Wissenschaften zuBerlin, Klasse tur Mathemalik, Physik und Technik, 1916, 189.

〔6〕 Schwarzschild K. Uber das Gravialionsfeld einer Kugel aus inkompressibler Flussigkeit nach der Einsteinschen Theorie〔J〕. Sitzungsberichte der Deutschen Akademie der Wissenschaften zu Berlin, Klasse fur Mathematik, Physik und Technik, 1916, 424.

〔7〕 Einstein A. The meaning of relativity〔M〕. Princeton: Princeton University. Press, 1922. 中译本: 郝建纲, 等. 相对论的意义〔M〕. 上海: 上海科技教育出版社, 2001.

〔8〕 Chandrasekhar S. The Highly Collapsed Configurations of a Stellar Mass (Second Paper)〔J〕. Monthly Notices of the Royal Astronomical Society, 1935, (95): 207.

〔9〕 Einstein A. On a Stationary System with Spherical Symmetry Consisting of Many Graviting Masses〔J〕. Annals of Mathematics, 1939, 40: 922.

〔10〕 Dyson F, Eddington A, Davidson C. A determination of the deflection of light by the Suns gravitational field from observations made at the total eclipse of May 29, 1919〔J〕. Trans Roy Soc, 1920, 220A: 291 – 301.

〔11〕 Oppenheimer R, Snyder H. On continued gravitational contraction〔J〕. Phys Rev, 1939, 56: 455 – 459.

〔12〕 Penrose R. Gravitational collapse and spacetime singularities〔J〕. Phys Rev Lett, 1965, 14 (3): 57 – 59.

〔13〕 Hawking S, Penrose R. The singularities of gravitational collapse and cosmology〔J〕. Proc Roy Soc (London), 1970, A314: 529 – 533.

〔14〕 Hawking S. Hartle J. Energy and Angular Momentum Flow intoa black hole〔J〕. Communications in Mathematical Physics, 1972, 27: 283.

〔15〕 Hawking S. Blackholes in General Relativity〔J〕. Communications in Mathematical Physics, 1973, 25: 152.

〔16〕 Hawking S. Gravitational radiation from collding black holes〔J〕. Phys Rev Lett, 1971, 26 (21): 1344 – 1346.

〔17〕 Hawking S. Black Hole Explosions?〔J〕. Nature, 1974, 248, 30.

〔18〕 梅晓春. 广义相对论关于大质量天体崩塌成奇异性黑洞的计算是错误的〔J〕. Inter Jour Astron & Astrop, 2011, 1: 109 – 116.

〔19〕 Wang L J (王令隽). One hundred years of General Relativity-a critical view〔J〕. Physics Essays, 2015, 28 (4).

〔20〕 王令隽. 致中国物理学界建议书〔J〕. 前沿科学, 2017, 11 (2): 51 – 75.

从奇点物理到黑洞*

——质疑黑洞探测及 2020 年 Nobel 物理奖

摘要：黑洞是一种能吞噬任何东西的天体。它是否真的存在？有无尽的争论。其理论预言的基础是奇点；而狭义相对论（SR）和广义相对论（GR）均与奇点相关。在 GR 理论中，Einstein 引力场方程（EGFE）有一个奇点的经典解，这时时空度规变为无限大。所谓奇异性黑洞即来源于此，然而在此区域所有物理理论全都失效。因此，在奇点附近一切计算均无意义。本文对所谓"奇点物理"提出批评，指出它完全是荒唐的。

黑洞仅为数学分析和推测的产物。回顾历史，Einstein 在 1922 年、1939 年均表达了不支持黑洞的意涵。著名物理学家 S. Hawking（霍金）在 2004—2014 年做了自我批评，说黑洞研究是他一生中所犯的最大错误，黑洞是没有的。

理论是一回事，而天文学家的良好工作要靠观测和实证。黑洞科学家们说，如果银河系中心有一个黑洞，那里的星体快速运动就是黑洞存在的证据。但这只是间接证据，即未证实的观念。又有科学家说，每个类星体后面就有黑洞；但这也是推测。在宇宙边际究竟发生了什么事，我们真的不知道。这是非常怪诞的情况，我们的认知似乎预测到了自己的失效。

关键词：奇点；黑洞；广义相对论

From the Singularity Physics to the Black Hole

—Question the Test of the Black Hole and the 2020 Nobel Prize in Physics

Abstract：The black hole is a celestial body that can swallow anything. Does it really ex-

---

* 本文原载于《中国传媒大学学报（自然科学版）》，第 28 卷，第 3 期，2021 年 6 月，75—83 页。

ist? There are endless arguments. The theory of the black hole is predicated on singularities, and both special relativity (SR) and general relativity (GR) relate to singularities. In the theory of GR, Einstein's Gravity Field Equation (EGFE) has a classical solution to the singularity, when the space-time metric becomes infinite, the so-called singular black hole comes from this. However, all physical theories in this area have failed. Therefore, there is no objection to all calculations near the singularity. This article criticizes the so-called singularity physics, pointing out that it is absolutely absurd.

The black hole are only the product of mathematical analysis and speculation. Historically, Einstein expressed his disapproval of the existence of the black hole in 1922 and 1939. The renowned physicist S. Hawking made self-criticism in 2004 and 2014, saying that the black hole research is the biggest blunder he made in his life, and the black hole do not exist.

Theory is only one thing. The excellent work of astronomers depends on observation and demonstration. Scientists studying the black hole say that if there is a black hole in the center of the Milky Way galaxy, the fast-moving stars there are evidence of the existence of the black hole. But this is only circumstantial evidence, that is an unproven idea. Some scientists say that there is a black hole behind every quasar, but this is also speculation. We really don't know what's going on at the edge of the universe. This is a very bizarre situation, where our cognition seems to be anticipating our own failure.

Keywords：singularity；black hole；General Relativity (GR)

1　引言

黑洞（black hole）是一个能吞噬任何物质的天体，是一个怪物。宇宙中究竟有无黑洞，争论已久。既然是天体，它本身是否也应该是物质？天文学家都回避这个问题。对它的研究是一个似乎只有天体物理学家才能进入的领域，但事实上它引起了许多非天文专业人士的关注（笔者也包括在内[1-2]）。这首先因为黑洞是一种非常奇怪、极端的事物，十分难以理解；这反而激起了人们的兴趣。其次，在黑洞那里现有的物理理论全都失效；人们似乎无法知道在该处发生的情况，仿佛预先知道会发生理论失效。显然，黑洞存在性问题成为争论的焦点；笔者的文章[2]强调指出，所谓黑洞是基于数学推演（而非物理实证）的产物。这样讲就与2020年的Nobel物理奖唱了反调。文章推出后受到某老科学家的赞扬，说"非常钦佩您的理性质疑和独到见解"。但笔者并非最先质疑黑洞存在的人，文献[3-4]早就做了有力的分析和驳斥。时至今日，我们感觉意犹未尽，想对这个黑洞物理学（Physics of Black Holes，PBH）再做讨论，看看黑洞究竟真的是代表一种"宇宙的出口"（an exit point from the universe）的天体，还是无法证明（也没有证明）其存在的空中楼阁。

2020 年的 Nobel 物理奖的授予把 PBH 研究推向了高潮，现在来看一下三位获奖人被颁奖的理由和他们所做的工作。奖金的一半给予英国人 Roger Penrose，"以表彰其给出的黑洞形成的证明，并成为广义相对论（GR）的有力证据"（另一说法是，Penrose "发现黑洞的形成是对广义相对论的有力预测"）。奖金的另一半由两人平分——德国人 Reinhard Genzel 和美国人 Andrea Ghez，"以表彰他们发现了在银河系中央的一个超大质量的致密天体"（另一说法是，Genzel 和 Ghez "在银河系中心发现超高质量高密度物质"）。我们注意到，在这些陈述中没有说"已经获得了黑洞确实存在的实验证据"。

在 Nobel 委员会的引领和暗示下，西方科学界掀起了对 PBH 做研究和预言的强大宣传。2021 年 1 月 5 日至 7 日，媒体密集报道关于虫洞（worm hole，指两个黑洞之间的通道）的事，说"科学家找到星际穿越的门户"。大爆炸宇宙学（Cosmology of Big Bang）也展开宣传，1 月 5 日美国 *Scientific American* 网站说，天文学家"已得到宇宙年龄准确数字，为 137.7 亿年"。1 月 10 日，同一刊物开始讨论"平行宇宙的存在性"。1 月 13 日，美国《科学日报》网站说，人类可以"利用来自黑洞的能量"，甚至将来可以"不依靠恒星能源，而居住在黑洞附近"。1 月 25 日，另一个科学网站说外星人一定存在，而他们是由黑洞获取强大的能源。这哪里是搞科学？完全是一些不着边际的幻想！事态的发展促使笔者再写文章，重点仍是讨论黑洞这个怪物是否可能存在。

2 数学中的无限大与物理中的无限大

"奇点物理"是笔者为描述西方理论物理界的情况，而提出的一个词[2]，其英文写作 Singularity Physics 或 Physics of Singularities。这个问题需要做较深入详尽的讨论，我们在这里先介绍及回顾物理学大师 Paul Dirac（1902—1984）在晚年的一些观点[5]。Dirac 的科学贡献是众所周知的，他曾预言正电子（positron）；他推导了著名的量子波方程；他发展了自旋电子理论（theory of the spinning electron）；等等。晚年时他到世界各地讲学，表露的思想（包含对西方科学界现状的评论）既深刻尖锐，又与他年轻时的想法常有不同。

1933 年，在他 31 岁时的 Nobel 讲演词中，Dirac 流露出的是欣慰和得意，认为自己解决了 Schrödinger 没有做、Klein 和 Gordon 没做好的问题，即"在相对论指导下导出微观粒子波方程"。但到了后来，在 1964 年（62 岁）时他明确指出，建立相对论性量子力学有不可克服的困难。在 1978 年（76 岁）时他表现出强烈的困惑和不满[6]：从根本上不再着迷于"相对论与量子力学的一致和协调"。他说,所谓"相对论性量子力学",必须满足若干条件,然而为满足它们却需要碰运气。例如在曲面上不可能建立相对论性量子理论。Dirac 说,即使达到了关于相对论性量子理论的自洽性要求,仍有一些十分令人畏惧的困难。这是因为在场的情形下有无限多个自由度,求解方程时未知量波函数 Ψ 包含无限多个变量,微扰法会陷入困境,面临发散积分。此外还有一些其他困难。

我们知道,在物理学中,量子场论(QFT)和量子电动力学(QED)的短板是著名的发散问题,根源在于这是一种点粒子场论。例如,在 1940 年 R. Feynman 就注意到"电子自作用能无限大"给电磁场理论造成了突出的问题,而这是由于描述电子的模型是点粒子。这就是说,点电荷的自作用存在发散困难。如把电子看成没有结构的点,它产生的场对本身作用引起的电磁质量就是无限大。

Dirac 在关于 QED 的演讲中谈到重整化,他首先论述的正是这个电子质量问题。电子质量当然不会是无限大,不过电子与场相互作用的这个质量会有变化,Dirac 指出,无法对无限大质量赋予什么意义;虽然对由 Coulomb 场围绕的点电子(电荷集中于一点)来说,如对这个场积分就会得到无限大能量。人们在"去掉无限大项"的情况下继续计算,得到的结果(如 Lamb shift 和反常磁矩)都与观测相符;因此就说 QED 是个好理论,不必为它操心了。Dirac 对此极为不满,因为所谓"好理论"是在忽略一些无限大时获得的——这既武断也不合理。

在今天,笔者对 Dirac 晚年思想的引述是有意义的。因为这个"无限大"问题实即奇异性问题、奇点问题,在物理理论(尤其是与相对论相关的理论)中比比皆是。仔细阅读 P. Dirac 的晚年著作,如 *Diractions in Physics*(1978)等,你会看到他不断地与相对论拉开距离,与年轻时很不相同。

然而,已有物理学家用简单明了的语句表达了对"无限大"问题的看法。例如 2014 年王令隽[3]说:"Einstein 场方程的经典解中有一个奇点,在这里时空度规发散为无穷大。一个发散的解是失败的数学表述。避免无限大是一个科学家的常识……黑洞就是 Schwarzschild 半径内的时空;黑洞里的时空反转决定了整个黑洞理论毫无价值。"又如,2015 年梅晓春[4]说:"有许多数学上有理、物理上却莫名其妙的东西。为何那么多物理学家对奇异性黑洞感兴趣?须知除了宇宙本身,现实世界没有无限大。在奇点附近,一切计算均无意义。那种奇点无处不在的理论一定有问题。"

那么是否有头脑不清醒的物理学家?笔者认为不但有,而且很多。他们或是躲避这个无限大(如 Dirac 所说),或是欣赏、利用这个无限大。这涉及两个相对论——狭义相对论(SR)和广义相对论(GR)。先看 SR,物理学中有一个著名的质速公式,设 m 为动体质量,m_0 为静止时物体质量,则 m 与 m_0 的关系为

$$m = \frac{m_0}{\sqrt{1-\beta^2}} \qquad (1)$$

式中 $\beta = v/c$（动体速度 v 与光速 c 之比）；其实 Einstein[7] 1905 年并未导出上式，是 H. Lorentz[8] 针对电子的电磁质量导出了上式（1904）。但 SR 把此式外推到中性粒子和中性物体，并据此得出"光速不可能超过"的结论，因为当 $\beta = 1$ 时质量（以及能量）均为无限大。这就是光传播中的奇点，宋健院士称之为光障（light barrier）[9]。他对这个问题做了详细讨论，认为这个奇点并不能证明未来的宇宙飞船不可能以超光速航行。

在流体力学中，或说在声波传播中，也有类似的公式

$$\rho = \frac{\rho_0}{\sqrt{1-\beta^2}} \qquad (2)$$

式中 ρ 是气体密度，ρ_0 是静止密度，$\beta = v/c$（c 是声速）。宋健说，在航空工程实现超声速飞行之前，这个在奇点时产生的声激波也被认为是奇点造成的不可克服的声障（sonic barrier）。但事实证明，即使 $\beta = 1$ 也不会出现无限大密度，ρ 的增高不超过 6 倍（$\rho = 6\rho_0$）。因此，经艰苦努力后超声速飞行于 1947 年终获成功。这就是说，对奇点不要夸大，更不要恐惧——"关于光障问题是否有类似前景，我们拭目以待"。

3 从奇点物理到黑洞

1798 年，著名的法国数学家、天文学家 P. Laplace[10] 写道：

> 如果一颗发光的星球，其密度和地球相等，其体积比太阳大 250 倍，那么由于星球的引力，它的光线将到达不到我们这里。因此，宇宙间最大的一些发光的星球有可能是看不见的。

这是原始的 PBH 理论（或猜想），产生于相对论诞生前 107 年（按 SR 计算）或 117 年（按 GR 计算）。因此，如果 Laplace 说的东西是黑洞，那么它和相对论没有丝毫关系。这显然与现时流行的 PBH 不同。现在流行的说法，无论教材（例如刘辽[11]）或媒体宣传，都说 PBH 建基于 GR 和恒星演化原理，即一颗质量超过某种上限值的晚期恒星，会无限地塌缩从而成为黑洞。因此，所谓奇异性黑洞理论的基础有两方面：首先是 Einstein[12] 引力场方程（即 EGFE）的解，有时直接称之为黑洞解；其次是大质量物体会塌缩的原理。前者如 Schwarzschild[13]、Reissner[14]、Kerr[15]；后者如 Oppenheimer-Snyder[16]。所以，目前如果你不提相对论，PBH 专家根本不会与你讨论（注：Einstein

本人其实没有这态度，后详）。另一方面，重要的教材却根本不提 Oppenheimer（例如 [11][17]），笔者不知道这是什么原因。

就这样，一个早期科学家 Laplace 的朴素想法，到今天必须和某个理论系统（相对论）绑在一起。对此有人会解释说，这是因为相对论（主要指 GR）预言了黑洞。但查遍 GR 的基本著作文献，你并找不到这个预言。即以多次重版（重印）的刘辽著作而论[11]，其第八章黑洞物理（本文称为 PBH）的逻辑系统如下：

——先讲"静态荷电球外部解 Reissner-Nordstrom 度规"，是说对静态荷电球外求 EGFE 的解，即 RN 度规。取电荷为零时应得 Schwarzschild 解；

——再讲"Kerr-Newman 度规"，这是说匀速转动球体外的引力场由 KN 度规给出；

——续讲"事件视界和能层"，其中讨论了 Schwarzschild 时空的视界和 Kerr 时空的视界，在这里断言说"黑洞的反演即白洞"，故有 S 黑洞、K 白洞之分，K 黑洞、S 白洞之分，又讲了"时空坐标互换"；

——又讲"Kerr 度规的奇异性"，说 Kerr 时空的奇区不是盘而是环；

——再讲"Kerr 度规中的测地线"；

——又讲"Penrose 图（时空流形的共形表示）"，说由 Penrose 图可知，"有两个宇宙、一个白洞、一个黑洞"；

——续讲"黑洞的参量"，包括无毛定理；

——再讲"Hawking 面积不减定理"；

——又讲"黑洞热力学"；

——续讲"Starobinsky 过程"；

——最后讲"Hawking 辐射"，给出辐射公式。在叙述中，把黑洞区分为"一颗星正塌缩从而形成黑洞"和"完成塌缩的永久黑洞"。

笔者认为这种 PBH 叙事方式有典型性：从头到尾都是数学，重要的物理概念反而没有。这违反科学研究的规则，缺少理论与实际（实验、实践）的密切结合。某人（××）只要对 EGFE 搞出点求解的名堂，他就可以冠名为××度规、××时空、××黑洞、××白洞。OS 论文[16]不是求解 EGFE，故不提 Oppenheimer 的名字，仿佛对 PBH 而言此人不存在。

笔者并非一般地反对命名。天文学界确有这样的传统。但那是为了表扬做出突出发现的人（如"张钰哲与小行星"），或是用命名以彰显某位科学大家的贡献（例如美籍中国物理学家吴健雄）。而且这种命名也是由国际天文学机构决定和施行的。但在 PBH 研究著作中，却充斥着 Schwarzschild 黑洞、Schwarzschild 白洞、Kerr 黑洞、Kerr 白洞之类的说法[11]。这是很不严肃的，因为首先我们根本不知道黑洞、白洞是否真的存在（没有这些东西的可能性非常大）；其次，Schwarzschild 本人（如未在一战的前线死亡）

或许认为自己只不过求解了一道数学题，为什么要把不了解（或许也不同意）的概念安到自己头上？后面将要说明，其实 Einstein 本人也从未表示过对 PBH 的支持，更不要说白洞了。

回过头来说 Oppenheimer；其实在 PBH 发展过程中，不引入恒星塌缩的理论学说，奇异性黑洞从何而来？必须为这事找一个出路，因此提出了恒星塌缩（或崩塌）的假定。1939 年的 OS 论文认为[16]，从 GR 出发可以推得以下结论：一个物质球体在自身引力作用下可能塌缩到引力半径（$r_g = 2GM/c^2$）以内，此时球的粒子或光辐射不能逃出到 r_g 球以外，从而形成黑洞。后来都说 OS 论文是一个塌缩恒星的理想化模型；近年来中国科学家指出[18]：OS 论文存在问题，用 GR 并不能证明质量足够大的星体会塌缩成密度无限大的奇异性黑洞。尽管不同意 OS 论文，梅晓春并不认为 Oppenheimer 不存在。

笔者并非反对理论物理学家使用数学做分析研究。我们反对的是，数学越多越好、越复杂越好。用数学复杂性吓唬人，让人们误以为这是物理正确的保证，这是错误的。在 PBH 中最突出的问题就是以数学分析结果代替（代表）物理实在，他们根本不管宇宙中究竟有没有黑洞这种东西。其实无论黑洞、白洞都是杜撰出来的。无论如何，数学推导即使成功，也不等于现实中的发现成功。

为什么 PBH 理论离不开奇点？因为奇点能提供无限大物质密度，因而又有了无限大引力。1916 年 Schwarzschild[13]对 1915 年的 Einstein 引力场方程（EGFE）[12]，提出一个简单情况（球状结构）下的解析解，这完全是以数学家的姿态去做工作；而他本人不久后即死于第一次世界大战的德俄前线，并未提供过物理思想。但后来 Schwarzschild 解被当作 PBH 的第一个象征；他们说，Schwarzschild 解表示时空中间是一个奇点，密度无限大，在 Schwarzschild 半径处这个曲面就叫作事件视界（event horizon），也就是说只要物质（包括光），进入到事件视界以内，就出不来了。黑洞比较特殊，它内部的时空坐标是互换的，就是半径从表面一直延伸到奇点。这是一个时间坐标，只要进入到黑洞内部，就必须往奇点方向掉，所以严格说事件视界以内的等半径曲面是一个等时面，奇点处就是时间的终点。假如有一艘宇宙飞船掉进黑洞的事件视界，那无论向哪个方向加大动力，都只能更快地奔向奇点。

人们好奇的是 Penrose 做了什么从而获得奖金之半。真实情况下，恒星塌缩很有可能不是高度对称的，恒星可能是奇形怪状的，每个地方坍缩的速度不一样，所以最终有可能不是坍缩成一个点。1965 年 R. Penrose[19]证明，对于 Schwarzschild 黑洞，即使不对称，恒星原来可能奇形怪状的，最终都会坍缩成一个密度无限大的奇点，这就是 Penrose 的"主要贡献"。现在我们看到，玩"奇点物理"也能得大奖，据说，正是 Penrose 的这个奇点定理保证了奇点的存在，这个奇点就是时间结束的地方，所有物质只进不出。那会不会存在时间开始的地方所有物质只出不进？理论上存在，就是白洞，在 20

…

世纪中期，Stephan Hawking（霍金）其实一直相信上述内容，并与 Roger Penrose 保持密切的学术联系。1966 年，Hawking 在其博士论文中把 Penrose 的奇点定理推广到了任意黑洞。1970 年两人又合作了一篇论文，认为大爆炸就是开始于一个奇点，这个奇点就是一个白洞，并且在宇宙大爆炸初期还会形成一些质量很小的黑洞。1972 年至 1973 年提出 PBH 的视界面积不减定理。1971 年至 1974 年提出黑洞有辐射。PBH 成了 Hawking 的标志和事业[20-24]。但在 2004 年至 2014 年间他对这一切做了反思，令人惊异地宣称："根本不存在黑洞边界，视界线与量子理论矛盾，黑洞是没有的。"他在 2014 年 1 月 22 日贴出的文章中说："黑洞理论是自己一生中的最大错误（biggest blunder）"。这个态度是 Hawking 晚年的大转变，其剧烈程度远超 P. Dirac 晚年的宣示。当然，他严重冒犯了西方主流物理界，甚至引起了憎恨。2013 年英国 BBC 曾拍摄一部关于黑洞研究历史的纪录片[25]，这工作不仅未请 Hawking 参与，而且其解说词由头至尾都未提到这位名人。Hawking 逝世于 2018 年 3 月 14 日，今天他如在世，Nobel 委员会也不会奖励他，因为他竟与主流决裂。

总之，奇点从一个数学概念变成了什么都有的物理实在：它可以产生宇宙；是时间的起点和终点；具有无限大密度和吸引；造成奇怪的天体（黑洞）；提供取之不尽用之不竭的能量；等等。越来越荒谬的情况迫使人们思考，根子究竟在何处？2020 年 11 月 28 日，英国刊物 New Scientist 的一段话是这样讲的：

> 我们对宇宙的理解出现严重问题。当我们计算宇宙扩张速率时，通过早期宇宙推算的结果与观察附近星系恒星爆炸得出的结果并不相同。宇宙学家一直在为此寻找答案，但始终无功而返。这使得一些研究人员主张，迈出最后一步，根据修正后的引力观从头建立全新的标准模型。如果将量子学说引入 Einstein 时空理论，我们或许最终能解开万物之谜。

这段话一方面承认以 GR 为核心的宇宙学研究已走不下去了。我们看到，依靠 GR 的日子似乎即将结束，西方物理学家在彷徨四顾寻找出路。另一方面又不愿放弃 Einstein 时空理论（当然也不放弃奇点物理）；这是不会有结果的。所谓"全新的标准模型"是什么？真是言不由衷。

4　类星体研究中的黑洞假说

在笔者所谓的"奇点物理"中，由"原初大爆炸产生了宇宙"和"黑洞存在"其实都是推测性假说；前者是无法直接用观测和实验来证实（或证伪）的，后者却不同。

宇宙中究竟有没有被命名为"黑洞"的这种天体，必须（也可以）由观测和实验来决定。这就是人们不断地核查的意义。对 PBH 而言，"提供实验证据"是其软肋，一直乏善可陈。现在我们特别关注所谓发现"银河系中心的一个超大质量致密物体"的事情；这个东西是黑洞吗？但是我们先要讨论类星体（qusar）。20 世纪 60 年代，天文学家发现了一种奇特的天体，从照片看来如恒星但肯定不是恒星，光谱似行星状星云但又不是星云，发出的射电波如星系又不是星系，因此称它为"类星体"。故类星体是一种在极其遥远距离外观测到的高光度天体，80% 以上的类星体是射电宁静的。类星体比星系小很多，但是释放的能量却是星系的千倍以上，类星体的超常亮度使其光能在 100 亿光年以外的距离处被观测到。总之，类星体离我们最远，能量却最高。例如距地球可达接近 130 亿光年，亮度是太阳的几百万亿倍。

但是，近年来天文学界有时会把类星体与黑洞混为一谈。这在逻辑上说不通，因为黑洞是吸纳一切物质（包括光线）的天体，完全"黑"，不具有可视性。为什么要把它与最明亮的类星体联系起来（甚至等同）？例如 2015 年 5 月曾有如下报道："德国天文学家发现了 4 个类星体齐聚的场景，这 4 个活跃的黑洞彼此距离非常接近。"这是让人莫名其妙的说法，难道观测到类星体就等于观测到黑洞？

对于此问题倒是有一种解释：类星体实际上是银河系外能量巨大的遥远天体，其中心是猛烈吞噬周围物质的、在千万太阳质量以上的超大质量黑洞。这些黑洞虽然自身不发光，但由于其强大的引力，周围物质在快速落向黑洞的过程中以类似"摩擦生热"的方式释放出巨大的能量，使得类星体成为宇宙中最耀眼的天体。天文学家通过大型巡天已经发现了 20 多万颗类星体，然而其中距离超过 127 亿光年的类星体只有 40 个左右。

这种说法仍是把类星体与黑洞绑在一起，并且把中心黑洞作为类星体高能、强光的原因。这是一种解释，但我们作为渺小的人类并不能确定在极为遥远的地方发生的过程就是如此。天文学家们做了大量研究，对此应当尊重；但矛盾的说法比比皆是，例如说"目前所知最远的类星体，约 150 亿光年"，但大爆炸宇宙学一直说宇宙寿命约为 137 亿年，这两种观点有矛盾。又如美国天文学家发现某个类星体不再活跃，就说这是因为其中央黑洞已"无食物可吃"所造成；这些都是胡乱猜测。天文学界提出了太多的假说。又有人说类星体是大爆炸后最先形成的星系前身。以下列出的是众多理论假说的一部分：

①黑洞假说：类星体的中心是一个巨大的黑洞，它不断地吞噬周围的物质，并且辐射出能量。

②白洞假说：与黑洞一样，白洞同样是广义相对论预言的一类天体。与黑洞不断吞噬物质相反，白洞源源不断地辐射出能量和物质。

③反物质假说：认为类星体的能量来源于宇宙中的正反物质的湮灭。

④巨型脉冲星假说：认为类星体是巨型的脉冲星，磁力线的扭结造成能量的喷发。

⑤近距离天体假说：认为类星体并非处于遥远的宇宙边缘，而是在银河系边缘高速向外运动的天体，其巨大的红移是由和地球相对运动的 Doppler 效应引起的。

⑥超新星连环爆炸假说：认为在原初宇宙的恒星都是些大质量的短寿类型，所以超新星现象很常见，而在星系核部的恒星密度极大，所以在极小的空间内经常性地有超新星爆炸。

⑦恒星碰撞爆炸说：认为原初宇宙较小时期，星系核的密度极大，所以常发生恒星碰撞爆炸。

⑧活动星系核说：越来越多的证据显示，类星体实际是一类活动星系核（AGN）。而普遍认可的一种活动星系核模型认为，在星系的核心位置有一个超大质量黑洞。在黑洞的强大引力作用下，附近的尘埃、气体以及一部分恒星物质围绕在黑洞周围，形成了一个高速旋转的巨大的吸积盘。在吸积盘内侧靠近黑洞视界的地方，物质掉入黑洞里，伴随着巨大的能量辐射，形成了物质喷流。而强大的磁场又约束着这些物质喷流，使它们只能够沿着磁轴的方向，通常是与吸积盘平面相垂直的方向高速喷出。如果这些喷流与观测者成一定角度，就能观测到类星体。

以上这些，可谓众说纷纭；但无人知晓何者是事实（或者全都不是事实）。据说第⑧假说获得较多认可；但它仍然只是众多猜测之一，我们无法确知事实是否如此。

5　银河系中心有什么[24]

类星体在科学界引起的震惊是巨大的；有的类星体能释放比 10^{12} 个太阳还多的能量，它从何而来？天文学家热衷于研究用射电望远镜发现的神秘天体。英国剑桥大学的研究员 D. Lynden-Bell 从理论上思考，认为体积极小而质量极大的天体，应为尚未观测到的一种东西：超大质量黑洞。可能每个大型星系都有超大质量黑洞，它位于星系中央。这个预测虽大胆，但却极端化，显得很牵强。宇宙中每个大型星系中心都藏有一个超大质量黑洞？如果是，那么在银河系数千恒星中央也会有一个。但人类甚至不知道地球是在银河系的何处，又如何确定银河系中央的位置？幸好在 20 世纪初期，一位美国天文学家 Harlow Shapley 率先在人马座的方向上确定了银河系的中心。后来在那里发现了一个强大的射电波源，并将那里标记为人马座 A*。20 世纪 60 年代末人们发现，人马座 A* 不仅占据了银河系的中心，并且银河系轨道上的所有恒星都围绕着它。

Shapley 的方法是利用一种叫作球状星团的天体。最终，确定银河系中心离我们太阳系距离为 2.7×10^4 ly（ly 是光年）。但在银河系中心恒星非常多，密度比太阳附近大数百倍；而且，从地球无法观测银河系中心，因为巨大的旋转气体和尘埃云阻断了可见光的传播。这样一来，人们无法验证"银河系中心有大黑洞"的猜想。美国加州大学洛杉矶分校（UCLA）的 Andrea Grihez 教授的团队，建造了一种新的天文望远镜；使用了红外技术，又尽量消除大气扭曲效应，使观测银河系中心成为可能。结果发现在那里有很多恒星运行速度非常快。这被认为是"黑洞存在"的证据，认为是黑洞使他们快速地运动。

笔者认为这样的判断很勉强，因为是依靠一种间接推理。考虑到被研究区域距离非常遥远，而宇宙又如此复杂，不能说只有这样一种可能。但黑洞科学家们（black hole scientists）说，只有黑洞才有如此强大的引力，迫使恒星绕其旋转。只要确实肯定恒星在绕着转，这个东西必定是黑洞，其位置应处在轨道的焦点。因此，他们认为 Lynden-Bell 的预测已经证实"超大质量黑洞确实存在于他预言的地方"（Here indeed, just where he had predicated, was a supermassive black hole）。这种说法令习惯于严格证明的科学家（包括笔者）吃惊，天文学家们难道都是这样做研究和轻率下结论的？我们不得不说，对于"银河系中心有什么"的问题，恐怕至今并未解决。当然，笔者无意贬低 A. Ghez 教授及另一位（德国 Max Planck 研究院的）R. Genzel 教授，他们长期在银河系中心恒星混杂的环境中观测恒星。他们不断开发和完善其技术，并配备了更加灵敏的数字光传感器和更好的自适应光学器件，使图像分辨率提高。笔者认为，这两位科学家率领各自团队做了非常有价值的工作。但他们是否"发现了在银河系中心的大黑洞"，仍是一个不确定的问题。据说，那个黑洞质量约为 4×10^6 M（M 是太阳质量），体积则约为我们太阳系的大小。结论很惊人，说服力却不足。2020 年的 Nobel 物理奖的授予，对他们二人（各获 1/4 奖金）的评语，无论是"发现了银河系中央的一个超大质量致密天体"，或是"在银河系中心发现了超高质量高密度物质"，都不是"发现了一个大黑洞"。这就保留了 Nobel 奖传统上的冷静和客观。

结论是，尽管黑洞科学家们认为"在银河系中心的某处应有一个超大质量黑洞"（There should be a super massive black hole somewhere at the center of the Milky Way Galaxy），但观测和事实还不能提供可靠的证据，仍然是一个未证实的猜想（an unproven idea）。

然而他们后来又说，发现了一团巨大气体云以 2000km/s 的高速向认为有黑洞的地方推进，认为这是黑洞引力造成的"投食"。但也有人说这是恒星运动。无论如何，摩擦生热会造成高温和强光，故又出来一种说法："黑洞并不黑。"回过头来，他们说每个类星体背后都有一个黑洞；又说银河系中的黑洞可能"为人类诞生作出过贡献"。总之，充满了胡乱的猜测，PBH 已不是科学了。

6 讨论

本文的观点是，具有无限大密度和无限大引力的奇异性黑洞（也叫 GR 黑洞）的理论出发点有问题。这种建筑在奇点物理沙滩上的东西缺乏坚实基础，黑洞并不是一种真实的存在；由此派生出来的概念（如白洞、虫洞以及"黑洞不黑"等）也就没有意义。此外，在思考 PBH 问题时我们注意到一个历史现象或悖论：相对论的提出者 Einstein 并不认同黑洞。

近年来西方科学界有一个不好的做法：把 Einstein 未说过也不曾主张的某些理念强加到他的头上。为了严肃和清晰，这里举例说明 1922 年 Einstein 在 *The Meaning of Relativity* 书中所论述的一些观点[26]；该书是他在美国 Princeton 大学演讲的汇编，不仅他本人重视，而且也被研究人员认为是最清楚地阐明了 Einstein 的思想。四次讲演中 GR 是重点（讲了两次）；他首先讲"等效原理"，解释了惯性质量与引力质量在数值上相等，并说这使 GR 大大优越于经典力学。然后他讲四维时空连续统，说 GR 建基于 Gauss 的曲面理论与 Riemann 几何，又说明了使用张量和张量微积分的必要性，详细解释这些数学工具，包括 Riemann 张量和测地线。然后他考虑质点在引力和惯性作用下的运动方程，同时思考与 Newton 运动方程的关系。他说 Newton 理论中的 Poisson 方程（引力势 Φ 的二阶线性偏微分方程）

$$\nabla^2 \Phi = 4\pi G\rho \tag{3}$$

在 GR 中也要用上，只是把物质密度标量（ρ）用单位体积的能量张量取代。经过诸如此类的描述（而非推导），Einstein 写出他的引力场方程（EGFE）

$$R_{\mu\nu} - \frac{1}{2}g_{\mu\nu}R = -\kappa T_{\mu\nu} \tag{4}$$

式中 $R_{\mu\nu}$ 是 Ricci 张量，$T_{\mu\nu}$ 是物质源的能量动量张量，$g_{\mu\nu}$ 是度规张量；κ 是相对论引力常数，是与 Newton 引力常数 G 相关的系数。此后，Einstein 说他的理论包含了 Newton 的理论；只是引力势"有张量性质"（对此他未详谈）。

在后面的演讲中，Einstein 逐步把理论与现实相联系；这也是人们最感兴趣的部分。先考察量杆和时钟的行为，即从 GR 出发研究尺缩与时间延缓。首先他认为空间不再是 Euclid 式的，而是弯曲的；其次，对时间而言，一个钟附近有质量物质的质量越大，则时钟越慢。因此，太阳表面的光谱与地球上的光谱相比，前者红移约 2×10^{-6}。他说这一结果虽与实验不符，未来将会证实。

然后，光传播定律在广义坐标中可写作 $ds^2 = 0$，由此得到的公式（编号 107）表示光经过质量巨大物体附近时会偏折，例如对太阳而言引起的偏折角为 $1.7''$。

Einstein 说，此结果已由英国的日食观测队在 1919 年所证实[27]。随后，他论述了水星近日点运动问题，并说此问题已困惑天文学界百年之久。

在讲了三个可以用观测检验 GR 的例子之后，Einstein 转向了宇宙学问题。从这部分内容可以看出，他对 1916 年出现的对 EGFE 的 Schwarzschild 解[13] 相当重视，认为它帮助了对水星近日点运动的解释。但是仅此而已，完全没有与黑洞之类暗天体的联系或叙述。Einstein 对 GR 的介绍和论述，也很少提到奇点（singularities）。

在同一书中有两个附录，头一个是出第二版时补充的，其中提到 Hubble 发现星系在膨胀（谱线红移随距离增大而变大）；由此讨论了带宇宙学项的 EGFE。Einstein 说，当场、物质密度很高，场方程（EGFE）不再适用。但不应认为膨胀之初必定意味着数学上的奇点。尽管如此，他仍说"世界之初构成了一个起点，其时恒星和星系都未出现"。这似乎表明 Einstein 对大爆炸宇宙学的认可，不过他从未提到过发生大爆炸的可能。

笔者曾指出[28]，其实这个被视为圣经的 EGFE 并非无懈可击。GR 认为有引力场时这个 space-time 是弯曲的 Riemann 空间，其度规张量体现引力场的物理性质。既如此，必须找出度规场的物理规律，即推广的引力势所满足的微分方程。问题在于根本没有实验观测数据和规律可作遵循，这一致命弱点导致 EGFE 只是猜测性推理的产物。对此，在大学讲授 GR 课程的教授也是承认的[17]。又例如，Einstein 所说的 1919 年英国日食观测队的报告书[26]，容易看出有许多漏洞；曹盛林教授指出，在日食时观测太阳引力场导致的远处恒星光的偏折，其不确定性远远超出公众的想象。他认为 Eddington 宣布的对 GR 的证实并不可靠[28]；在 1919 年，是科学界、公众、媒体以及 Eddington 共同构建了后来进入教科书的神话。实际上，后来的与 GR 计算值严重不符的论文、报告，几乎都被忽略了。在 1919 年 Einstein 在一夜间成了世界名人，特别得力于《泰晤士报》的大力宣传。

总之，Einstein 的 Princeton 演讲稿，以及第二版附录（写于 1945 年），第三版附录（写于 1954 年），均无一字提到黑洞（或暗星）；1939 年 Einstein[30] 的论文也绝非对黑洞的支持，实际上是唱反调。值得注意的是，虽然 1939 年的 OS 论文[16] 在研究 PBH 的科学家中备受推崇，但上述两个附录都无一语提及。这件事与 21 世纪（2004 年至 2014 年）发生的另一件事（即 Hawking 认错）联系起来看，两位重要人物对 PBH 的态度值得我们深思。

7 结束语

宇宙中某个（或某种）天体的有无必须由观测决定，这是常识。以太阳系中的第八行星，即海王星（Neptune）的发现为例；1846年法国天文学家由计算预告其存在，并通知柏林天文台。后者立即观测，在与预报相差不到1°的地方找到了这个行星。所以，仅有推测和估计是远远不够的，天文学要求的实证性非常突出。那么，是否有对黑洞的观测证明？回答是到现在仍然没有。因此，无论是2016年美国LIGO宣布发现了"两个黑洞碰撞产生的引力波"[31-33]，或是2019年4月媒体报道说"拍到了位于M87星系中心的黑洞照片"[1]，其实都不是直接的"黑洞存在"的证明。特别是，奇异性黑洞（GR黑洞）在理论上的两个特征要求（边界上的无限大发散和内部的时空反转）在实际观测对象中并不能证实。正如王令隽教授所指出的，如不能证实这两点本质性的特征，仅仅展示一张"黑圈圈照片"，并不足以说明那就是黑洞，更不能认为验证了广义相对论。

2020年Nobel物理奖的授予，其引导和暗示的含意是明显的——首先，黑洞不但存在，而且在我们银河系中央就有一个，还是超大质量的；其次，GR理论绝对正确，不容讨论更不容反对。然而"黑洞存在"和"大爆炸产生宇宙"一样都只是"奇点物理"的推论。R. Genzel和A. Ghez这两位实验物理学家，尽管率领各自的团队做了许多努力，不容随意贬低；但无论他们自己或Nobel委员会，都不敢说"已在银河系中心位置观测到超大质量黑洞"，这就是一个明显的例子。观测与实验的结论必须经得起考验，和理论上做论述时的相对自由完全不同。况且，如何解释Einstein本人的保留态度（起码是不认同）和PBH大家Hawking的认错？也是Nobel委员会难以回避的问题。

因此，笔者仍然坚持"黑洞只是一种理论性推测，实际上可能不存在"的观点。本文如有不妥之处，欢迎指出。

致谢：笔者感谢吕晓丹、王雨两位女士的帮助。

参考文献

[1] 黄志洵. 几年前的"霍金认错"有道理吗？——对所谓"黑洞照片"的一点看法 [J]. 中国传媒大学学报（自然科学版），2019, 26（6）: 1-5.

[2] 黄志洵. 黑洞真的存在吗？——质疑黑洞概念及2020年Nobel物理奖 [J]. 中国传媒大学学报（自然科学版），2020, 27（4）: 1-8.（又见：http://blog. sciencenet. cn/home. php? mod = space &uid = 13548938. do = blog & quickforward = 1 & id = 1257329, Nov. 2020.）

[3] 王令隽. 物理哲学文集：第1卷 [M]. 香港：东方文化出版社，2014.

[4] 梅晓春. 第三时空理论与平直时空中的引力和宇宙学 [M]. 北京：知识产权出版社，2015.

[5] 黄志洵. "相对论性量子力学" 是否真的存在 [J]. 前沿科学，2017，11（4）：12-38.

[6] Dirac P. Directions in physics [M]. New York：John Wiley，1978.

[7] Einstein A. Zur elektrodynamik bewegter körper [J]. Ann d Phys，1905，17：891-921.（English translation：On the electrodynamics of moving bodies，reprinted in：Einstein's miraculous year [C]. Princeton：Princeton University Press，1998. 中译本：论动体的电动力学：爱因斯坦文集 [C]. 范岱年，赵中立，许良英，译. 北京：商务印书馆，1983，83-115.）

[8] Lorentz H. Electromagnetic Phenomana in a system moving with any velocity less than that of light [J]. Konin. Akad. Weten.（Amsterdan），1904，6：809-831.

[9] 宋健. 航天、宇航和光障 [C]. 第 242 次香山科学会议论文集. 2004，7-22.

[10] Laplace P. Exposition du Système du Monde. Volume Ⅱ：Des Mouvements Réels des Corps Célestes [M]. Paris：Published in Einstein as The System of the World，1796.

[11] 刘辽，赵峥. 广义相对论（二版）[M]. 北京：高等教育出版社，2004.

[12] Einstein A. The Field Equations for Gravitation [J]. Sitzungsberichte der Deutschen Akademie der Wissenschaften zuBerlin，Klasse fur Mathematik，Physik und Technik，1915：844.

[13] Schwarzschild K. Uber das Graviationsfeld eines Massenpunktes nach der Einsteinschen Theorie [J]. Sitzungsberichte der Deutschen Akademie der Wissenschaften zuBerlin，Klasse tur Mathemalik，Physik und Technik，1916，189.（又见：Schwarzschild K. Uber das Gravialionsfeld einer Kugel aus inkompressibler Flussigkeit nach der Einsteinschen Theorie [J]. Sitzungsberichte der Deutschen Akademie der Wissenschaften zu Berlin，Klasse fur Mathematik，Physik und Technik，1916，424.）

[14] Reissner H. Über die eigengravitation des elektrischen felds nach der Einsteinshen theorie [J]. Ann der Physik，1916，50：106-120.

[15] Kerr R P. Gravitational field of a spinning mass as an example of algebraically special metrics [J]. Phys Rev Lett，1963，11：237.

[16] Oppenheimer R，Snyder H. On continued gravitational contraction [J]. Phys Rev，1939，56：455-459.

[17] 俞允强. 广义相对论引论 [M]. 北京：北京大学出版社，1997.

[18] Xiaochun Mei. The calculations of general relativity on massive celestial bodies collapsing into singular black holes are wrong [J]. Inter Jour Astron & Astrop，2014，4（4）：109-116.

[19] Penrose R. Gravitational collapse and spacetime singularities [J]. Phys Rev Lett，1965，14（3）：57-59.

[20] Hawking S，Penrose R. The singularities of gravitational collapse and cosmology [J]. Proc Roy Soc（London），1970，A314：529-548.

[21] Hawking S，Hartle J. Energy and angular momentum flow into a black hole [J]. Communications in Mathematical Physics，1972，27：283-290.

[22] Hawking S. Black holes in General Relativity [J]. Communications in Mathematical Physics，1972，

25：152 – 166.

［23］Hawking S. Gravitational radiation from collding black hole ［J］. Phys Rev Lett, 1971, 26（21）：1344 – 1346.

［24］Hawking S. Black Hole Explosions? ［J］. Nature, 1974, 248：30 – 31.

［25］Horizon ［N］. A BBC/Science channel co-production bbc. co. uk/science 2013.

［26］Einstein A. The meaning of relativity ［M］. Princeton：Princeton University Press, 1922. （中译本：郝建纲，等，译. 相对论的意义 ［M］. 上海：上海科技教育出版社, 2001.）

［27］Dyson F, Eddington A, Davidson C. A determination of the deflection of light by the Suns gravitational field from observations made at the total eclipse of May 29, 1919 ［J］. Trans Roy Soc, 1920, 220A：291 – 301.

［28］黄志洵，姜荣. 美国 LIGO 真的发现了引力波吗？——质疑引力波理论概念及 2017 年度 Nobel 物理奖 ［J］. 中国传媒大学学报（自然科学版）, 2019, 26（3）：1 – 12.

［29］曹盛林. 超光速 ［M］. 石家庄：河北科学技术出版社, 2019.

［30］Einstein A. On a Stationary System with Spherical Symmetry Consisting of Many Graviting Masses ［J］. Annals of Mathematics, 1939 , 40：922.

［31］Abbott B, et al. Observation of gravitational wave from a 22 – solar mass binary black hole coalcscence ［J］. Phys Rev Lett, 2016, 116：241, 103 1 – 14.

［32］Abbott B, et al. Observation of gravitational wave from a binary black hole merger ［J］. Phys Rev Lett, 2016, 116：1 – 16.

［33］Abbott B, et al. GW170814：A three-detector observation of gravitational waves from a binary black hole coalescence ［J］. Phys Rev Lett, 2017, 119：141101, 1 – 16.

Did the American LIGO Really Find Out the Gravitational Waves?[*]

—Question the Concept of Gravitational Wave and the 2017 Nobel Prize in Physics

Zhixun Huang[1]   Rong Jiang[2]

(1 School of Information Engineering, Communication University of China, Beijing

2 Communications University of Zhejiang, Hangzhou)

On September 14, 2015, two detectors of the American Laser Interferometric Gravitational Wave Observatory (LIGO) received a transient signal almost simultaneously; according to this, the LIGO team announced: "We have observed the gravitational wave from the merger of two black holes. Because the detected waveform is consistent with the prediction of general relativity." The related paper was published in the *Phys. Rev. Lett* on February 12, 2016. After that, LIGO continued to release the news that gravitational waves were detected. The first four times LIGO said that gravitational waves were generated by the merger of double black holes. The fifth times (announced on October 16, 2017) LIGO said that gravitational waves were produced by the merger of double neutron stars. On October 3, 2017, the Nobel Committee announced that three American scientists from LIGO won the Nobel Physics Award of the year.

Looking back, in 1887 the German physicist H. Hertz proved the existence of electromagnetic waves by experiments, thus confirming the theoretical prediction of J. Maxwell. The widespread use of electromagnetic waves in the 20th century has dramatically changed human life. Therefore, in the 21st century, if another new form of volatility (such as gravitational waves) is discovered, it is a great event and should be warmly welcomed. However, this discovery must be credible and reliable and must stand the test of practice. Unfortunately, the "American LIGO

* 本文原载于《中国传媒大学学报（自然科学版）》，第 26 卷，第 3 期，2019 年 6 月，6—12 页。

Discovery Gravitational Wave", which has been widely publicized, cannot meet these basic requirements. Despite the news being spurred by the media, scientists from many countries (China, Britain, Germany, Denmark, Brazil) have raised questions. However, the Nobel Committee will not reply.

On November 3, 2018, a paper "Wave goodbye? Doubts are being raised about 2015's breakthrough garavitational waves discovery" was published in the British scientific journal *New Scientist*. In the paper, a team at the Bohr Institute of Physics in Copenhagen, Denmark, after studying the effects of noise concluded that the decisions made during the LIGO analysis are opaque at best and probably wrong. On December 4, in a short letter written to Professor Zhixun Huang academician Jian Song pointed out that the gravity wave discovered by LIGO in 2016 was questioned in a paper in *New Scientist*, and the content of this paper coincides with the content of a comment written by three Chinese scientists (Xiaochun Mei, Zhixun Huang, Suhui Hu) in October 2017. It is obvious that the skeptics are not just three of you. Academician Jian Song is one of the leaders of the national science and technology community, the director of the State Science and Technology Commission, and the president of the Chinese Academy of Engineering. His concern about the gravitational wave problem indicates that this matter is also very important for Chinese scientists.

We believe that one of the most powerfully questioned LIGO paper to date is "Abnormal corrections in the LIGO data" by Hao Liu and the Danish team (Journal of Cosmology and Astroparticle Physics, Aug. 2017). However, there is still a lack of work on the basic theoretical level; we attempt to make up for this shortcoming, but try to avoid mathematical analysis and formula listing in the narrative.

1 The problems with the Einstein gravitational field equation

Our discussion begins with the basic equation of general relativity (GR), the Einstein Gravitational Field Equation (EGFE), which is written as $G_{\mu\nu} = \kappa T_{\mu\nu}$, where $T_{\mu\nu}$ is the energy momentum tensor of the material source, and κ is a constant. $G_{\mu\nu}$ is the Einstein tensor ($G_{\mu\nu} = R_{\mu\nu} - R g_{\mu\nu}/2$). But the EGFE has obvious assumptions and patchwork traces. Although Einstein referred to Newton and Mach, how to express "gravitation makes time and space bend" (or "space-time bending causes gravity") is still a fundamental problem to be solved. Only by finding the true law of the distribution of the gauge field the left half of the EG-

FE can be written. However, physics experiments have never provided knowledge and laws that show gravitational geometry (only Riemann geometry can be expressed), and Einstein boldly decides $G_{\mu\nu} = R_{\mu\nu} - R g_{\mu\nu}/2$, which is guessing and patchwork. Since the Einstein gravitational field equation is consistent with Newton's law of universal gravitation under linear approximation, it is generally assumed that this confirms the correctness of the Einstein gravitational equation. But this is wrong. To prove that EGFE is correct, it must be proved to be correct under normal circumstances, and it must be proved that Newton's law is wrong and the Einstein gravitational equation is correct under the strong field condition where linear approximation is not applicable. But there is actually no such proof.

The linear field approximation is the weak field approximation. Whether it is to prove "consistency with Newton" or to predict "the existence of gravitational waves" is to use a linear field approximation. When the gravitational field is very weak, the "space-time" is almost flat. In this case, $g_{\mu\nu} = \eta_{\mu\nu} + h_{\mu\nu}$, where $\eta_{\mu\nu}$ is the Minkowski metric and $h_{\mu\nu}$ is an infinitesimal tensor ($|h_{\mu\nu}| \ll 1$), so $g_{\mu\nu} \cong \eta_{\mu\nu}$. In addition to the weak field assumptions, there is also a steady state assumption that all derivative terms for time are omitted. Under these conditions, it is hard to create an equation ($\nabla^2 \Phi = 4\pi G\rho$) similar to the Newton gravitational field equation (NGFE). However, it is assumed that $\kappa = -8\pi G/c^4$, where G is a constant in Newton's inverse square law and c is the speed of light in vacuum. This also carries the nature of speculative regulation that the size of κ is not arbitrary, but is subject to the needs here.

Therefore, there are too many assumptions and speculations in the entire derivation process of EGFE. Pre-conceived of results and setting some assumptions are often made to approach and achieve this result by mathematical means. In short, Einstein's gravitational field theory is not a reassuring and reliable theory, so it can't replace Newton's theory. Newton's classical gravitational theory is based on the numerous experimental observations contained in Kepler's experimental law, has been tested for hundreds of years in scientific experiments and engineering practice, and has been extensively tested in science and engineering. There is never an example to prove that Newton's law of gravity is wrong. On the contrary, GR has fundamentally not self-consistent or violates basic physical facts from basic assumptions, theoretical frameworks, experimental tests, and practical applications. Therefore, it is wrong to say that general relativity is more precise than Newton's theory of gravity. Einstein's bending space-time theory is only effective when the spherical symmetry gravitational field equation is solved, and it lacks universal significance. It is not only impossible to establish geometric gravitational theory, but the geometrical effect of physical action (gravity) is a straying physics. Therefore, in 2016, Huang Zhixun wrote in a poem: "Isaac Newton has yet been a master through the centuries."

2 Einstein gravitational field equations is impossible to solve and useless

In Newton's theory of gravity, the potential field is described using a scalar equation. The Einstein gravitational field equation is a second-order tensor equation, which is a system of equations containing six independent differential equations. Its complexity is very large and its nonlinearity is very strong. It has long been pointed out that this EGFE cannot be solved by mathematical genius. To put it bluntly, EGFE is simply useless. Einstein made the theory of gravity so complicated, and people have reason to expect that this complication will bring new discoveries. There is reason to expect that after expanding a scalar equation to a second-order tensor equation, new physics laws that were previously unknown to the physics community will be discovered. However, this complication has not brought new content. In addition to the (0, 0) component, the differential equations of other components in the Einstein gravitational field tensor equation lead to infinite divergence of the space-time metric and spatiotemporal inversion, which is also contrary to the principle of the speed limit of light of SR.

In summary, EGFE is a system of equations containing six independent nonlinear partial differential equations, not only without analytical solutions, or even methods for solving them. If the complexity of the boundary conditions is taken into account, the solution is more difficult. The reason for the high degree of nonlinearity is generally considered to be due to the interaction of the energy, momentum and space-time curvature of matter (source), so that EGFE is not only the gravitational field equation but also the motion equation of matter (source). It can also be understood that the Maxwell equations of the electromagnetic field are linear because the field and the source (such as charge) are separate and independent. But the gravitational field has energy and momentum, which must contribute to the field (source), and the effect of gravity on itself is nonlinear. It is unreasonable to force a highly nonlinear equation to be linear, but Einstein does. Otherwise, a completely unsolved equation is completely useless, which he will never accept. Not only that, it is better to derive the gravitational wave from the EGFE as the electromagnetic field derived electromagnetic wave, therefore, a large number of approximations are performed to achieve the intended goal.

3 The Einstein gravitational field equation hasn't periodic solutions of fluctuations

In 1918, Einstein published a paper on "Gravitational waves". The core content is to use theretarded potential to find an approximate solution for EGFE. Strong nonlinearity has made it impossible to find a rigorous solution, so there is no gravitational wave if the inherent value of EGFE is adhered to. The approximation process under weak field conditions is $g_{\mu\nu} = \eta_{\mu\nu} + h_{\mu\nu} \cong \eta_{\mu\nu}$. However, the unique solution cannot be obtained at this time. So it is assumed that a harmonic coordinate is used, and the higher order term in the product of $g_{\mu\nu}$ in the equation of motion is removed. After a series of processing, the final target $h_{\mu\nu} = 0$ is obtained. This homogeneous equation is the same as the wave equation in electrodynamics, so there is "gravitational wave", and this wave actually "transmits at the speed of light". It is surprising to imitate the theory of electromagnetic waves to this extent. In short, the whole idea of "gravitational waves" is the imitation of the development of electromagnetics (the most important event is the discovery of electromagnetic waves). The electromagnetic wave corresponds to the photon, and then the gravitational wave also corresponds to a kind of particle called graviton. In the basic interactions of various physics, electromagnetic interactions are completely independent of gravitational interactions, however, with Einstein doing this, the two seem to be extremely similar or even equivalent. This is completely contrary to the methodology based on independent innovation in scientific research. Many physicists say that finding the graviton is an impossible task.

Moreover, GR is considered to be superior to NGFE due to the existence of high-order corrections term. If there are no high-order terms, GR is nothing. Therefore, in fact, the whole practice is to ignore the facts (there is no gravitational wave in strict accordance with the GR equation of motion), and the theoretical results of "gravitational waves" are artificially concocted.

4 Criticism of time and space integration

The theory of relativity is based entirely on the unique concept of space-time, but what does this space-time mean? In fact, people do not really understand space-time. This is the textbook that introduces the "four-dimensional vector": Three years after the creation of the special theory of relativity (SR), Minkowski proposed the concept of a four-dimensional vector, which adds time to the three-dimensional space as a whole. Since $x^2 + y^2 + z^2 - (ct)^2$ appears in the co-ordinate transformation (when transforming the reference system), where c is the speed of light; but $x^2 + y^2 + z^2 - (ct)^2 = x^2 + y^2 + z^2 + (jct)^2$, so it is said that jct can be used as a component of the 4-dimensional space. After constituting the 4-dimensional vector, $x^2 + y^2 + z^2 + (jct)^2$ represents the square of the length of the vector. At this time, it can be proved that the 4-dimensional vector representing the position of one point does not change with the change of the reference frame. In 1908, Minkowski once said: "From now on, space and time will disappear. Only the combination of time and space can maintain an independent entity." This quirky view was immediately accepted and used by Einstein.

We believe that this treatment has certain advantages in mathematical expression, but it violates physical reality. Adding a space vector to a time vector is virtually impossible and meaningless! Fundamentally speaking, time and space should not be mixed up together. We believe that space is continuous, infinite, three-dimensional, and isotropic. Time is the sign of the continuity and sequence of material movement, and time is continuous, eternal, one-way, and uniform, without beginning or end. Space and time do not depend on people's consciousness, moreover, space is space, time is time; they are the basic quantities that describe the material world. Space-time does not exist in metrology and SI system, and space-time does not have measurable characteristics. It is a lack of rationality to artificially construct a new parameter with different dimensions of physical quantity (called 4D space-time), thus confusing the two completely different physics concepts of time and space.

Interestingly, in the book *Interstellar* published in 2014, author K. Thorne admitted that the mixture of space and time is inconsistent with intuition, and also said that humans do not understand the curvature of space-time, and there is almost no relevant experimental and observational data. This is enough to explain the problem. Kip Thorne, a CIT professor who has consistently supported the theory of relativity and used it as a guiding ideology, was one of the first recipients of the LIGO project proposal and one of the winners of the Nobel Physics Award in 2017. He also believes that both space-time integration and space-time bending have problems. This is worth pondering.

5 The numerical relativity method adopted by LIGO is not credible

It is emphasized that EGFE is a highly nonlinear second-order partial differential equations. In addition, the boundary conditions and initial conditions are complex. It is a mathematical problem that cannot be solved. It has no physical value and meaning. However, people tried to overcome the difficulties by numerical calculation. In the 1960s, a numerical method of relativity was proposed, which was abbreviated as NMR. Numerical calculation and fitting were used to simulate the physical process of EGFE. A prominent problem with this approach is that EGFE has a large number of non-physical formal solutions that tend to cause exponential growth and eventually crash the program.

According to GR, gravitational waves are generated by the collision of two black holes. According to different parameters, the theoretical waveform of a large number of gravitational waves can be obtained by numerical relativity method. LIGO stores this data in a waveform library called a template waveform to measure the quality of other data. The statistical credibility parameters are defined according to the difference between a certain set of data and the theoretical standard, and the greater the difference, the worse the credibility. The credibility thus defined is naturally biased towards the chosen theoretical model.

It is assumed that at two moments of 0.7 ms difference, a waveform of similar shape appears on two laser interferometers separated by 2000 km. The LIGO computer system automatically compares these two waveforms to the theoretical gravitational waveforms in the database. If exactly one theoretical waveform in the waveform library is similar to the two waveforms appearing on the laser interferometer, LIGO considers that the gravitational wave to be measured. According to the pre-set conditions of this theoretical waveform, LIGO also infers that there are two mass-quality black hole collisions somewhere in the billions of light years from the Earth.

However, the nightmare of the program crash has been plaguing NMR. Two black holes are placed there, not to mention merging them, even if letting them go two-step programs will collapse. This NMR method is simply not enough to prove that the waveform received by the interferometer must be the double black hole merger event that they envisioned 1.3 billion light years ago. Not to mention that it is not known whether the black hole really exists. In January 2014, British physicist Stephan Hawking said that black holes are not available, and black hole theory is the biggest mistake I made in my life. LIGO can't take other astronomical observations as a circumstantial evidence, but treats something that only has numerical simulation value as a real physical process. It is surprising to make bold inferences about what happened in the universe (or something that has never happened before).

In fact, the laser interferometer is surrounded by a lot of noise. It is entirely possible that two noises with no causal correlation but similar waveforms appear on both interferometers. In a paper published in September 2017 by J. Creswell of the Bohr Institute in Copenhagen, Denmark, it's pointed out that many noise waveforms were found in the LIGO database, which is very similar to the gravitational waveforms. Eight noise waveforms similar to gravitational waves appear in 24 seconds, so it can be seen that noise waveforms appear very frequently. A similar phenomenon was found in Chinese experts' research. In fact, dozens of such similar waveforms were found from the data provided by LIGO within a few minutes before and after the GW150914 gravitational wave burst. This explains why LIGO can find the signal of gravitational wave bursts so frequently. Double black hole merger is a more violent astronomical phenomenon than supernova explosion. How double black hole merger occur once in a few months, mayn't it?

6 Gravitational propagation velocity is superluminal speed rather than speed of light

The sunlight travels at the speed of light, and it takes 8.3 minutes from the sun to the earth. How long does it take for the solar gravitation to reach the earth? Einstein thinks it is also 8.3 min, because he determines that gravity is transmitted at the speed of light. How absurd this is! The gravitational force of the sun on the earth will never be so slow. In the Newton era, it was known that the speed of light was finite, and it took about 8 minutes for the sunlight to reach the Earth. But the gravitational force of the sun on the earth is definitely much faster than the speed of light. This is what Newton knows and believes, but Newton did not say that gravity is spreading at infinite speed. In fact, two famous scientists (Professor R. Lämmel of Germany and Professor Max Born of the United Kingdom) told Einstein in person long ago that "Some things are faster than light, such as gravity". But Einstein did not accept it, because the SR had been published (1905), and later GR was published (1915), and Einstein could not change it. As a result, he said that the gravitational field propagation velocity is the speed of light, and the gravitational wave propagation velocity is also the speed of light, and the field and the wave are not divided. In fact, if the gravitational force generated by the sun propagates outward at the speed of light, then when gravity reaches the earth, the earth has moved forward by a distance corresponding to 8.3 min. In this way, the sun's attraction to the earth is not on the same line as the earth's attraction to the sun. The effect of these misaligned forces is to increase the orbital radius of the stars orbiting the sun, and the distance between the Earth and the Sun will double in 1200 years. But in reality, the Earth's orbit is stable, so it can be concluded that the gravitational velocity is much faster than the speed of light. In 1998, T. Flandern pointed out that the speed of gravitational propagation is $v_G = (10^9 \sim 2 \times 10^{10})c$.

The similarity between Newton's law of universal gravitation and Coulomb's law of electrostatic force also proves that the gravitational field is a static field, and the fact that both gravitational and electrostatic forces propagate at superluminal speed further illustrates this point. Since the gravitational field is a static and non-curl field, gravitational waves do not exist. We believe that the idea is completely wrong, which the gravitational propagation velocity and the gravitational wave velocity are both speeds of light. It is not only does not conform to the facts, but also confuses the gravitational interaction with the electromagnetic interaction. "Gravitational velocity" and "gravitational wave velocity" are different concepts. A long time ago, many famous scientists knew that gravitational propagating speed was much faster than the speed of light $(v_G \gg c)$. They generally believed that if gravitational force propagates at a finite speed (speed of light c), the planets moving around the sun will be unstable due to torque. The relativists insist that gravity is transmitted at the speed of light in order to defend SR, because the theory holds that there is no possibility of superluminal speed, but this has been denied by the facts.

7 Conclusion

In this paper, it is considered that the basic physical principle determines that gravitational waves cannot exist, and the reason why the proposition is not credible is discussed from the theoretical level. The Einstein gravitational field equation is the basic equation of the GR theory, but its derivation has assumptions and patchwork. The physical effect of the gravitational field is reflected by the metric tensor of the Riemann space, and it is necessary to know the law of the distribution of the metric field. However, since there is no practical observational knowledge that can be relied upon, the gravitational field equation is derived using speculative reasoning. Although the gravitational field equation is derived, it is practically unsolvable because it is very complex and highly nonlinear. However, an equation that cannot be solved is something that is useless to humans, so Einstein derives gravitational waves by weak field approximation. This is an attempt to imitate the theory of electromagnetics, but this is not reasonable. Even LIGO said that gravitational waves are generated quickly when there is a dramatic astronomical phenomenon. Such gravitational field is not a "weak field", which contradicts the theoretical premise. In short, the nonlinearity of the Einstein gravitational field equation results in a nonharmonic solution.

In this paper, Minkowski's space-time integration is criticized. Furthermore, the numerical relativity method adopted by LIGO was criticized. The final conclusion is that gravitational waves are a meaningless concept, lack physical reality, and misleading. As for the issuance of the 2017 Nobel Physics Award, we believe it is wrong.

In the writing, this paper refers to the discussion of the Professor of Lingjun Wang and the Professor of Xiaochun Mei. We would like to express my gratitude!

References

[1] Abbott B P, et al. Observation of gravitational wave from a 22-solar mass binary black hole coalescence [J]. Phys Rev Lett, 2016, 116: 1 – 14.

[2] Abbott B P, et al. Observation of gravitational wave from a binary black hole merger [J]. Phys Rev Lett, 2016, 116: 1 – 16.

[3] Abbott B P, et al. GW170814: A three-detector observation of gravitational waves from a binary black hole coalescence [J]. Phys Rev Lett, 2017, 119: 1 – 16.

[4] Abbott B P, et al. GW170817: Observation of gravitational waves from a binary neutron star inspiral [J]. Phys Rev Lett, 2017, 119: 1 – 18.

[5] Engelhardt W. Open letter to the Nobel Committee for Physics [J]. DOL: 10. 13140/RG 2. 1. 4872. 8567, Dataset, 2016, 6, Retrieved 2016 – 9 – 24.

[6] Ulianov P Y. Light fields are also affected by gravitational waves, presenting strong evidence that LIGO did not detect gravitational waves in the GW150914 event [J]. Global Jour Phys, 2016, 4 (2): 404 – 420.

[7] Mei X C, Huang Z X , Ulianov P, Yu P. LIGO experiments cannot detect gravitational waves by using laser Michelson interferometers [J]. Jour Mod Phys, 2016, (7): 1749 – 1761.

[8] Creswell J, Hausegger S, Jackson A, Liu H. On the time lags of the LIGO signals, abnormal correlation in the LlGO data [J]. Jour of Cosmology and Astroparticle Phys, 2017, 8: 1 – 5.

[9] Mei X C, Huang Z X , Ulianov P, Yu P. The latest and stronger proofs to reveal the fraudulence of LIGO's experiments to detect gravitational waves [N]. A letter to Nobel Prize Committee, 2017 – 10 – 01, 1 – 32.

[10] Xiaochun Mei, Zhixun Huang, Suhui Hu, PingYu. Comment on LlGO's discovery of gravitational wave experiments and the 2017 Nobel Prize [N]. Physics and Technology Digest, 2017 – 10 – 20, 34 – 35, http: //vww. zgkjxww. com/qyfx/1508916503. html.

[11] Wang L J. One hundred years of General Relativity-a critical view [J]. Physics Essays, 28 (4),

2015.

[12] Flandern T. The speed of gravity: what the experiments say [J]. Phys Lett, 1998, A250: 1 – 11.

[13] Sangro R, et al. Measuring propagation speed of Coulomb fields [OL]. arXiv: 1211, 2913, v2 [gr-qc], 2014 – 11 – 10.

[14] Thorne K. The science of interstellar [M]. New York: Cheers Publishing, 2014.

[15] Huang Z X. Wave Sciences and Superluminal Light Physics [M]. Beijing: National Defense Industry Press, 2014.

[16] Huang Z X. Study on the Superluminal Light Physics [M]. Beijing: National Defense Industry Press, 2017.

LIGO 实验采用迈克逊干涉仪不可能探测到引力波[*]

——引力波存在时光的波长和速度同时改变导致 LIGO 实验的致命错误

梅晓春　黄志洵　Policarpo Ulianov　俞平[**]

摘要： 本文严格证明，LIGO 实验的计算忽略了两个重要因素，导致致命的错误。一是忽略了引力波对光的波长的影响；二是没有考虑到引力波存在时光速不是常数。按照广义相对论，引力波对空间距离产生影响的同时，也会对光的波长的影响。同时考虑这两个因素，迈克逊干涉仪上激光的相位是不变的。此外按照广义相对论，引力波存在时，时空度规的空间部分发生改变，但时间部分却是平直的。由此导致引力波存在时光速不是常数，用时间差计算干涉图像变化的方法失效。因此，LIGO 实验设计的基本原理是错的，采用迈克逊激光干涉仪不可能观察到引力波。由于光速不是常数，LIGO 实验中所有关于信号匹配的计算都将改变，就谈不上引力波的探测了。事实上，迈克逊当年也是采用迈克逊干涉仪，试图发现地球绝对运动。然而迈克逊实验得到的是零结果，由此导致狭义相对论的诞生。LIGO 实验的基本原理与迈克逊实验的基本原理是一样的，在实验过程中光波的相位都是不变的。用迈克逊干涉仪做实验只能得到零结果，由此注定 LIGO 实验不可能发现引力波。

关键词： 引力波；LIGO 实验；广义相对论；狭义相对论；迈克逊干涉仪

＊ 本文原载于《中国传媒大学学报（自然科学版）》，第 23 卷，第 5 期，2016 年 10 月，1—8 页。

＊＊ 梅晓春，福州原创物理研究所，福州；黄志洵，中国传媒大学信息工程学院，北京；Policarpo Ulianov，Equalix Tecnologia LTDA, Brazil；俞平，Cognitech Calculation Technology Institute, USA。

LIGO Experiments Cannot Detect Gravitational Waves by Using Laser Michelson Interferometers

—Light's Wavelength and Speed Change Simultaneously When Gravitational Waves Exist Which Make the Detections of Gravitational Waves Impossible for LIGO Experiments

MEI Xiao-chun   HUANG Zhi-xun   Policarpo Yōshin Ulianov   YU Ping [*]

Abstract: It is proved strictly based on general relativity that two important factors are neglected in LIGO experiments by using Michelson interferometers so that fatal mistakes were caused. One is that the gravitational wave changes the wavelength of light. Another is that light's speed is not a constant when gravitational waves exist. According to general relativity, gravitational wave affects spatial distance, so it also affects the wavelength of light synchronously. By considering this fact, the phase differences of lasers were invariable when gravitational waves passed through Michelson interferometers. In addition, when gravitational waves exist, the spatial part of metric changes but the time part of metric is unchanged. In this way, light's speed is not a constant. When the calculation method of time difference is used in LIGO experments, the phase shift of interference fringes is still zero. So the design principle of LIGO experiment is wrong. It was impossible for LIGO to detect gravitational wave by using Michelson interfermeters. Because light's speed is not a constant, the signals of LIGO experiments become mismatching. It means the these signals are noises actually, caused by occasional reasons, no gravitational waves are detected really. In fact, in the history of physics, Michelson and Morley tried to find the absolute motion of the earth by using Michelson interferometers but failed at last, The basic principle of LIGO experiment is the same as that of Michelson-Morley experiment in which the phases of lights were invariable. Only zero result can be obtained, so LIGO experments are destined failed to find gravitational waves.

Keywords: gravitational waves; LIGO Experiments; general relativity; Michelson Interferometers

---

* MEI Xiao-chun, Institute of Innovative Physics in Fuzhou, Fuzhou, China; HUANG Zhi-xun, Communication University of China, Beijing, China; Policarpo Yōshin Ulianov, Equalix Tecnologia LTDA, Brazil; YU Ping, CognitechCalculating Technology Institute, USA.

一、前言

LIGO（美国激光干涉引力波天文台）采用迈克逊激光干涉仪，声称在四个月内探测到两次引力波爆发事件 GW150914 和 GW151226[1-2]，以及一次疑似引力波爆发事件 LVT151012[2]。本文证明采用迈克尔逊干涉仪不可能探测到引力波，LIGO 实验的基本原理存在原则性的错误，所谓发现两个黑洞合并，导致引力波爆发的实验结果是不可信的。

LIGO 实验原理是，按照广义相对论，引力波会引起空间伸缩，导致迈克尔逊干涉仪两臂的长度差改变。沿两臂传播的激光汇合后就会产生相位差，引起干涉条纹变化，从而观察到引力波。实际计算可以采用两种方法，一种是计算干涉仪上两光到达干涉屏时的位相差，另外一种是计算两光到达干涉屏时的时间差。在 LIGO 的实验中，两种方法计算都被使用，证明引力波会引起干涉图像改变。但这种计算方法的前提是，光的传播速度是一个常数。

众所周知，光波的相位不但与传播距离有关，还与波长有关。空间伸缩也会引起波长发生改变，从而影响光波的相位。本文指出，LIGO 实验的计算忽略了引力波对光的波长的影响。如果同时考虑引力波对空间距离和波长的影响，迈克尔逊干涉仪上传播的激光的相位是不变的，因此 LIGO 实验是不可能观察到引力波的。

另一方面，LIGO 实验计算中始终将光的速度视为常数。本文严格按照广义相对论证明，在引力波存在的情况下，光的运动速度不是常数。如果沿迈克尔逊干涉仪的一条臂的速度小于真空光速，沿另外一条臂的速度大于真空光速。考虑到引力波存在的情况下光速不是常数，光沿迈克尔逊干涉仪两臂运动就不存在时间差。因此用第二种方法计算，采用迈克尔逊干涉仪，LIGO 仍然无法探测到引力波。

本文最后简述了 LIGO 实验存在的其他原则问题，结论是 LIGO 实验并没有探测到所谓的两个黑洞合并爆发引力波的事件，发现的所谓引力波信号只可能是某种偶然原因产生的噪音。

二、LIGO 实验中迈克逊干涉仪激光相位不变的证明

按照广义相对论，在弱场条件下，引力场的度规张量写为

$$g_{\mu\nu}(x) = \eta_{\mu\nu} + h_{\eta\nu}(x) \qquad (1)$$

式中 $\eta_{\mu\nu}$ 是平直时空度规，$h_{\mu\nu}(x)$ 是一个小量。代入 Einstein 引力场方程，可以证明引力波辐射是四极矩模式。在空间范围不大的情况下，计算可得 $h_{\eta\nu}(x) = h_{\eta\nu}(t)$。当引力波

沿 x 轴传播时强度为 $h_{11}(t)$，沿 y 轴传播时强度为 $h_{22}(t)$，同时可以证明二者存在关系 $h_{11}(t) = -h_{22}(t)^{[3]}$。因此引力波存在时，引力场的时空度规是

$$ds^2 = c^2 dt^2 - [1 + h_{11}(t)]dx^2 - [1 + h_{22}(t)]dy^2 \tag{2}$$

可见引力波存在时引力场时空度规的时间部分是平直的，空间部分弯曲。

另一方面，按照广义相对论，光在引力场中运动时四维弧元为零，即 $ds^2 = 0$。设引力波在 z 轴方向传播，当光 x 分别沿 x 轴方向和 y 轴方向传播时，就有[4]

$$ds^2 = c^2 dt^2 - [1 + h_{11}(t)]dx^2 = 0, \quad ds^2 = c^2 dt^2 - [1 + h_{22}(t)]dy^2 = 0 \tag{3}$$

显然这两个度规的时间部分是平直的，空间部分是弯曲的。因此引力波的存在会使光的传播形式发生改变。考虑到 $|h_{11}| \ll 1$，$|h_{22}| \ll 1$，以及 $h_{11}(t) = -h_{22}(t)$，得

$$dx = \frac{c}{\sqrt{1 + h_{11}}}dt = c\left(1 - \frac{1}{2}h_{11}(t)\right)dt \tag{4}$$

$$dy = \frac{c}{\sqrt{1 + h_{22}}}dt = c\left(1 + \frac{1}{2}h_{11}(t)\right)dt \tag{5}$$

LIGO 实验用迈克逊激光干涉仪测量引力波，迈克逊干涉仪的工作原理如图 1 所示。光从光源 S 发出，经过发光镜分成两路，光线 1 穿过分光镜后到达反射镜 M_1，然后折回并被反射到 E。光线 2 直接被反射到 M_2 后折回，与来自 M_1 的光线叠加，在 E 处产生干涉条纹，观察者在 E 处观察。

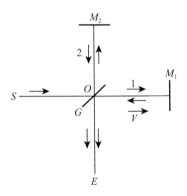

图 1 迈克尔逊干涉实验原理

我们先讨论最简单的情况。设干涉仪一条臂的长度等于 L_0，令 $h_{11}(t) = h = $ 常数，光沿一条臂来回运动一周的时间是 $t_2 - t_1 = 2\tau$，将式（4）和（5）对这个时间区间积分，得

$$x = 2L_0(1 - h/2), \quad y = 2L_0(1 + h/2) \tag{6}$$

式中 $L_0 = c\tau$。沿两条臂运动的光的路程差为 $\Delta L = y - x = 2L_0 h$。设激光的振幅是

$$E_x = E_0 \cos(\omega t - kx), \quad E_y = E_0 \cos(\omega t - ky) \tag{7}$$

其中 $k = 2\pi/\lambda$，$\omega = 2\pi\nu$，$\nu\lambda = c$。按照普通光学的计算，两光振幅叠加后平方，得到光强为

$$E^2 = (E_x + E_y)^2 = 2E_0^2(1 + \cos\Delta\delta) \tag{8}$$

相位差是

$$\Delta\delta = k(y - x) = \frac{2\pi}{\lambda}(y - x) \tag{9}$$

如果没有引力波，$y = x = 2L_0$，则 $\Delta\delta = 0$。如果有引力波通过，按照现有理论，两光在汇合后的相位差是

$$\Delta\delta = \frac{2\pi}{\lambda}(y - x) = \frac{4\pi L_0 h}{\lambda} \tag{10}$$

因此引力波会使激光干涉仪的条纹产生变化，通过观察干涉条纹的变化，就可以探测到引力波。

然而以上计算是有问题的。首先，严格按照广义相对论，式（1）和（2）只使用于真空中两个自由粒子之间的距离。LIGO 激光干涉仪固定在钢管中，钢管固定在地球表面上。激光仪的两个玻璃用纤维材料悬挂在干涉仪支架上。整个系统受电磁相互作用的支配，而电磁相互作用比引力信号作用强 10^{40} 倍！因此引力波根本不可能克服电磁相互作用，使钢管的长度发生变化，或者克服纤维材料的应变力，使两个镜子之间的距离发生变化。是 LIGO 实验的致命伤，是无可挽救的。这个问题在文献[5]中有详细讨论，就不重复。

本文要讨论的重点是，以上计算没有考虑到引力波对激光波长的影响。如果引力波能使空间距离产生改变，同样也会使激光的波长产生改变，而且二者是同步的。因此引力波存在时，按照式（6），沿 x 轴和 y 轴运动的波长就变成

$$\lambda_x = \lambda(1 - h/2), \quad \lambda_y = \lambda(1 + h/2) \tag{11}$$

两光在汇合后，相位差是

$$\Delta\delta = 2\pi\left(\frac{y}{\lambda_y} - \frac{x}{\lambda_x}\right) = 2\pi\left(\frac{2L_0}{\lambda} - \frac{2L_0}{\lambda}\right) = 0 \tag{12}$$

因此激光干涉条纹仍然不变，也就是说用迈克逊干涉仪是无法探测到引力波的。

如果 $h_{11}(t) \neq$ 常数，可以将引力波写成以下形式

$$h_{11}(t) = h_0\sin(\omega_g t + \theta_0) \tag{13}$$

式中 ω_g 是引力波的振动频率，代入式（5）和（6）积分后得

$$x = 2c\tau - \frac{ch}{2}\int_0^{2\tau}\sin(\omega_g t + \theta_0)dt = L_0 - \frac{ch_0}{2\Omega}[\cos(2\omega_g\tau + \theta_0) - \cos\theta_0] = L_0(1 - A/2) \tag{14}$$

$$y = 2c\tau + \frac{ch_0}{2}\int_0^{2\tau}\sin(\omega_g t + \theta_0)dt = L_0 + \frac{ch_0}{2\Omega}[\cos(2\omega_g\tau + \theta_0) - \cos\theta_0] = L_0(1 + A/2) \tag{15}$$

式中
$$A = \frac{ch_0}{\Omega L_0}\left[\cos(2\omega_g\tau + \theta_0) - \cos\theta_0\right] \tag{16}$$

结果与式（6）一样，只不过用 A 代替 h。

在 LIGO 实验中，引力波的频率是 $\nu = 30 \sim 300\,\text{Hz}$，波长 $\lambda = c/\nu = 10^6 \sim 10^7\,\text{m}$。LIGO 激光干涉仪的臂长 $L_0 = 4 \times 10^3\,\text{m}$。因此 $\lambda \gg L_0$，在引力波通过 LIGO 干涉仪的空间范围内，引力的波长是固定的，仍然可以近似地用式（11）表示（用 A 代替 h）。因此即使用式（13）描述引力波，LIGO 实验仍然无法探测到引力波。

三、引力波存在时光速不是常数

从式（2）可知，引力波存在时，时空度规的时间部分是平直的，空间部分弯曲。从式（4）和（5）可以得出一个结论，即引力波存在时光速不是常数，我们有

$$V_x = \frac{dx}{dt} = \frac{c}{\sqrt{1+h_{11}}} \approx c\left(1 - \frac{1}{2}h_{11}\right) \neq c, \quad V_y = \frac{dy}{dt} = \frac{c}{\sqrt{1+h_{22}}} = c\left(1 + \frac{1}{2}h_{11}\right) \neq c \tag{17}$$

这个结果会对 LIGO 实验产生很大的影响。但现有理论没有考虑到这个问题，总把引力场中的光速看成是一个常数。文献［4］和［7］对上式的解释是，引力波的作用使空间的折射率从 1 变成 $\sqrt{1+h_{kk}}$。因此在介质中光的速度要改变，就不是真空中的光速。更有趣的是，如果 $h_{11} > 0$，则 $V_x < c$，$V_y > c$，也就是说 V_y 是超真空光速的。如何理解这个现象呢？现有引力波理论没有考虑这个问题。

文献[7]还指出，"对于高斯光束等，光的时空间隔不为零。而在激光引力波探测装置中存在的通常是高斯光束。那么这种光是否存在于弯曲时空中吗？"按照更严格的计算，引力波存在时，高斯光束的传播速度是[7]

$$V_c = c\left|1 - \frac{2}{(k\omega_0)^2 + (2z/\omega_0)^2}\right| < c \tag{18}$$

式中 ω_0^2 是高斯光的斑点的尺寸，k 是波矢，z 是光沿 z 轴运动的坐标。LIGO 通过干涉仪两臂之间信号波形的匹配来确定引力波，同时假设干涉仪上的激光和引力波都以光速传播。如果激光的速度不是真空光速，这种结果对 LIGO 实验的波形匹配会产生非常大的影响，原来与引力波样板匹配的信号可能变得完全不匹配，所谓发现引力波的结论也得重新考虑。

事实上，LIGO 也承认引力波会对光的波长产生影响。但他们认为这不会改变激光的干涉图样，原因是干涉仪的臂长与光的波长之间存在差别（这个理由莫名其妙，物理意义不明确）。在 LIGO 官方网站（https：//www.ligo.caltech.edu/page/faq）的 FAQ 栏目中（frequently asked questions），我们可以看到以下的文字："A gravitational wave does stretch and squeeze the wavelength of the light in the arms. But the interference pattern doesn't come about because of the difference between the length of the arm and the wavelength of the light. "

按照 LIGO 的解释，引力波存在时光速仍然不变，但干涉仪的臂的长度发生改变，使两光的波峰和波谷到达观察屏的时间是不同的，由此引起激光干涉图样的改变。"Instead it's caused by the different arrival time of the light wave's 'crests and troughs' from one arm with the arrival time of the light that traveled in the other arm. To get how this works, it is also important to know that gravitational waves do not change the speed of light. " 在这段话中，LIGO 团队强调引力波不改变光速，这是 LIGO 实验的基础。然而由于引力波存在时，光的速度不是常数，因此 LIGO 的实验解释就不成立。

引力场中的光速是否是常数，这是一个很多人实际上没有弄清楚的问题。测量速度需要先定义单位尺和单位钟。按照广义相对论，引力场使时空弯曲，我们有两种方式来定义单位尺和单位钟，即所谓的坐标尺和坐标钟，以及标准尺和标准钟。坐标尺和坐标钟是固定在引力场中每一点上的尺和钟，它们随引力场的强度而变。标准尺和标准钟是引力场中某点上局域参考系中定义的尺和钟，或者是在引力场中自由降落参考系上定义的尺和钟。在这个参考系上，引力的作用被消除，因此标准尺和标准钟是不变的。

广义相对论中已证明，如果引力场的度规张量是非时轴正交的，即 $g_{0i} \neq 0$，不论尺与钟采用什么定义，引力场中的光速都不等于真空光速。如果引力场度规张量是时轴正交的，即 $g_{0i} = 0$，采用坐标尺和坐标钟，光速就不等于真空光速。如果采用标准尺和标准钟，或者处于自由降落的基本惯性系，引力场中的光速等于真空光速[3]。

在 LIGO 实验中，观察者静止在引力波引起的引力场中，而不是处于引力场中自由降落的局部惯性系中，采用的是坐标尺和坐标钟。按照式（2）$g_{0i} = 0$，因此 LIGO 实验中光速就不等于真空光速。事实上按照式（2），度规的时间部分是平直的，空间部分弯曲。按照速度的定义 $V_x = dx/dt$，光速就不可能是常数。按照这种方式，一般引力场中的光速都是低于真空光速的，比如在施瓦西球对称引力场和宇宙学的罗伯逊－沃特度规引力场中的光速。然而引力波存在时的光速可能超真空光速，这是非常不一般的，物理学家至今没有注意到这个问题。

四、LIGO 实验无法用时间差计算干涉图像的改变

在经典光学中，光沿两条路径传播的时间差也可以用来计算干涉条纹的改变。但这种计算有一个前提，即光的速度是一个常数。LIGO 实验也用时间差来计算干涉图像的改变[7]。然而引力波存在时光的速度不是常数，用时间差来计算干涉条纹也是不可能

的。虽然干涉仪的臂长发生改变，但光的传播速度也同步发生改变，以至于光波到达的时间不变。

我们还可以更严格地讨论这个问题，证明引力波存在时光的波长改变，但频率却是不变，因此相位也是不变的。设光的频率 $\omega = 2\pi\nu = 2\pi c/\lambda$，如果引力波存在时光速不变但波长 λ 改变，则 ω 也要发生改变。在这种情况下，式（7）就变成

$$E_x = E_0\cos(\omega_x t - k_x x), \quad E_y = E_0\cos(\omega_y t - k_y y) \tag{19}$$

两光叠加后就不能写成式（8）的形式，结果变得非常复杂。

如果引力波存在时光的速度不是常数，同时考虑式（6）和（11），可得

$$\omega_x = 2\pi\nu_x = \frac{2\pi V_x}{\lambda_x} = \frac{2\pi c}{\lambda} = \omega, \quad \omega_y = 2\pi\nu_y = \frac{2\pi V_y}{\lambda_y} = \frac{2\pi c}{\lambda} = \omega \tag{20}$$

因此光的频率仍然是一个不变量，两个光的叠加仍然可以写成式（8）的形式。

可见引力波存在时，把光看成在介质中运动，光的频率不变，但速度和波长都要变，才能达到逻辑的一致性。事实上，式（20）在现有物理学中是有根据的。按照经典物理学，在静止的介质中波的传播速度要改变，但频率是不变的[8]。因此波长要改变，但光波的相位是不变的。

事实上从式（7）可知，光的相位由 ωt 和 kx 两部分组成。由于距离和波长同步改变，与空间有光的相位 $kx = 2\pi x/\lambda$ 是不变量。由于 $\omega = 2\pi\nu = 2\pi/T$，$T$ 是光的周期，与时间 t 是同步发生变化的。我们总有 $\omega' = 2\pi\nu' = 2\pi t'/T' = 2\pi t/T = \omega$，由于引力波对时间 t 实际上不产生影响，因此 LIGO 实验中激光与时间有关的相位 ωt 也是不变的。

五、第三种计算方法存在的问题

LIGO 实验还有一种更复杂的计算方法，通过考虑引力场与电磁场的相互作用，即所谓的在弯曲时空中求电磁场方程解，来计算 LIGO 实验中激光的相位改变[9]。在这个计算中，干涉仪的两条臂位于 x 轴和 y 轴。引力波不存在时，沿 x 轴传播的光的电场在 y 轴方向振动（电磁波是横波）

$$E_y^{(0)} = E_0\left[e^{i(kx-\omega t)} - e^{-i(kx-\omega t-2ka)}\right] = -F_{02}^{(0)} \tag{21}$$

式中 a 是反射镜的坐标，$F_{ik}^{(0)}$ 是电磁场张量。磁场的形式类似，就不写出。干涉仪的另外一条臂在 y 轴方向，沿该方向传播的光的电场在 x 轴方向振动，即

$$E_x^{(0)} = E_0\left[e^{i(ky-\omega t)} + e^{-i(ky-\omega t-2ka)}\right] = -F_{01}^{(0)} \tag{22}$$

式中 $F_{01}^{(0)}$ 和 $F_{02}^{(0)}$ 是电磁场张量。同时假设引力波沿 z 轴方向传播，令

$$h_{11} = -h_{22} = -A\cos(k_g z - \omega_g t) \tag{23}$$

当引力波存在时，电磁场张量变成

$$F_{\mu v} = F_{\mu v}^{(0)} + F_{\mu v}^{(1)} \qquad (24)$$

式中 $F_{\mu v}^{(1)}$ 是引力场诱导出来的电磁场小量。代入弯曲时空电磁场运动方程，得到 $F_{\mu v}^{(1)}$ 满足的运动方程[10]

$$F_{\mu v,\rho}^{(1)} \eta^{\rho v} = h_\mu^{v,\rho} F_{v\rho,\rho}^{(0)} + h^{v\rho} F_{\mu v,\rho}^{(0)} + O(h^2) \qquad (25)$$

$$F_{\mu v,\rho}^{(1)} = F_{v\rho,\mu}^{(1)} + F_{\rho\mu,v}^{(1)} = 0 \qquad (26)$$

通过求解式（25）和（26），得到 $F_{\mu v}^{(1)}$ 的具体形式。在此基础上就得到相移动

$$\delta\varphi_x = \frac{A}{2}\frac{\omega}{\omega_g}\sin\omega_g\tau, \qquad \delta\varphi_y = -\frac{A}{2}\frac{\omega}{\omega_g}\sin\omega_g\tau \qquad (27)$$

从而确定引力波引起的光相位移动 $\delta\varphi = \delta\varphi_x - \delta\varphi_y$。然而仔细分析后发现，这种计算方法存在许多问题，举例如下：

1. 该计算仍然假设引力场存在时光速不变，如前文所述，这是不可能的。本文关于用迈克尔逊干涉仪无法探测引力波的证明，就是基于光速不是常数这个结果的。

2. 上文已经证明，引力波对光的相位不产生影响。因此引力波存在时式（21）和（22）的形式不变，式（24）中 $F_{\mu v}^{(1)} = 0$，不可能通过这种方法计算光的位相移动。

3. 按照式（21）和（22），沿 x 轴和 y 轴传播的两束光的电磁场振动方向是正交的，因此这两束光是不相干的。如果它们产生不干涉，引力波又怎么可能使它们的干涉条纹发生移动呢？这是这种计算方法需要面对的另外一个基本问题。

4. 然而通过求解组（25）和（26）无法同时得到沿每条臂传播的光的相差 $\delta\varphi_x$ 和 $\delta\varphi_y$，因而无法求总的相差 $\delta\varphi = \delta\varphi_x - \delta\varphi_y$。因此原文作者不得不只考虑光沿一条臂传播的情况（We solve these equations in a special orientation which does not correspond to an actual interferometer arm）。如作者在原文中说，该计算引入一个假想的，沿 y 轴传播的引力波和沿 z 轴传播的电磁场（a fictitious system is composed of an electromagnetic wave propagating along the z axis, …is perturbed by a gravitational wave moves along the y axis），不考虑沿 x 轴传播的电磁场。

在这种简化条件下进行计算，将结果通过一个坐标变换，变回到原来的问题。对于沿 x 轴运动的光，坐标变换是 $t'=t$，$x'=y$，$y'=z$，$z'=x$（坐标系先顺时针绕 x 轴转动 90 度，再顺时针绕 z 轴转动 90 度）。对于 y 轴运动的光，坐标变换是 $t'=t$，$x'=x$，$y'=z$，$z'=-y$（坐标系逆时针绕 x 轴转 90 度）。由此又产生两个问题：

Ⅰ）光沿一条臂传播与沿两条臂传播时，引力波与电磁场相互作用的方程是不一样的，或者说式（25）和（26）是不一样的，因此这种计算方法不能代表真实的实验过程。

Ⅱ）坐标变换后沿 x 轴运动的光的电磁场为

$$E_x'^{(0)} = E_0\left(e^{i(kz'-\omega t')} - e^{-i(kz'+\omega t'-2ka)}\right) \qquad (28)$$

沿 y 轴运动的光的电磁场为

$$E'^{(0)}_x = E_0 e^{2ika} \left(e^{i(kz'-\omega t')} - e^{-i(kz'+\omega t'-2ka')} \right) \tag{29}$$

引力波则变成

$$h_{11} = -h_{33} = -A\cos(k_g y' - \omega_g t') \tag{30}$$

可以看出两束光的电磁场的振动方向变一样，或者说它们可以产生干涉。但两个光都变成沿 z' 轴运动，仍然与迈克尔逊干涉仪的实验情况不一致性。

可见用这种方法计算的位相移动，实际上是为了拼凑出计算者想得到的结果。它在实际观察中不可实现，并与本文的计算结果相矛盾。事实上，以上三种计算方法的结果必须一致。而本文的第一种方法是标准方法，其物理意义是非常明确的。如果用其他方法得到的结果与它不一致，就得考虑计算是否正确。

由此看出，LIGO 实验中实际上有许多基本概念问题没有解决，在这种情况下声称探测到引力波是没有意义的。即使将来把探测引力波实验放到太空中进行，如果仍然采用迈克逊激光干涉仪，也是不可能探测到引力波的。如果引力波确实存在，要想探测到引力波，就必须寻找新的实验方法。

六、LIGO 实验与迈克逊莫雷实验的比较

Einstein 提出狭义相对论之前，迈克逊花了十几年时间做实验，试图发现地球的绝对运动，但没有成功。狭义相对论对迈克逊实验零结果的解释是，干涉仪的转动使其中一条臂的长度发生洛伦兹收缩，另外一条的长度不变。由此导致光速不变，就不可能观察到干涉条纹的移动。LIGO 实验采用迈克逊干涉仪，其基本原理与迈克逊的实验完全一样。当引力波作用到干涉仪的一条臂上，使臂的长度发生收缩的同时，也使光的波长发生相同的改变。由于二者的改变是同步的，就等于什么都没有发生。迈克逊实验不能观察到地球的绝对运动，LIGO 实验也不可能成功[11]。

我们来详细讨论这个问题。在迈克逊干涉实验中，光波也可写成式（7）的形式。设迈克逊干涉仪的沿 y 方向的臂静止，沿 x 方向的臂在运动。对于静止的观察者，x 轴的长度收缩和时间延缓为

$$x' = x\sqrt{1-V^2/c^2}, \quad t' = t/\sqrt{1-V^2/c^2} \tag{31}$$

设沿 x 轴运动的光的周期是 T'，频率是 ν'，我们有 $\nu'T'=1$，$\omega'=2\pi\nu'=2\pi/T'$，以及 $T'=T/\sqrt{1-V^2/c^2}$（周期也是时间）。可得

$$\omega't' = \frac{2\pi t'}{T'} = \frac{2\pi t}{T} = \omega t, \quad k'x' = \frac{2\pi x'}{\lambda'} = \frac{2\pi x}{\lambda} = kx \tag{32}$$

因此在迈克逊干涉仪的转动过程中，光波式（7）的相位不变，就无法观察到地球的运

动。其关键是光速不变，但波长和频率同时发生变化。而在引力波实验中，按照式（1）和（2），时间是平直的。因此光的速度和波长要改变，但光的频率不变，这是 LIGO 实验与迈克逊实验不同的地方。而二者共同之处是，光波的相位是不变的，用迈克逊干涉仪做实验，只能得到零结果。

我们来做进一步的计算。地球绕太阳轨道运动的速度 $V = 3 \times 10^4$ 米/秒，迈克逊干涉仪的臂长 $L = 10$ 米。按照洛伦兹公式计算，干涉仪转动导致的臂长度收缩为

$$\Delta L = L(1 - \sqrt{1 - V^2/c^2}) = 5 \times V^2/c^2 = 5 \times 10^{-8} 米 \tag{33}$$

LIGO 引力波实验中产生的长度收缩为 10^{-18} 米，是迈克逊干涉实验的长度改变的二百亿分之一！假设按照经典力学，迈克逊干涉实验能够观察到干涉条纹的移动，移动的个数大约为 0.2 个。假定 LIGO 实验也能够观察到激光干涉条纹的漂移，引力波引起的干涉条纹移动个数是一千亿分之一个。在环境和温度强大的噪音背景下，LIGO 实验者怎么能够将如此小的干涉条纹的漂移分离出来，并确认它就是引力波的效应呢？

七、LIGO 实验存在的其他问题

本文作者中梅晓春和俞平在《前沿科学》和 *Journal of Modern Physics* 上发表文章，指出 LIGO 实验存在许多严重的问题，要点如下[5-6]：

1. LIGO 实验没有找到对应的引力波爆发源，所谓探测到引力波实际上是计算机模拟的结果。

2. 广义相对论中，引力波改变距离的公式只对真空中两个自由粒子有效，对 LIGO 实验无效。

3. LIGO 实验的整个系统由大量带电粒子组成，受电磁相互作用的支配。引力波强度太弱，不可能使干涉仪两臂的长度发生改变。

4. LIGO 实验并没有证实广义相对论，实验者的论证方法是循环论证，逻辑有问题。

5. LIGO 实验采用数值相对论计算方法靠不住，蝴蝶效应会放大误差。

6. 比原子核小 1000 倍的距离变化已经进入微观范畴，是不可测量的。

7. 奇异性的黑洞至今没有被观察到，实际上是不可能存在的。

巴西人工智能专家 P. Ulianov 在 *Global Journal of Physics* 发表文章[11]，指出 LIGO 实验所谓的引力波信号可能由电网频率的波动引起。LIGO 实验只监测电网的电压，没有监测电网的频率。LIGO 实验中存在 60Hz 和 30Hz 的噪音，前者是美国电网的供电频率，后者是 LIGO 系统本身的噪音频率。如果电网频率存在 2.5Hz 的波动，与 30Hz 的噪音叠加就会产生类似 LIGO 引力波的信号。

根据以上讨论，LIGO 实验根本不可能探测到引力波。所谓的"引力波"发现实际上只是一场计算机模拟和图像匹配和识别的游戏，尽管是一个工程巨大、精确无比的游戏。

参考文献

［1］Abbott B P, et al. Observation of gravitational wave from a binary black hole merger ［J］. Phys Rev Lett, 2016, 116：1 – 16.

［2］Abbott B P, et al. Observation of gravitational wave from a 22 – solar mass binary black hole coalescence ［J］. Phys Rev Lett, 2016, 116：241103, 1 – 14.

［3］刘辽，赵峥. 广义相对论（第二版）［M］. 北京：高等教育出版社, 2004, 28, 140.

［4］方洪烈. 光学谐振腔与引力波探测 ［M］. 北京：科学出版社, 2014：239, 246, 331.

［5］梅晓春，俞平. LIGO 真的探测到引力波了吗？［J］. 前沿科学, 2016, 10（1）：79 – 89.

［6］Mei X, Yu P. Did LIGO really detect gravitational waves? ［J］. Jour Mod Phys, 2016, (7)：1098 – 1104.

［7］Callen H B, Green R F. On a Theorem of Irreversible Thermodynamics ［J］. Phys Rev, 1952, 86：702.

［8］H C 瓦尼安，R 鲁菲尼. 引力与时空 ［M］. 北京：科学出版社, 2006, 155.

［9］C F Cooperstock, V Faraoni. Laser Interferometric Detectors of Gravitational Waves ［J］. Classical and Quantum Gravity, 1993, V10, 1989.

［10］C F Cooperstock. Laser Interferometric Detectors of Gravitational Waves ［J］. Ann Phys（NY）, 1968, 47, 173.

［11］Ulianov P Y. Light fields are also affected by gravitational waves, presenting strong evidence that LIGO did not detect gravitational waves in the GW150914 event ［J］. Global Jour Phys, 2016, 4（2）：404 – 420.

评 LIGO 发现引力波实验和 2017 年诺贝尔物理奖[*]

梅晓春　黄志洵　胡素辉　俞平[**]

摘要：近年来，美国激光干涉引力波天文台（LIGO）多次声称发现引力波，本文指出这些所谓的引力波发现都是不真实的。LIGO 实验中出现的所谓引力波的波形实际上都是噪音，这种噪音波形在 LIGO 实验中大量存在。而 LIGO 团队则有意隐瞒事实，说 26 万来年才可能在两个激光干涉仪上同时出现一次两个相似的波形。实际的情况是，LIGO 事先用数值相对论方法，计算了大量引力波波形，放在他们的数据库中。从中挑选出几个满足时间相关性条件的，与实际过程出现噪音波形相似性比较好的，加以修饰和包装，然后宣布发现引力波。然而在天文观测上，根本没有发现任何与这种波对应的引力波爆发现象。为了使数值相对论的计算结果与激光干涉仪上出现的噪音波形一致，LIGO 实验团队不得不将理论计算的引力波的波形，用带通滤波器和带阻滤波器处理，导致严重变形。这种经过处理的理论曲线不代表真实的引力波，将他们与所谓的观察数据进行比较也是没有意义。除此之外，按照理论计算，两个黑洞相互环绕合并、产生引力波的过程持续 3 秒以上。但 LIGO 实验的测量数据与理论波形仅在 0.1～0.13 秒的时间窗口内具有一致性。即使采用通过滤波器处理的理论波形，在 95% 以上时间中，测量数据仍然与理论波形不符。LIGO 发表的所有文章，以及对科学界与公众的宣传中都不提及以上问题，使其声称探测到引力波的结论具有欺骗性。LIGO 所谓的引力波发现在本质上只是一场计算机模拟和图形匹配游戏，与实际的天文和天体物理学过程无关。

关键词：LIGO；引力波探测；广义相对论；数值相对论；黑洞；计算机模拟

　＊　本文原载于《科技文摘报》，2017 年 10 月 20 日。

　＊＊　梅晓春，福州原创物理研究所；黄志洵，中国传媒大学信息工程学院；胡素辉，中国科学院上海微系统与信息技术研究所；俞平，Cognitech Calculation Technology Institute, USA。

Comment on the Experiment and the
Nobel Prize of Physics in 2017

Mei Xiao-Chun   Huang Zhi-Xun   Hu Su-Hui   Yu-Ping

Abstract：In recent years, Laser Interferometer Gravitational Wave Observatory (LIGO) had repeatedly claimed to find gravitational waves. This paper reveals that these so-called gravitational wave findings were not true. The so-called gravitational waves were actually noises which were abundant in the experiments of LIGO. The team of LIGO deliberately lied, declared that it would take about 260 thousand years for two laser interferometers to appear two similar wave forms at the same time. What they actually did was to pick out a few noise waves that met the time-dependent conditions and had a good similarity among the gravitational wave data that had been calculated using numerical relativistic methods, decorated and dressed them, and then announced the discovery of gravitational waves. However, astronomical observation had been not found any corresponding gravitational wave explosion phenomenon. In order to make the calculation results of numerical relativistic methods were consistent with the noise wave forms on the laser interferometer, the team of LIGO had to use bandpass and bandstop filters to process the theoretically calculated gravitational wave forms which resulted in severe distortions. Such processed theoretical curves did not represent real gravitational waves, and it made no sense to compare them with so-called observational data. In addition, according to the calculation of theory, the process that two black holes orbited each other, merged and produced gravitational waves last more than three seconds. However, the so-called measured data from LIGO experiments were consistent with the theoretical waveform only in the time window of 0. 1 to 0. 13 seconds. Even with the theoretical waveform processing through filters, the so-called measured data still did not agree with the theoretical waveform in more than 95% of time. The team of LIGO did not mention these issues in their publications and publicity to the scientific community, making their claim to detect gravitational waves deceptive. LIGO's so-called gravitational wave discovery were essentially computer simulations and graphics-matching games that had nothing to do with actual astronomical and astrophysical processes.

Keywords：LIGO; Gravitational wave detection; General relativity; Numerical relativity; Black hole; Computer simulation

2017 年 10 月 16 日，美国激光干涉引力波天文台（LIGO）和欧洲 VIRGO 联合宣布第五次探测到引力波。此前 LIGO 曾三次宣布独立探测到引力波，与 VIRGO 联合探测到一次引力波。近两年来，LIGO 的引力波探测一直是科技界的头条新闻，引起广泛的社会兴趣。

与前四次不同的是，第五次发现的引力波是由双中子星合并产生的，同时还产生相应的电磁辐射，被全球几十家天文台观察到。而前四次被认为是由双黑洞合并产生的，没有观察到相应的天文现象。因此第五次引力波探测具有特殊的意义，被认为"看到引力波的爆发"。

以下我们来讨论 LIGO 第五次引力波探测，指出它的实验数据与前四次探测存在严重的矛盾，证明 LIGO 发现引力波的结论是靠不住的。

1. 根据 LIGO 执行主任大卫·莱兹（David Reitze）在新闻发布会上的说法，这次引力波事件是美国宇航局（NASA）的费米卫星伽马暴监视器首先探测到伽马暴信号，系统自动向相关的天文观测机构（GCN）发送警报。LIGO 系统接到预警后，其自动分析系统耗时约 6 分钟，才在其中的一台仪器上找到一个相应的信号，而且这个信号比费米卫星的伽马暴信号早了两秒钟。

因此 LIGO 的引力波发现是"马后炮"，如果没有费米卫星的预警，就没有第五次引力波探测。这次引力波信号只在 LIGO 的两台激光干涉仪上出现信号，VIRGO 的激光干涉仪上并没有出现信号。如果没有费米卫星的预警，由于 VIRGO 没有探测到，只有两台探测器引力波源不能定位，LIGO – VIRGO 系统就不可能认为这是一个引力波信号。

然而根据空间望远镜观测，宇宙中伽马射线暴几乎每天都在发生，是习以为常的事情。到 2015 年为止，人们已经观测到了 2000 多个伽马暴。为什么 LIGO 都没有发现，这次偏偏在费米卫星预警的提示下才发现呢？

2. 由于 VIRGO 探测器上没有出现信号，根据 LIGO 的解释是由于 VIRGO 在地球上所处的位置不对，或者说地球物质把引力波挡住了，VIRGO 探测不到也有助于定位。但我们知道，引力是无法被物质挡住的。比如夜晚我们看不到太阳，但太阳的引力照样作用在我们身上，引力波似乎物质也是挡不住的。

3. 更重要的是，按照 LIGO 提供的数据，可以用很简单的方法证明，双中子星合并辐射的引力波到达地球后，能流密度是双黑洞辐射的 1/50000。根据力做功与距离成正比的规则，干涉仪臂长的改变就应当是黑洞辐射的 1/50000，达到 10^{-22} 米的量级。黑洞辐射引起的 10^{-18} 的改变已经引起巨大的疑问，LIGO 怎么可能测量到 10^{-22} 米的长度改变呢？

按照 LIGO 公布的数据，第五次引力波爆发是由两个质量为 1.15 和 1.6 个太阳质量的中子星相互环绕，合并成一个 2.74 个太阳质量的中子星引起的。大约有 0.01 个太阳质量的物质被以近光速抛射出去，产生伽马暴和电磁辐射。这意味着没有物质被转化成引力波，引力波的能量来自两个中子星的转动能和引力势能。

按照 LIGO 的数据，在合并前的 100 秒两个中子星相距 400 公里，每秒钟相互环绕 12 圈。根据这些数据计算，中子星的初始运动速度为光速的 1/20，仍然可以用牛顿理论计算。双星系统势能的计算很复杂，考虑到势能与动能的数量级是一样的，我们只做数量级比较，只需考虑动能的变化。

假设两个 1.15 和 1.6 太阳质量的中子星以 30% 的光速做非弹性碰撞后合并，动能全部转化成引力波，能量约为 2.3×10^{44} 焦耳。这些能量在 100 秒内被辐射出去，辐射功率约为 2.3×10^{42} 焦耳/秒。中子星距离地球的距离是 1.3 亿光年，引力波到达地球时，能流密度为 1.2×10^{-7} 焦耳/秒·平方米。

另一方面，根据 LIGO 提供的数据，对于 GW150914 引力波事件，两个质量分别为 36 和 29 个太阳质量的黑洞互相环绕，合并成一个 62 个太阳质量的黑洞。3 个太阳质量的物质被转化成引力波辐射到太空，引力波辐射的峰值比整个可观测宇宙的电磁辐射强度还要高 10 倍以上。根据质能关系计算，3 个太阳质量的物质转化成的能量是 5.4×10^{47} 焦耳。根据 LIGO 提供的数据，两个黑洞初始的距离为 350 千米，速度为光速的 30%，碰撞后约有 6.5×10^{47} 焦耳的能量被转化成引力波的能量。

因此 GW150914 事件中大约有 1.2×10^{48} 焦耳的能量在 0.1 秒内以引力波的形式辐射到太空，辐射功率约为 1.2×10^{49} 焦耳/秒。该事件的发生地离地球 13 亿光年，引力波到达地球时，能流密度的数量级是 6.3×10^{-3} 焦耳/秒·平方米。双黑洞产生的引力波达到地球后，其能流密度约是双中子星引力波的 5 万倍。按照这个比例，双中子星引力辐射导致 LIGO 干涉仪臂长的改变就是双黑洞辐射的五万分之一。

4. LIGO 在美国物理评论上发表的中子星合并产生引力波的文章中给出下图 1，其中蓝线描述一个称为短时脉冲干扰波（Glitch），黄线是噪音。LIGO 的文章说这个干扰波发生在双中子星合并的 1.1 秒之前，其来源不清。

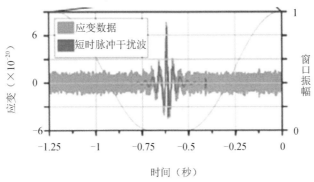

图 1　双中子星合并时间中的噪声波型

图中纵坐标可以理解为应变，它与干涉仪臂长的改变成正比，与臂长成反比。LIGO 文章中注明，测量到的双中子引力波引起的应变是 10^{-22}，相应于长度改变 10^{-19} 米。而按前文的简单计算，如果黑洞引力波引起的长度改变是 10^{-18} 米，中子星引力波引起的长度改变就是 10^{-22} 米。因此 LIGO 的黑洞模型与中子星模型有矛盾，二者中必有一个是错误的，或者两个都错。

从图 1 看出，噪音引起的应变是 10^{-20}，相应于对臂长的改变是 10^{-17} 米。噪音引起的应变是引力波 100 倍，LIGO 文章认为在图 1 中是看不到引力波的波形信号的。然而在 LIGO 的后文中又说，引力波与噪音振幅的信噪比是 32.4，即引力波的振幅是噪音的 32.4 倍，这显然是自相矛盾的。

5. LIGO 关于中子星合并产生引力波的文章与前四次不一样，其中没有接收到的引力波波形和理论计算波形的比较，原因是一旦公布就会露馅。因为从理论上计算，这次的引力波震荡时间超过 100 秒，震荡周期成千上万个。这是一种相当规则的震荡，在 LIGO 的实际观察波形中根本不可能找到与它匹配的波形。

事实如下文所见，在前几次实验中，即使理论波形的震荡时间只有几秒，LIGO 也没有办法在观察数据中找到与之匹配的波形。为此 LIGO 不得不将理论波形用带通滤波器和带宽滤波器处理，200 多个周期变得只剩下不到 10 个周期，而且波形大大地改变。LIGO 就凭这最尾巴的一点相似，宣布发现引力波。详细分析见下文。

6. 下文中我们还将指出，LIGO 实验中出现的所谓引力波的波形实际上都是噪音，这种噪音波形在 LIGO 实验数据中大量存在。而 LIGO 团队则有意隐瞒事实，说 26 万年才可能在两个激光干涉仪上同时出现一次。他们实际上只是挑选出几个满足时间相关性条件的，相似性比较好的噪音波形，加以修饰和包装，然后宣布发现引力波。

在第五次中子星合并的引力波事件中，LIGO 的探测器可能根本就没有显示引力波。收到费米卫星的预警后，LIGO 的团队马上对数据进行核对，发现在两秒前有一个数据类似，也就跟着预警。但这实际上是偶然相似的一个噪音波形，而且只在 LIGO 的探测器上出现，没有在 VIRGO 的探测器上出现。后来发现可以用 VIRGO 不在可观测区内解释，并且可用于定向，就将这个噪音波形包装后，声称是引力波信号。

我们可以用以下形象的比喻来说明 LIGO 实验的本质。假设某人有两张高清晰度的照片，一张中是一个人，另一张中是一个类似大猩猩的怪物。二者的差别巨大，绝不可能把他们混淆。此人采用某种技术，将相片模糊化处理后，发现两张相片的某个局部有点相似，比如有一个手指头的外形相似。于是他就声称，两张相片中的生物都是人。更有甚者，他还说在离地球十几亿光年的某个星球上，十几亿年前就已经进化出人类！

除此之外，LIGO 引力波探测违背了许多物理学基本原则，在理论和实际上是不可能的。这里我们只谈几点，更详细的讨论见参考文献。

1. LIGO 引力波探测的所有数据计算都建立在 Einstein 广义相对论基础上。引力波的探测不是独立于理论的，而是依赖于理论模型的。如果 LIGO 坚持认为探测到引力波，就必须假定广义相对论是正确的，广义相对论预言的引力波是存在的。如果广义相对论是错误的，给出的引力波模式也是错误的，或者引力波实际上根本不存在，LIGO 尽管按照这种模式发现了什么东西，这种东西也不是引力波。

LIGO 团队至今没有搞清楚这种逻辑关系，声称他们五次探测到引力波，证明爱因斯坦理论正确，弥补了广义相对论最后一块拼图，这是对科学基本常识的误解。

2. 广义相对论用弯曲时空来代表引力，这种描述方法本身就是一个大问题。广义相对论认为存在奇异性黑洞，它实际是一个没有物质结构的时空奇点。众所周知，奇点是一个病态的东西，在数学和物理上都是没有意义的。事实上，天文学上从来都没有观察到这种时空奇点的存在，自然界中也不可能存在这种东西。然而 LIGO 实验却认为测量到两个时空奇点碰撞产生的引力波，纯属本末倒置，其实验的理论基础根本上就是错的。

3. 按照 LIGO 的估计，引力波使激光干涉仪两臂之间的距离发生了 10^{-18} 米的改变，这比原子核的半径还要小 1000 倍! LIGO 的团队经常以此为荣，对世界自夸他们的实验具有前所未有的高精度。然而至今为止除了 LIGO 团队，没有任何物理学家敢说能够测量到如此小的距离变化。事实上，10^{-18} 米的距离已经到了超微观领域，量子力学的测不准原理使这种精度的测量成为不可能。按照量子力学的测不准公式计算，如果粒子位置的改变 10^{-18} 米，质子速度的改变则大约是光速的 300 倍。即使按狭义相对论计算，质子的速度也几乎达到光速。因此如果 LIGO 能够测量到 10^{-18} 米的距离改变，就意味着在引力波的作用下，LIGO 实验激光干涉仪的两个反射镜中的所有原子在 0.1 秒的时间内以光速震荡几十次，整个系统早就崩溃了!

4. 广义相对论中用来计算引力波使空间距离发生改变的公式，是针对真空中的两个自由粒子而言的。LIGO 实验的激光干涉仪用钢管固定在地面上，受电磁相互作用力的作用，不是自由粒子。电磁力比引力大 10^{40} 倍，引力波不可能克服电磁力，使钢管的长度发生改变。这相当于用豆腐做成的刀，不可能用来切割玻璃。事实上在地球表面，由于存在电磁相互作用的影响，广义相对论关于引力波的所有公式都不能用，LIGO 实验所有的关键数据的计算都是错的。

5. 事实上，如果在牛顿引力中引入磁性引力分量，像电磁理论一样进行改造，同样能够产生引力波。也就是说引力波根本不需要嫁接在广义相对论上。相反的是，广义相对论的运动方程是非线性的，其实根本就没有波动解。物理学家做了大量近似，把广义相对论完全线性，运动方程变得面目全非后，才得到波动解。

6. 更有趣的是，广义相对论的引力辐射公式实际上也是模仿经典电磁理论的辐射公式的。而且其中还引入有严重错误的计算方法，才得到现有结果的。如果完全按照广义相对论，根本就得不到现有的引力辐射公式。因此如果真的要找引力波的话，就应当将按经典电磁理论对牛顿引力理论进行改造，在此基础上去计算引力波的问题。

因此，LIGO 所谓的引力波发现实际上只是一场计算机模拟和图像匹配游戏，与真实的天文和天体物理学发现无关。对于 LIGO 实验的虚假性的问题，两年来包括我们在内世界上有许多人不断地质疑，然而 LIGO 团队却置之不理，实际上已经涉嫌造假。这不仅是个别人的问题，而是集体性的、整个科学系统的问题。引力波项目获诺贝尔奖，说明西方物理学评价体系出现严重问题。他们抛弃了自牛顿时代以来的优良传统，已经从实证科学走向玄学。它将开启大科学造假之门，将把物理学重新推入蒙昧时代。

对于 LIGO 发现引力波这种荒唐的造假行为，希望国内物理学界的学者们要有清醒的头脑，我们应当坚持科学实证的基本原则，我们不能与他们一起走死路！LIGO 实验获诺贝尔奖这件事给我们的启示是，以 Einstein 相对论为基础的现代物理学体系，不但已经陷入泥潭，而且是越陷越深，不能自拔。

现代物理学需要重新选择方向，这也给中国基础物理学的崛起一次机会，我们应当走出中国人自己的科学道路。

以下我们从实验数据处理方面，来详细地谈谈 LIGO 实验存在的问题，揭示其在高深理论和高端技术包装下隐藏的欺骗性。LIOG 实验在理论方面存在的其他问题，可以参见本文后附的参考文献。

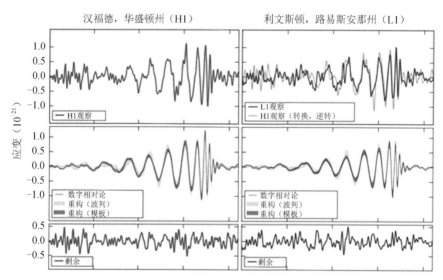

图 2 LIGO 公布的 GW150914 引力波事件的观察与理论波形，其中第一行是在两个干涉仪上观察到的所谓引力波形，第二行是理论计算的引力波形，第三行是二者之差，LIGO 认为他们代表噪音

LIGO 的引力波探测程序是这样的。按照广义相对论，两个奇异性黑洞碰撞合并过程会产生引力波。用数值相对论方法计算，根据不同的参数可以得到一大堆引力波的理论波形。LIGO 把这些数据存储在波形库里，称为模板波形。同时在两个相距3000 千米的地方建立了两台激光干涉仪，光从一台仪器传播到另外一台大约需要 0.1 秒的时间。LIGO 假设引力波以光速传播，因此两个激光器接收到引力波的时间差是0.1 秒。

激光干涉不断接收到外部传来的噪音和各种信号，产生各种各样的波形。为了消除噪音，LIGO 将接收到的混合波用两种滤波器处理。带通滤波器把引力波频率以外的噪音去掉，带阻滤波器把仪器产生的噪音去掉。LIGO 认为剩下的波形中包含了引力波信号，同时也掺杂了与引力波频率相同的噪音。

假设在相差 0.7 毫秒的两个时刻，两台激光干涉仪上都出现一个形状相似的波形，比如图 2 中第一行左右边的两个波形。LIGO 计算机系统就会自动地把这个两波形与数据库中的理论引力波形进行比较。如果恰好有一个理论波形与激光干涉仪上出现的两个波形类似，比如图 1 中第二行的波形，LIGO 就认为测量到引力波！

根据这个理论波形的预设条件，LIGO 就可以推断出，在离地球多少亿光年的某个地方，有两个多少质量的两个黑洞碰撞。多少个太阳质量被转化成引力波传到地球，产生激光干涉仪上的这两个波形。

LIGO 的成员其实深知，他们这种引力波探测方法在逻辑上是站不住脚。因为激光干涉仪处于大量噪音的包围中，两个没有因果关联，但波形相似的噪音同时出现在两个干涉仪上，这是完全可能的。为了能够自圆其说，LIGO 用某种数学方法计算，得到的结果是，对于 2017 年 9 月 12 日的所谓引力波事件（GW170912），两个波形相似的噪音同时出现在两个干涉仪上的概率是 26 万年一次，因此只能将 GW170912 判断为引力波爆发事件。

然而情况真的如此吗？丹麦哥本哈根玻尔研究所的 J. Creswell 等人 2017 年 9 月在《宇宙学和天文粒子物理学》杂志上发表了一篇文章，指出他们在 LIGO 的数据库中找到许多噪音波形，与所谓的引力波形非常相似（见图 3）。从图中的时间上看，8 个与引力波相似的噪音波形出现在 24 秒的时间内，可见其出现的频率是非常高的。

在我们的研究中也发现类似的现象，图 4~6 是我们在 LIGO 的干涉仪接收数据中找到的，与 GW150914 事件引力波形相似的图形，它们出现在 LIGO 宣布的 GW150914 引力波爆发的前 0.5~0.9 秒。[①] 图中的黑线是数值相对论计算的理论引力波形，绿线是GW150914 事件附近的噪音波形。

① https：//losc. ligo. org/s/events/GW150914/LOSC_Event_tutorial_GW150914. html.

我们可以很容易地找到许多啁啾实例

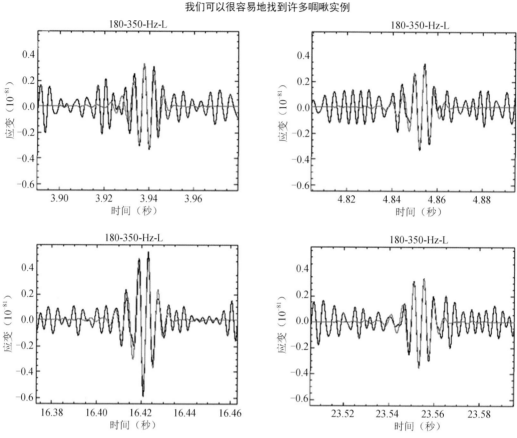

图3　LIGO 实验中大量存在与理论引力波相似的噪音波形，其中红线是用数值相对论计算的理论波形，黑线是 **GW150914** 事件附近的噪音波形

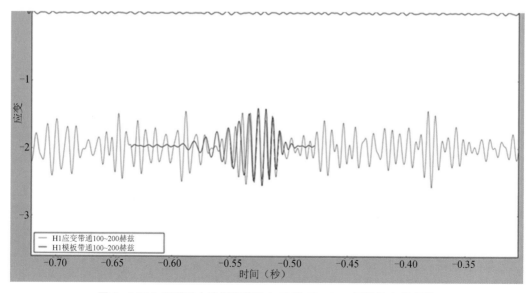

图4　LIGO 所谓引力波爆发前约 **0.50** 秒 **Hanford** 干涉仪上出现的噪音波形（绿线）和数值相对论计算的理论引力波形（黑色）

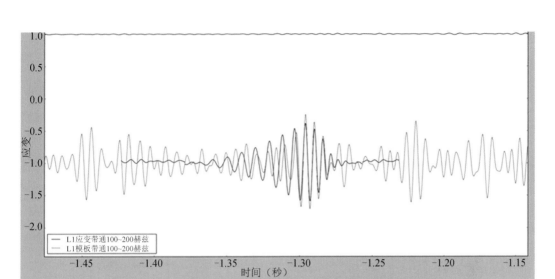

图5 LIGO 所谓引力波爆发前 1.30 秒 Livingston 干涉仪上出现的
噪音波形（绿线）和数值相对论计算的理论引力波形（黑色）

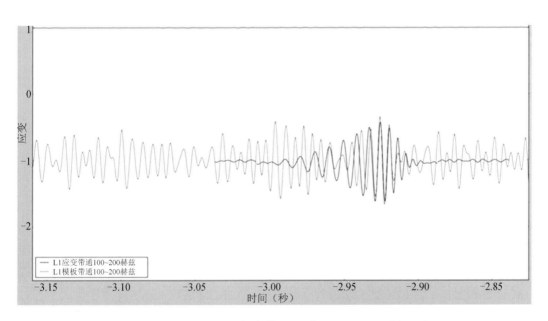

图6 LIGO 所谓的引力波爆发前 2.90 秒 Livingston 干涉仪上出现
噪音波形（绿线）和数值相对论计算的理论引力波形（黑色）

事实上，我们从 LIGO 提供的数据中，在 GW150914 引力波爆发的前后几分钟内，就找到几十个这种类似的波形。因此这种波形的出现是 LIGO 型干涉仪的一个系统性的问题，与所谓的引力波无关。他们绝非 LIGO 认为的，26 万年才能在两个干涉上同时出现一次，而是相当频繁地同时出现的。

这就解释了为什么 LIGO 能够如此频繁地发现引力波爆发信号。人类历史三千多年以来，有记录的超新星爆发事件才十来次，平均每三百年一次。双黑洞合并是更为剧烈的天文现象，按理说应该比超新星爆发稀少得多才对，怎么可能几个月来一次呢？

问题还不仅于此，图 2 中第二行实际上不是理论引力波的原始计算波形，而是被 LIGO 用滤波器处理，偷梁换柱改造后的理论波形。根据 LIGO 发表的文章，按照数值相对论的计算，理论引力波的波形实际上用图 7 中的第一行红色曲线来表示。这是一个很有规则的图形，它与图 2 的第二行完全不一样。曲线的震荡时间至少 3 秒钟而不是 0.1 秒，它根本不可能被包含在图 2 第一行的曲线中。如果将图 7 的波形与图 2 的第一行比较，就根本不可能得到发现引力波的结论。

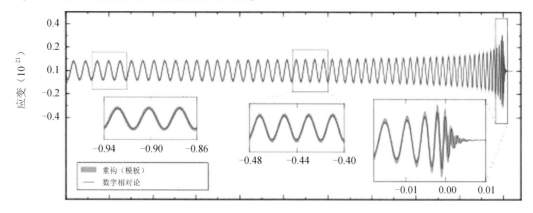

图 7　按照数值相对论计算 GW151226 事件引力波的原始图形

于是到了最关键的一步，LIGO 就将图 7 的理论波形也用带通和带阻滤波器处理，将它变成图 8 的红线波形。绿线是未经滤波器处理的原始图形，右图是左图的放大。显而易见，经过滤波器处理后的引力波曲线大大变形，根本不能代表原来的理论引力波，但 LIGO 却不加说明地用它来代替数值相对论的理论计算波形。

由此还产生了一个原则的问题，引力波理论曲线中既不包含环境噪音，也不包含仪器噪音，为什么要用滤波器来处理呢？LIGO 实验者是无法面对这个问题的。

除此之外，从图中可以看出，仅在大约 0.1 秒的时间窗口内，红线与绿线有某些相似性，在其他时间内，二者是完全不同的。在整个大于 3 秒钟的引力波事件窗口中，0.1 秒只占不到二十分之一。然而就凭这不到二十分之一的时间窗口的相似性，LIGO 宣布发现引力波。完全不顾在大部分时间中波形的不同，以及被滤波器处理后的数值相对论引力波曲线根本不能代表原始的引力波！

LIGO 实验组显然知道这种做法是错误的，因此在他们发表的文章和对媒体公众的

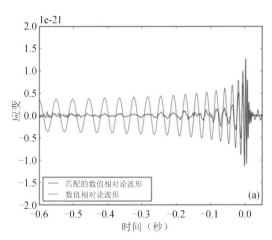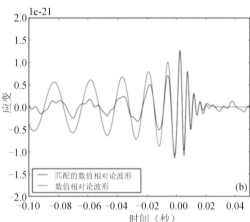

图 8　数值相对论计算的理论引力波经过带通和带阻滤波器处理后的波形，
其中绿线是未经滤波器处理的波形，红线是经过滤波器处理后的波形

宣传中，从不讨论和提起使用了滤波器造成的后果。他们不公布通过带通和带阻滤波器过滤前后的图形对比，忽略了大部分时间内测量波形与理论计算波形不一致的问题，使其他人无从知晓理论与实验曲线在什么程度上符合。

　　LIGO 的引力波实验还忽略了滤波器的适用性问题。LIGO 实验的激光干涉仪的臂长是 4×10^3 米，通过钢管固定在地表上，不是处于恒温环境状态。钢管温度每秒改变 0.01 度引起的长度变化是 10^{-6} 米的量级，比引力波引起的长度改变大 10^{12} 倍！

　　因此 LIGO 实验的背景噪声非常大，相比之下即使有引力波，其信号也完全被淹没。在这种意义上，LIGO 对引力波的探测根本就没有意义。对于引力波测量，带通滤波器和带阻滤波器是失效的。不管采用什么样的滤波器，按照目前的技术水平，都无法从如此高的背景噪音中，将如此微弱的引力波信号有效提取出来。

　　LIGO 实验还存在非常多的问题，在此无法一一列举，尤其是理论计算方面的问题，有兴趣的读者可以参考以下文章。

参考文献

［1］梅晓春，俞平. LIGO 真的探测到引力波了吗？［J］. 前沿科学，2016，10（1）：79 - 89.

［2］Mei X，Yu P. Did LIGO really detect gravitational waves？［J］. Jour Mod Phys，2016，（7）：1098 - 1104.

［3］Mei Xiaochun，Huang Zhixun，Policarpo Ulianov，Yu Ping. LIGO Experiments Can Not Detect Gravitational Waves by Using Laser Michelson Interferometers ［J］. Journal of Modern Physics，2016，7，

1749 - 1761.

[4] 梅晓春，黄志洵，Policarpo Ulianov，俞平. LIGO 实验采用迈克尔逊干涉仪不可能探测到引力波——引力波存在时光的波长和速度同时改变导致 LIGO 实验的致命错误 [J]. 中国传媒大学学报（自然科学版），2016，23（5）：1 - 13.

[5] 黄志洵. 再评 LIGO 引力波实验 [EB/OL]. （2016 - 06 - 30）. http：//blog. sciencenet. cn/home. php？mod = space&uid = 1354893&do = blog&view = me&from = space.

[6] Ulianov P Y. Light fields are also affected by gravitational waves, presenting strong evidence that LIGO did not detect gravitational waves in the GW150914 event [J]. Global Jour Phys, 2016, 4 (2)：404 - 420.

[7] James Creswell, Sebastian von Hausegger, Audrew D, Jackson, Hao Liu, Pavel Naselsky. On the Time Lags of the LIGO Signals, Abnormal Correlation in the LIGO Data [J]. Journal of Cosmology and Astropartical Physics, 2017, 8.

GPS 系统的误差修正

■ 关于 GPS 系统 "相对论修正" 问题的讨论

关于 GPS 系统"相对论修正"问题的讨论[*]

摘要：GPS 的运转依赖于绕地球旋转的卫星上的原子钟的精确性。所谓相对论性修正包括狭义相对论（SR）修正（$-7\mu s/$天）和广义相对论（GR）修正（$45.9\mu s/$天），故净增量为约 $38\mu s/$天。相对论性预期是以时间延缓及引力势理论为基础的。

在 Lorentz 理论中，时间延缓由动体的绝对运动引起。相对于静止的时钟，绝对速度大的时钟变慢；这是 Lorentz 以太论中的时间延缓。但在 SR 中用动体相对速度取代绝对速度，情况完全不同。Einstein 是以不同观察者参考系的相对运动取代观察者与以太的关系，来解释长度缩短和时间延缓。因而产生了许多悖论质疑 SR 的自洽性，最著名的是 P. Langevin 于 1911 年提出的双生子佯谬。多年来的众多研究讨论显示，SR 存在逻辑上的不自洽，亦缺少真正确定的实验证实。由此可以理解欧洲核子研究中心（CERN）的著名科学家 John Bell 在 1985 年所说的话："我想回到 Einstein 之前，即 Poivarè 和 Lorentz。"此外，本文着重指出引力势概念在理论上和实践中都不那么重要，因为它缺乏实验基础。这与电磁学中的情况并不相同。众所周知，Maxwell 方程组建筑在若干实验定律的基础上，电磁势概念很重要。然而类电磁引力场方程组不满足这条件，故它不被事实所支持。

再者，Einstein 引力场方程（EGFE）是 GR 理论的基本方程，但它的推导有假设和拼凑的做法。引力场的物理效果被认定由 Riemann 空间的度规张量体现，需要知道度规场分布的规律。但由于没有可作依据的实际观测知识，推导引力场方程就用猜测性的推理。

基于这些理由，我们相信"没有相对论就没有 GPS"的说法是错误的。GPS 的时空结构其实与 Galilei、Newton 和 Maxwell 理论相同。

关键词：全球定位系统；狭义相对论（SR）；广义相对论（GR）；时间延缓；误差修正；引力场方程

---

* 本文原载于《中国传媒大学学报（自然科学版）》，第 27 卷，第 6 期，2020 年 12 月，1—13 页。

Discussions on the Relativistic Corrections
of the Global Positioning System

Abstract: The working of GPS depends on the accuracy of the atomic clocks of the satellites moving around the earth. The so-called relativistic corrections consists the SR correction ($-7\mu s$/day) and the GR correction (45.9μs/day). Then there are a net advance of about 38μs/day. The relativistic predictions are based on the theory of the time dilation and the gravitational potential.

In Lorentz's theory, time dialation caused by the absolute motion of moving body. This is the time dilation in Lorentz ether theory. In Lorentz's opinion, clock moving relate to the ether run at slower rate, clock at rest in the ether run at normal rate, so it appear relatively faster than clock moving relative to the ether. But in SR, the absolute velocity of moving body replaced by the relative velocity of moving body, the situation is different. Einstein interpreted length contraction and time dilation based on relative motion between observer's frames, instead of between observer's frame and the ether. Then, various paradoxes have been raised to question the consistency of SR, the most famous one is the twin paradox by P. Langevin in 1911. From the more discussions of view, SR is logically inconsistent, also does not have sure experimental evidence. Therefore. in 1985 the famous scientist of CERN, John Bell said: "I hope return the states before Einstein, i. e. return to Poincarè and Lorentz." In addition, it is especially pointed out in this paper that the concept of gravitational potential is not so important in theory and in practice, because it lacks experimental foundation. This is different from the situation in electromagnetics. We know that the Maxwell equations are based on several experimental laws, so the meaning of electromagnetic potential is very great. But the electromagnetics-like gravitational field equations do not satisfy this condition, and then the influence of gravitational potential is not supported by facts.

In otherwise, the Einstein gravitational field equation is the basic equation of the GR theory, but its derivation has assumptions and patchwork. The physical effect of the gravitational field is reflected by the metric tensor of the Riemann space, and it is necessary to know the law of the distribution of the metric field. However, since there is no practical observational knowledge that can be relied upon, the gravitational field equation is derived using speculative reasoning.

From these reasons, we believe that the statement "without Relativity the GPS would not work" is wrong. The spactime structure of GPS is the same as the one in Galilei, Newton and Maxwell's theory.

Keywords：Global Positioning System （GPS）；Special Relativity （SR）；General Relativity （GR）；time dilation；gravitational potential；error correction；Einstein Gravitational Field Equation （EGFE）

1 引言

全球定位系统（Global Positioning System，GPS）又称全球卫星定位系统，是一个中距离圆轨道卫星导航系统。它可以为地球表面绝大部分地区提供准确的定位、测速和高精度的时间标准。系统由美国国防部研制和维护，可满足位于全球任何地方或近地空间的军事用户连续精确的定位和确定时间的需要。该系统包括太空中的 24 颗 GPS 卫星，最终达到 36 颗；地面上 1 个主控站、3 个数据注入站和 5 个监测站及作为用户端的 GPS 接收机。1984 年美国宣布开放 GPS 民用服务，1995 年宣布 GPS 全面建设完成。

GPS 卫星轨道距地面 20200 公里，轨道面与地球赤道面夹角为 55 度。每个轨道面布置 4 颗卫星，所以总卫星数是 6 个轨道面乘以 4，为 24 颗。其中 21 颗正式使用，3 颗备用。每颗卫星每 12 小时绕地球一周。这样算下来，在任何时刻、地球的任意地方，基本都能"看到"至少 6 颗卫星。

GPS 的用户遍及全世界；海湾战争中美国使用了 GPS 制导武器，引起人们震惊。在美国之后，俄罗斯研发了 GLONASS 系统，中国研发了北斗系统，欧洲研发了 GALILEO 系统。但应当承认，基础性原理和技术大体上来自 GPS，因此先要弄清楚该系统。

中国于 1994 年启动北斗系统建设，2003 年发射 3 颗地球静止轨道卫星，2012 年完成 14 颗卫星组网，2020 年建成北斗三号系统——30 颗卫星的系统可为全球服务（定位、测速、授时）。其授时精度在全球优于 20ns。

2020 年 7 月 31 日中国宣布：北斗三号全球卫星导航系统（The Bei Dou Navigation Satellite System，BDS）正式开通。6 月 23 日中国长征三号火箭把最后的第 55 颗组网卫星送入太空；实际上，在卫星数目、技术进步两方面，可能已超越了 GPS（2020 年有报道说，GPS 的精度是 0.5m，BDS 的精度是 0.41m）。一个重要的事情是，BDS 可取代 GPS 对导弹进行制导，从而大大有利于独立自主的国防安全。

技术领域的高速发展对理论物理学家提出了要求——要把理论搞对、搞精确；要领先一步，能回答工程师们的疑问。这也涉及相对论。实际上，媒体常对"GPS 的相对论修正"做正面宣传，例如上海出版的《报刊文摘》于 2020 年 7 月 22 日刊登了一篇短文，题为《相对论有什么用》[1]；文章说："在研发 GPS 卫星时，根据狭义相对论（SR），由于运动速度的关系，卫星上的原子钟每天比地面上的原子钟慢 7μs。根据广义相对论（GR），由于在重力场中不同位置的关系，卫星上的原子钟每天比地面上的原子钟快 45μs。二者综合，GPS 卫星上的原子钟每天比地面上的快 38μs。如不校准时间，定位位置将漂移，每天约 10km。因此，没有相对论就没有全球卫星定位系统。"

但是，"没有相对论就没有 GPS"的说法，正如同"没有相对论就没有原子弹"的论调一样，并不是可信的观点。本文对此做些讨论，欢迎专家学者们指教。

2 GPS 工作原理及误差源

先看 GPS 的原理：设地球上有一用户要求判定自己的方位，而他在不同时刻收到 3 个卫星的坐标和时间信息，3 个卫星编号为 1、2、3。那么在 t_{p1} 时刻 1 号卫星的坐标和时间是 (x_1, y_1, z_1, t_1)……以此类推。因此可有多个方程成立

$$\sqrt{(x-x_i)^2 + (y-y_i)^2 + (z-z_i)^2} = c(t_{pi} - t_i), \qquad i=1,2,3 \qquad (1)$$

可见一般讲有 3 个卫星已足够；但用户端的钟精确程度可能远不及卫星钟，故要有第 4 个卫星，形成 4 个方程，求解 4 个未知数 (x, y, z, δ)，其中 δ 代表定位误差，故有

$$\sqrt{(x-x_i)^2 + (y-y_i)^2 + (z-z_i)^2} = c(t_{pi} + \delta - t_i), \qquad i=1,2,3,4 \qquad (2)$$

这叫差分定位原理；尽管卫星时钟可能变慢或变快（假定"修正说"成立），只要卫星位置准确、卫星钟时间同步变化，GPS 定位精确性不成问题，用不着考虑所谓"相对论效应"。

GPS 接收机的定位实际是通过计算接收机与不同卫星的距离来完成的；卫星信号向接收机以光速 c 传播，中间需时约 60ms。卫星上有 4 个原子钟，精确同步到 10^{-9} s 水平。但接收机上的普通石英钟精度可能只有 10^{-5} s，这就造成了用第 4 个卫星提供时间标准的必要性；可以测定从 3 个卫星到达接收机的时间，再换算成距离。对于上述原理，笔者曾与专家学者们讨论；例如马青平教授对差分定位法做了分析；又如郭衍莹研究员谈了下述看法[2]：

"从几何学讲，用户定位只需 3 颗卫星（3 坐标）。但 GPS（及北斗）用的是伪距法，多用一颗卫星。这样用户测出的从用户至 1 号卫星距离为

$$R_1 = c\tau_1 + c\Delta t_0 = \sqrt{(x-x_i)^2 + (y-y_i)^2 + (z-z_i)^2} + c\Delta t_0 \qquad (3)$$

上式中，根号内为真距。$c\Delta t_0$ 为误差项，包括用户钟误差（因此对用户钟要求不高，

10^{-7} 足够）以及相对论修正项（包括狭义和广义）。由于系统可保证 4 颗卫星的原子钟同步（原子钟有足够精度，再加上每天地面对其修正 2 次），所以式（3）的真距项对 4 颗卫星都是适用的。那么误差项又如何呢？狭义相对论只与卫星速度有关，4 颗星基本上都是 4km/s 左右；广义相对论只与卫星高度和引力分布有关；4 颗星基本上都是一样的。也可以说 $c\Delta t_0$ 项对 4 颗星是一样的。所以上式 4 个联立方程式就可以消掉误差项，从而解出 x，y，z。由此可见，GPS 定位的关键在于 4 颗卫星保持同步，而对其他的要求相对较低。"郭衍莹认为，GPS 无须修正相对论效应项。但这既不能证明相对论有错或根本不存在相对论效应，也不能证明相对论一定正确。郭先生早年参加过"北斗"的研发团队，而当时就有人提出过类似问题。记得当时北斗总师童凯院士（已去世十余年）说过："对北斗或 GPS 定位而言，无须对相对论效应做任何修正。"

总之，GPS 接收机依赖于直接收到的卫星信号，依赖于接收机"看到"的天空的范围。这个范围越大，收到的来自不同卫星的卫星信号就越多，就越能准确地定位。GPS 接收机接收的是从卫星来的 1575.42 MHz 微波信号，所有的自然天气现象不会遮蔽 GPS 信号，无线电干扰对 GPS 接收机也不构成威胁，真正有威胁的是物体的遮挡。这个 $f = 1575.42$ MHz 的信号是载波，在它上面以调相方式加载了两种不同的伪随机噪声码：C/A 码和 P 码。C/A 码是用于民用的测距码，码长为 1023 个码元，即 1023 次从数字零到数字 1 的跳动，这 1023 个码元每秒重复 1000 次，即 1.023MHz。P 码是军用码，码长非常长，码速为 10.23MHz。由于 GPS 接收机通过对比码元的跳动来计算从卫星到接收机的时间，然后再转换成距离。P 码的时间精度高了 10 倍，距离精度就高了 10 倍。也就是说：若 C/A 码精度为 3m，P 码精度是 0.3m。记住 $F = 10.23$MHz，这个值在讨论"相对论修正"时会用到。

接收机知道了自己与卫星的距离，并不能计算出自己的位置，因为它不知道卫星在发射电波时的位置。因此在卫星载波上加了一个 50Hz 的导航电文，包括卫星的轨道参数、时钟参数、轨道修正参数、大气对 GPS 信号折射的修正值等。GPS 接收机通过这些参数算出某一时刻某颗卫星在空间中的位置，确定自己与卫星的距离，然后再计算自己的实际位置。导航电文总长 1500bit，在 50Hz 发送的情况下，每一个循环周期是 30s。

造成 GPS 定位误差的因素有：①电离层引入的误差；②大气层引入的误差；③噪声；④卫星轨道误差；⑤卫星时钟误差；⑥多路反射等。实际上，在技术与商业环境中无人谈论"相对论的误差修正"。

3 质疑"GPS 的相对论修正"（之一）

我们先讨论所谓"GPS 的狭义相对论（SR）修正"；先把该修正的一般陈述写出，

再从理论上质疑。卫星相对于地面接收机有相对速度 v，由于 SR 的时间膨胀（也叫时间延缓 time dilation）效应，那么卫星钟时间与接收机时间有时差，SR 给出的算式可写为[3]

$$d\tau = \sqrt{1 - \frac{v^2}{c^2}} dt \qquad (4)$$

式中 $d\tau$ 是以速度 v 运动的卫星钟的固有时间隔，dt 是静止在地面的钟的坐标时间隔；上式也可写作

$$dt_s = dt\sqrt{1 - \frac{v^2}{c^2}} \qquad (4a)$$

式中下标 s 代表卫星；把上式改写为频率差公式

$$F_s = F\sqrt{1 - \frac{v^2}{c^2}} \qquad (5)$$

式中 F_s、F 分别为卫星钟、地面钟频率；现在 $v \ll c$，故可取近似

$$F_s \cong F\left(1 - \frac{v^2}{2c^2}\right) \qquad (6)$$

故频率差为

$$\Delta F_s = F_s - F \cong - F\frac{v^2}{2c^2} \qquad (7)$$

已知卫星在距地面 20200km 高度处飞行，$v = 14000$km/h，故可算出 $v = 3.9$km/s $\cong 4$km/s；另外，光速 c 是已知值（3×10^5 km/s）；故如取定 F（例如 $F = 10.23$MHz）就可算出 F_s。最后得到卫星钟比地面钟慢 7.26μs/天。

以下的质疑就从所谓"时间膨胀（延缓）"问题开始。众所周知，1904 年 H. Lorentz 提出了与 Galilei 不同的时空变换式[4]，设有两个惯性系 K 和 K'，二者之间的 Galilei 变换（GT）为

$$x' = x, y' = y, z' = z - vt, t' = t \qquad (8)$$

式中 z 是动体在 K 系中作一维运动的方向（坐标），t 是 K 系的时间；z' 是动体在 K' 系中作一维运动的方向（坐标），t' 是 K' 系的时间；v 是两惯性系之间的相对速度。$t' = t$ 表示在 GT 中不同参考系的时间相同。但 Lorentz 变换（LT）与此不同

$$x' = x, y' = y, z' = \frac{z - vt}{\sqrt{1 - v^2/c^2}}, t' = \frac{t - vz/c^2}{\sqrt{1 - v^2/c^2}} \qquad (9)$$

式中 $t' \neq t$，表示不同参考系中的时间不同。但如动体速度远小于光速，即 $v \ll c$，这时 LT 和 GT 一样（$t' = t$）。

现在用微分形式写出 LT

$$dx' = dx , dy' = dy , \ dz' = \frac{dz - vdt}{\sqrt{1 - v^2/c^2}}, \ dt' = \frac{dt - vdz/c^2}{\sqrt{1 - v^2/c^2}} \tag{10}$$

如取一个钟，使其在 K' 系中静止，即 $dx' = 0$，$dy' = 0$，$dz' = 0$；但在 K' 系中的时间间隔仍写作 dt'。取另一个钟，它在 K 系中可处于不同位置，而且用光信号互相校准；而在 K 系中时间间隔为 dt；把 $dz' = 0$ 代入公式（10）的最后一式，即得

$$dt = \frac{dt'}{\sqrt{1 - v^2/c^2}} \tag{4b}$$

此即式（4）和（4a）来源。可见，两系若无相对运动（$v = 0$），则 $dt = dt'$；若 $v \neq 0$，则 $dt > dt'$，即 K 系的时差变大，可通俗地说成 K 系的钟走慢了。由于先前假设的是 K 系运动，而 K' 系静止，故也说成是"运动的钟走慢了"。这又被说成"时间延缓"或"时间膨胀"。这究竟是理论上的假想还是物理实在？百多年来一直在争论。

关键在于，Lorentz 以太论中的时间延缓不同于 SR 时间延缓；SR 以不同观察者参考系的相对运动取代观察者与以太的关系，来描写时间延缓。因而，产生了 Langevin 双生子佯谬，Einstein 自己也解释不清楚。虽然在多年以后，Einstein 又做过"可能（或可以）存在以太"的表态，但这不在我们的考虑之内——SR 的世界观（时空观）已成型，我们只能据此而讨论，不能考虑他后来的随便更改和表态。

在 Lorentz 理论中，时间延缓由动体的绝对运动引起。相对于静止的时钟，绝对速度大的时钟变慢；这是 Lorentz 以太论中的时间延缓。但在 SR 中用动体相对速度取代绝对速度，情况完全不同。Einstein 是以不同观察者参考系的相对运动取代观察者与以太的关系，来解释长度缩短和时间延缓，因而产生了许多悖论质疑 SR 的自洽性，最著名的是 P. Langevin 于 1911 年提出的双生子佯谬[5]。

物理学定律之一的相对性原理从任意惯性系看来的一致性最先由 H. Poincarè 推介，而 Lorentz 变换（LT）体现该原理，但 Lorentz 于 1904 年发表的相对性思想是在以太存在性之下得出的。1905 年 Einstein 发表了著名论文，其中有一个公设——光速不变性原理，由此认为不需要以太，亦即用不着一个优先的参考系。后来的讨论总包含下述问题：Einstein 的狭义相对论（SR）和改进的 Lorentz 理论（MOL），哪个更好地描述了自然界？这两者的主要区别在于，SR 认为所有惯性系都是平权、等效的，而 MOL 认为存在优先的参考系。多年来的众多研究讨论显示，SR 存在逻辑上的不自洽，亦缺少真正确定的实验证实，由此可以理解欧洲核子研究中心（CERN）的著名科学家 John Bell 在 1985 年所说的话："我想回到 Einstein 之前，即 Poincarè 和 Lorenrz。"[6]

总之，$7\mu s/day$ 来自 Lorentz 理论，而非 SR，但许多人分不清 Lorentz 理论与 SR 的区别。教科书在讲相对论时是从 LT 讲起，造成许多人一看见 Lorentz 这个名字，就想起 Einstein 和 SR，以为这些都是一回事。但在致笔者的邮件中，学者们分得很清楚；例如

马青平教授说："所谓 GPS 系统的 SR 修正其实是 Lorentz 理论中的单向效应修正，而非 Einstein 的 SR 理论中的双向效应修正。"梅晓春研究员说："运动钟时间变慢是 Lorentz 公式的结果；Einstein 胡乱解释，把该公式说成是相对的，这是错误的。"

4　质疑"GPS 的相对论修正"（之二）

仔细推敲，相对论可能是在帮倒忙，这是因为 Einstein 主张同时的相对性。我们先看 1905 年 Einstein 对"同时性"的概念怎么说。Einstein 写道[7]："我们应当考虑到：凡是时间在里面起作用的我们的一切判断，总是关于同时的事件的判断。比如我说，'那列火车 7 点钟到达这里'，这大概是说：我的表的短针指到 7 同火车的到达是同时的事件。可能有人认为，用'我的表的短针的位置'来代替'时间'，也许就有可能克服由于定义'时间'而带来的一切困难。事实上，如果问题只是在于为这只表所在的地点来定义一种时间，那么这样一种定义就已经足够了；但是，如果问题是要把发生在不同地点的一系列事件在时间上联系起来，或者说——其结果依然一样——要定出那些在远离这只表的地点所发生的事件的时间，那么这样的定义就不够了。"

Einstein 在其 1905 年论文的开头即突出地讨论"同时性的定义"，但他确实是"未加论证"（即没有实践证实作为基础）就把"单程光速不变"从假设上升为"原理"，并导致了同时性的相对性，亦即时间是相对的。但是我们知道有那么多的人认为时间是绝对的；2009 年笔者在一篇文章中曾说："不能把同时性的绝对性仅仅看成是经典物理的（因而似乎是落后的）观点，20 世纪后期到 21 世纪初形成的时空理论也可能持有这种观点，得出与 SR 相反的结论。"笔者现在仍保持这个看法。

SR 时空观与 Galilei、Maxwell 以及 Lorentz 时空观的根本区别在于 SR 时空观的相对性。我们知道，现有的推导 LT 的方法有多种；而为了向学生解释 SR 而写入大学教材的推导常常有个前提——不同参考系测得的光速相同。或者说，LT 是由相对性原理和光速不变原理导出的。由于 LT，出现了尺缩、时延问题；因而同一事件在不同参考系中观测到不同的结果——根本没有判断测量结果的标准，而是作相对运动的两个观察者都可以说对方的钟慢了、尺短了，双方所说都可以成立。这种相对主义的教导曾经弄糊涂了许多人。1904 年的 Lorentz 信奉以太论和绝对参考系，在此信念下导出的 LT 被 SR 继承和应用，而 SR 却不承认绝对参考系。

因此，这个 GPS 修正问题反而启发人们看出相对论的弱点和不自洽。马青平指出[8]："GPS 成功的基础是经典物理学的同时性的绝对性，即只要所有时钟（32 个卫星时钟）都与一个基准时钟对齐，所有时钟两两之间也是对齐的。没有经典物理学的同时性的绝对性，就没有 GPS。从原理上讲，如果相对论的同时性的相对性是正确的，不同速度的 32 个时钟就不可能全部同步，也就不会有 GPS。"

王令隽教授表达了相同的意思[9]，但说得更为透彻："GPS 不是为地心惯性系建造的，它还要为成千上万的飞机、火箭导航，必须为所有的用户对齐、同步，而成千上万的飞机、火箭，速度、方向各不相同。差分定位原理要求为 GPS 卫星为每一个用户对齐、同步，而不只是为地心惯性系或主控站对齐。而狭义相对论的同时性的相对性认为当时钟在一个参照系中对准，在与第一个参照系有相对速度的另一个参照系中就是未对准的。也就是说，对主控站来说 32 个 GPS 卫星时钟对准了，相对于主控站高速飞行的飞船、火箭，32 个 GPS 卫星时钟是未对准。狭义相对论的同时性的相对性否定了 32 个 GPS 卫星为所有的用户对齐、同步的可能性。GPS 依赖的是同时性的绝对性，因此，对主控站来说 32 个 GPS 卫星时钟相互对准了，相对于主控站高速飞行的飞船、火箭，32 个 GPS 卫星时钟也是相互对准的。"

5 对引力势概念的品评

引力作用与电磁相互作用是两种非常不同、各自独立的物理作用。但是，由于电磁学（包括理论和实验）在 18 世纪、19 世纪有巨大进展，而对引力的研究自 Newton 以后却鲜有进步，因而很自然地出现了一种情况——企图靠对电磁理论方法的大量模仿来突破引力研究的停滞。如果我们细察 Einstein 做研究的心路历程，就会发现他正是这种做法的一个典型。因此，笔者暂时停止对"GPS 的相对论误差修正"的质疑，向读者说明自己的一个观点：所谓引力势（gravitational potential）的概念在理论上缺乏意义甚至可疑，因而由此出发的计算是难以接受的。

事情要从电磁学中的势函数（potential function）讲起。在电磁理论中，用电场强度矢量 $\vec{E}$ 和磁场强度矢量 $\vec{H}$ 描写场的状态不是很好吗，为什么要引入新的概念？在电磁理论中，引入矢量势函数 $\vec{A}$、标量势函数 Φ，最早只是一种分析手段，二者本不具有物理意义和可测性。但后来的研究发现，仅靠场的参数（$\vec{E}$ 和 $\vec{B}$）不能完全描述电磁现象，从而提高了对势函数的重视。电磁理论中场和势的基本关系为

$$\vec{B} = \nabla \times \vec{A} \tag{11}$$

$$\vec{E} = -\nabla \Phi - \frac{\partial \vec{A}}{\partial t} \tag{12}$$

这就表示可以用势来描写电磁场。

假定我们用类似方法研究引力场，则可依照电磁理论而提出引力场和引力势的关系方程

$$\vec{B}_G = \nabla \times \vec{A}_G \tag{13}$$

$$\vec{E}_G = -\nabla \Phi_G - \frac{1}{c}\frac{\partial \vec{A}_G}{\partial t} \tag{14}$$

式中 $\vec{A}_G$ 是引力矢势，Φ_G 是引力标势，$\vec{B}_G$、$\vec{E}_G$ 代表引力场强（矢量）；因此与 Maxwell 方程组对应的类电磁引力场方程组为

$$\nabla \cdot \vec{E}_G = -4\pi G\rho \tag{15}$$

$$\nabla \cdot \vec{B}_G = 0 \tag{16}$$

$$\nabla \times \vec{B}_G = -\frac{4\pi G}{c}\vec{J} + \frac{1}{c}\frac{\partial \vec{A}_G}{\partial t} \tag{17}$$

$$\nabla \times \vec{E}_G = -\frac{1}{c}\frac{\partial \vec{B}_G}{\partial t} \tag{18}$$

式中 ρ 为物质质量密度，$\vec{J}$ 为物质质量流矢量。因此可以推出与电磁理论中相似的波方程

$$\nabla^2\vec{A}_G - \frac{1}{c^2}\frac{\partial^2 \vec{A}_G}{\partial t^2} = \frac{4\pi G}{c}\vec{J} \tag{19}$$

$$\nabla^2\Phi_G - \frac{1}{c^2}\frac{\partial^2 \Phi_G}{\partial t^2} = 4\pi G\rho \tag{20}$$

对于无源的自由空间（$\vec{J}=0$，$\rho=0$）就有

$$\nabla^2\vec{A}_G - \frac{1}{c^2}\frac{\partial^2 \vec{A}_G}{\partial t^2} = 0 \tag{19a}$$

$$\nabla^2\Phi_G - \frac{1}{c^2}\frac{\partial^2 \Phi_G}{\partial t^2} = 0 \tag{20a}$$

这些与电磁学中的处理很接近；问题是，这样做的合理性如何？$\vec{E}_G$、$\vec{B}_G$ 是对应电场、磁场的引力场强参数，它们有实际意义吗？

公式（15）（16）（17）（18）虽可称为引力场的类电磁（electromagnetic like）方程，其价值和意义却很可疑。众所周知，Maxwell 方程组是有实验基础的；正是由于 Faraday 电磁感应定律，才能写出

$$\nabla \times \vec{E} = -\frac{\partial \vec{B}}{\partial t} \tag{21}$$

对比之下，公式（18）就显得不伦不类了；因为它没有实验定律作基础，只是从形式上对电磁理论的照抄照搬。

电磁场、波既可以通过电场强度 $\vec{E}$、磁场强度 $\vec{H}$ 来描述，也可以用标量电势 Φ、矢量磁势 $\vec{A}$ 来描述，二者是完全等价的。因此，如果类电磁引力场方程组站不住脚，参数 $\vec{E}_G$、$\vec{B}_G$（或 $\vec{H}_G$）就失去意义，则对应的 Φ_G、$\vec{A}_G$ 也没有多少价值。这是很明显的。

总之，引力势的情况与电磁势不同。1959 年 Y. Aharonov 和 D. Bohm 发表论文《电磁势在量子理论中的意义》，认为在没有电磁场的区域电磁势对电荷仍有效应。建议的实验方法是，使电子束分成两束绕着磁场线圈两旁通过，然后重新汇合起来并观察其干涉效应，目的是观察改变线圈电流时电子干涉图形是否移动，从而判定电子的相移，他们预计有量子干涉现象发生。1960 年 R. Chambers 以实验证实了上述预言。这不奇怪，因为 Maxwell 方程组是建立在有对应实验定律基础上的理论。但是，"引力场的类电磁方程组"却没有可依靠的实验定律，引力势对光传播影响的分析（1911 年的 Einstein 文章、2014 年的 Franson 文章）也就会失效。

正如马青平指出的[10]，Einstein 常常把一个目标（想法）先放在那里，然后用理论操作拼凑出他想要的结果。现成的例子是，1911 年 Einstein[11] 发表论文《引力对光传播的影响》，文中提出"光在经过太阳附近时会因太阳引力场而发生偏折"；注意这距他提出 GR 还差 4 年！1913 年，Einstein 与数学家 M. Grosmann 合作，提出了引力的度规场理论（theory of metric field）。在这里不用标量描写引力场，而用度规张量，即用 10 个引力势函数确定引力场。他认为引力不同于电磁力，但相信惯性质量与引力质量的同一性。这些构成他于 1915 年公布的 GR 的思想基础。而 GR 中的引力场方程（EGFE）在高度近似下拐弯抹角可以给出一个偏转角方程。也就是说，在还没有 GR 时已先有了光线偏折的预定想法，几年后又说是 GR 给出了光线偏折的计算结果！今天来看，实际上有没有偏折，其实并不清楚。

查阅 Einstein1911 年的论文，我们发现在分析过程中 Einstein 还提出了光速受引力势的影响时会减小的计算公式。他把 gh 作为引力势的大小（g 是重力加速度，h 是距离）。分析路线为：能量→频率→时间→光速，分析的物理框架是太阳光射向地球。设到达光的频率为 f，则有

$$f = f_0 \left(1 + \frac{\Phi}{c^2} \right) \tag{22}$$

式中 Φ 是太阳与地球间的引力势差（的负值），f_0 是阳光（出发时的）频率。Einstein 认为这将导致光谱上的红移。从时间推速度，设 c_0 为原点上的光速，c 是引力势为 Φ 的某点的光速，则得

$$c = c_0 \left(1 + \frac{\Phi}{c^2} \right) \tag{23}$$

这时 Einstein 说，光速不变性原理在此理论中不成立。

引力红移后来被列为 GR 的实验检验之一。在其他理论著作中的表达，和上述情况相同。取

$$\Delta f = f_0 - f \tag{24}$$

由式（22）就有

$$-\Delta f = f_0 \frac{\Phi}{c^2}$$

亦即

$$\frac{\Delta f}{f_0} = \frac{-\Phi}{c^2} = \frac{gh}{c^2} \tag{25}$$

故引力红移的说法，在 GR 提出的 4 年前就有了。我们已经说过，引力势的概念可疑。但有一些著作强调，Einstein 的引力红移其频率变化"已被实验证明"。有的书甚至说，早在 1907 年 Einstein 即根据等效原理预言了这种现象。这真是"天才"啊，距离 GR 问世还要再等 8 年呢！而且，1905 年在 SR 中现身的光速不变原理，在 1907—1911 年期间又被他自己否定了；这是怎么回事？

王令隽[12]曾指出，虽然 GR 认为由于太阳表面的引力势小于地球表面，会造成太阳表面氢原子光谱的波长大于地球表面测得的氢原子光谱（$\delta\lambda/\lambda = 2.12 \times 10^{-6}$），但 1960 年由 Pound 和 Rebka 所做实验，实测结果是理论预言的 4 倍！实验者做"数据处理"后与理论才符合得"很好"。王令隽说，这是为了迎合权威理论而编造的故事，不是真正独立的实验检验。笔者的看法是：围绕 GR 的正确性问题，西方科学界的造假已是一再发生，这也反映出人们对 GR 其实缺乏信心。

在 Einstein 前后矛盾的陈述中，有一点是肯定的——引力势不仅影响光的进行方向，还影响光速数值的大小。这样一来参数"真空中光速 c"将失去其不变性、恒定性和常数性。因此，GR 和 SR 的理念存在矛盾。其实，GR 说光不走直线，即已暗示光速 c 不可能完全恒定。总之，笔者的看法是，Einstein 不合理地夸大了引力势的作用；其实这个概念在理论和实际上并非那么重要，因为它缺乏实验基础。这与电磁学中的情况不同。我们知道 Maxwell 方程组是基于若干实验定律而建立的，故电磁势有很大意义。然而类电磁引力场方程组不满足这个条件，因而引力势的影响力并非由事实所支持。在考虑"GPS 的相对论修正"问题时，必须从理论基础上看到 SR、GR 都存在逻辑困难（混乱）这一基本点。

6　质疑"GPS 的相对论修正"（之三）

本文的上述内容清楚地说明了我们对相对论缺乏信心的原因，其理论的逻辑不自洽

既明显又严重。行文至此，笔者其实不需要再对"GPS 的相对论修正"做讨论了。更何况，原"北斗"总师及参与研究者对此都不感兴趣，认为无须对所谓"相对论效应"做任何修正。还要指出，对实际的 GPS 产品而言，厂家和用户都不提及这个话题（许多人甚至不知道）。但在前面我们虽然评论了 GR，但却未谈及"GR 修正"；故笔者写作这一小节是为了论述的完整性。

必须指出，Newton 本人从未有过关于引力势的观念和思考。1955 年去世的 Einstein，也不可能有"对 GPS 做相对论修正"的想法，因为在 Einstein 死后几十年才有 GPS 出现。实际上，这些东西都是后人的，特别是相对论者需要它们来完善自己的认知，向公众提供更大的信心。下面我们将提供几种关于 GR 修正的陈述。

①利用等效原理进行推导

马青平[13] 在其英文著作中有一段推导，现译引如下；按等效原理，加速场与引力场相等，故有

$$a = -G\frac{M}{r^2} \tag{26}$$

式中 a 是加速度，G 是引力常数，M 是引力源质量，r 是自质心起算的距离；把上式两端对 r 积分，以探求速度与引力势的关系

$$\int a\,dr = -\int \frac{GM}{r^2}dr$$

由于 $adr = \frac{dv}{dt}dr = vdv$，故可写出

$$\int_0^v u\,du = -\int_\infty^r \frac{GM}{s^2}\,ds \tag{27}$$

故可计算得出

$$\frac{1}{2}v^2 = \frac{GM}{r}$$

因此得到

$$v = \sqrt{\frac{2GM}{r}} \tag{28}$$

那么，引力势对电磁钟的影响可归结为

$$t' = t\sqrt{1 - \frac{2GM}{rc^2}} \tag{29}$$

这是 GR 的时间延缓公式，其中 t' 为引力场中离质心距离为 r 的时钟的时间，t 为离质心无限远处的时钟的时间，G 为万有引力常数，M 为产生引力场的质量。卫星时钟因引力势场产生时钟变慢，主控制站标准时钟也因引力势场产生时钟变慢，两者之差约比卫星

时钟快 45 微秒/天。

但这些说法并不代表马先生认同了所谓的 GR 修正；他指出，对于这种引力势场的时钟效应，由于经典物理学和 Lorentz 理论都不会拒绝已证实的物理现象，并且可以把这一现象融入自己的体系，所以基于局部引力势场的时钟效应对不同理论是中性的，因此引力势场的时钟效应没有作为鉴别诊断的价值。笔者对上述推导的意见是，速度 v 的物理意义欠明确；而且正如前文所指出的，引力势概念的意义可疑，对此马先生还可再考虑。

②把地球引力场用 Schwarzschild 场表示时的推导

费保俊[14] 在其著作中说，地球的引力产生的引力频移不可忽略，其量级为 GM/c^2R（约 10^{-9}），这里 M、R 为地球质量和半径。把坐标原点放在地球中心，时空线元为

$$ds^2 = -\left(1 - \frac{r_G}{r}\right)c^2 dt^2 + \left(1 + \frac{r_G}{r}\right)(dx^2 + dy^2 + dz^2) - \frac{2ar_G}{r^3}(xdy - ydx)cdt \quad (30)$$

式中 $r_G = 2GM/c^2$；计算表明上式右端第 3 项可忽略，故有

$$ds^2 = -\left(1 - \frac{r_G}{r}\right)c^2 dt^2 + \left(1 + \frac{r_G}{r}\right)(dx^2 + dy^2 + dz^2) \quad (31)$$

这表示用 Schwarzschild 场表达地球引力场可达到分析 GPS 问题时的精度要求。GR 理论认为，静止标准钟固有时 $d\tau$ 和固有距离 dL 可引入分析，并得

$$ds^2 = -c^2 d\tau^2 + dL^2 \quad (32)$$

设坐标速度为 v，固有速度为 u，则有

$$u = \frac{d\tau}{dL} = v \sqrt{\frac{1 + r_G/r}{1 - r_G/r}} \cong v$$

经推导最终求出

$$dT \cong dt\left(1 - \frac{r_G}{2r} - \frac{u^2}{2c^2}\right) \quad (33)$$

式中 dT 是标准钟固有时，故认定上式右方第 2 项为引力频移

$$dT = -\frac{r_G}{2r}dt \quad (34)$$

并说这是地球质量造成的 Newton 引力势（$\Phi = -GM/r$）引起的。总之，经过进一步的繁复讨论，文献 [14] 给出 GR 的引力效应对 GPS 的修正公式

$$F_s = F\sqrt{\frac{1 + r_G/r_s}{1 - r_G/r_e}} \cong F\left(1 - \frac{r_G}{2r_s} + \frac{r_G}{2r_e}\right) \quad (35)$$

故

$$\Delta F_s = \frac{r_G}{2}\left(\frac{1}{r_e} - \frac{1}{r_s}\right) \quad (36)$$

但［14］说这与作者的卫星钟和接收钟的钟差公式并不相同。总之，笔者尚无法评论费保俊先生繁复的推导分析；当然，他的研究既是肯定 GR 又是肯定"GR 修正"的工作。

③在 GR 弱引力场中由高、低两处引力势之差进行推导

张建勋在其博文《铯钟航行和 GPS 星钟降频实验对广义时间膨胀公式的检验》中给出如下推导[15]：设卫星距地面高度为 h，地球为圆形（半径 R），τ_0 为地面钟时间，τ 为卫星钟时间；则星地引力势之差为

$$d\tau - d\tau_0 = \left[\frac{GM}{c^2 R} - \frac{GM}{c^2(R+h)}\right]d\tau_0 \cong \frac{gh}{c^2}d\tau_0 \tag{37}$$

也可以这样陈述——照 GR 引力红移公式，卫星钟比地面略快；先算引力势差值

$$\Delta\Phi = -\frac{GM}{R+h} - \left(-\frac{GM}{R}\right) = \frac{GMh}{R(R+h)} = \frac{gRh}{R+h} \tag{38}$$

故有

$$\frac{\Delta\Phi}{c^2}\Delta\tau_0 = \frac{gRh}{c^2(R+h)}\Delta\tau_0 = 45.61\,\mu\text{s/day} \tag{39}$$

但是，在 2020 年 8 月 3 日致笔者的邮件中，张先生谈了如下看法[16]：

　　仔细地思考可以发现：就像铯钟环球航行实验一样，GPS 卫星钟降频实验，不仅不能证明相对论的正确性，恰恰相反它正好证明相对论的绝对相对观是错误的。相对地面钟来说，飞机沿赤道向东飞和向西飞的速率大致相同，按照"动钟变慢"的狭义相对论效应，两个飞机上的铯钟相对地面钟应该都是变慢的，且变慢的值应该大致相等；就算考虑地球引力场的影响，两个飞机离地面的高度也大致相同，引力对时钟快慢产生的广义相对论效应也应该大致相等。但实验给出的数据却是：东飞铯钟比地面钟慢 59ns，西飞铯钟比地面钟快 273ns。这是实验给出的事实，不容置疑。在确凿的客观数据面前，相对论的理论预言脆弱得不堪一击。

　　然而，实验的设计者和执行者 Hafele 为什么仍然声称[17]，该实验验证了相对论的时间膨胀效应呢？原来，他在理论计算中进行了一项偷梁换柱的操作：他把参照物（即观测系）由地面钟，换成了一个非转动的参考系 K，且 K 中存在一个与地球一样的引力场。显然他说的 K 只代表一种虚化的泛指，相对于由地球、地面钟和飞机钟组成的这个具体的物理体系而言，K 就是相对于地心无穷远处静止的点。"相对地心静止"用来判断地面钟和飞机钟的速率 u，"相对地心无穷远"用来判断地面钟和飞机钟的引力势 Φ。只有知道了地面钟和飞机钟相对于 K 的 u 和 Φ，才能算出它们相对于 K 时钟变慢的准确值，最后才能利用 K 所读出的时间值，来比较

它们之间谁快谁慢。只有将观测系由地面钟换成 K，理论计算的结论才能与实验结果相符。

　　Einstein 最初研究惯性系间的时空变换关系时，总要先取一个静系做参照，研究非惯性系如转盘中的时空变换时，总要先取一个伽利略系做参照，为的就是确保用来研究的两个参考系中必须有一个是静伽系，或者说是为了保证对两个参考系中的时空做测量时有一个统一的基准。我们把他的这种参与研究的两个参考系中必须有一个是静伽系的初衷，叫作参考系的对偶条件，把符合对偶条件的两个参考系叫作对偶参考系。但后来悄悄发生了异化。在废除以太作为全域的绝对参考系的同时，将局部物理体系中相对的绝对参考系也一并废除了，从而导致参照系选择的绝对相对化：既然不存在相对的绝对静止，那就只剩下绝对的相对静止。于是，只在对偶参考系间适用的时空变换式，就泛化为适用于任意两个自耦系；将对偶参考系之间基准系和自耦系角色可以互换的规律，滥用于两个自耦系之间。在随后将引力场黎曼几何化的过程中，这种异化达到鼎盛：此时已经彻底忘记了两个参考系中必须有一个是静伽系的物理前提，在任意两个弯曲坐标系（与平直坐标系相比都相当于自耦系）之间进行着纯粹的数学变换，并将由此得出的数学度规，当作因引力势不同而表现为时钟快慢和量杆长短不同的物理度规。

　　GPS 卫星钟与地面接收器时钟的关系，与飞机钟与地面钟的关系也没有什么不同。它们都是自耦系，不符合参考系的对偶条件。只有选择地球、卫星钟和地面接收器这个物理体系中绝对的静伽系，也就是相对于地心静止的无穷远处的点为参照系，才能衡量卫星钟和地面接收器钟快慢的准确值，从而最终比较出二者的快慢，作为调整卫星钟频率的依据。这些做法的思路与 Hafele 的思路如出一辙，都是对相对论中参考系选择无条件地绝对相对化的否定。故 GPS 卫星钟的频率调整，不需要依赖相对论理论的支持，将其称为相对论修正，其实是对相对论的一种讽刺。没有相对论，我们可以更精准地计算出 GPS 卫星钟频率调整的值。

张先生做了许多深刻的研究，但也承认"卫星钟比地面钟快"，并根据两处引力势的差算出 $45.61\mu s$ 这个值；其对相对论的态度似模糊不清，令人遗憾。

7　讨论

　　A. Einstein 于 1905 年提出狭义相对论（SR），1915 年提出广义相对论（GR）。虽然据说在 1921 年他获 Nobel 物理奖时，Nobel 委员会秘书在电话中特地说明这是由于他发现光电效应定律，与相对论无关；但百余年来该理论仍被认为是自然科学（物理学）

的伟大成就，也成为神化 Einstein 的基础。笔者不是研究相对论的专家；年轻时仰望 Einstein 如泰山北斗，中老年以后（经过学习和思考）看法大变，在自己写的著作中对相对论时有批评。由于本文直接与相对论有关，这里再做简单讨论。

迄今为止，对相对论的评论当然是赞扬远多于批评，而后者又常被认为是"不懂相对论"所造成的。笔者认识的一位物理学家曾说："相对论要求一直是我审视所有的物理学文章的基本标准。"对此，另一位笔者的朋友（电磁理论专家）评论说："只有大自然才是我们审视一切理论的基本标准；用崇拜和信仰是得不到真理的。"实际上，在国外对相对论的讨论日益开放，并不认为相对论神圣不可侵犯、不能批评。例如1971年 Rosser[18] 在他的书中多次说："我们并没有声称狭义相对论是绝对正确的；在将来任何时候，它很可能又被某一个与实验结果符合得更好的新理论所代替。"

笔者对长久以来神化 Einstein 的做法很不赞成；十几年前英国皇家学会（Royal Society）曾对科学家们搞民意测验，提出的问题是："你认为 Newton 和 Einstein 谁更伟大？"结果赞成 Newton 的人更多（超过60%），这件事对我很有启发。马青平教授（Prof. Qing-Ping Ma）于2013年推出英文著作 *The Theory of Relativity*：*Principles*，*logic and Experimental Foundation* 一书（美国 Nova 出版公司，精装，共490页）[13]；对相对论做了深刻剖析和尖锐批评。这说明在西方科学界也不是只许颂扬，否则该书不可能在纽约出版。

限于篇幅，本文未涉及 GR 的时空观（如 Minkowski 四维时空、时空一体化、时空弯曲等），笔者不认同这些观念。更大的问题是，Einstein 引力场方程（EGFE）是 GR 理论的基本方程，但它的推导有假设和拼凑的做法[19]。引力场的物理效果被认定由 Riemann 空间的度规张量体现，需要知道度规场分布的规律。但由于没有可作依据的实际观测知识，推导引力场方程就用猜测性的推理。下面是众所周知的 EGFE

$$G_{\mu\nu} = R_{\mu\nu} - \frac{Rg_{\mu\nu}}{2} = \kappa T_{\mu\nu} \tag{40}$$

式中 $T_{\mu\nu}$ 是物质源的能量动量张量；但 EGFE 的得出有明显的假设和拼凑的痕迹。尽管参考了 Newton，还有 Mach，如何表达"引力使时空弯曲"（或说"时空弯曲造成了引力"）仍是根本性的待决问题——只有找到度规场分布的真实规律，才能写出 EGFE 的左半部分。然而物理学实验从未提供过显示引力几何化的（只有 Riemann 几何才能表现的）知识和规律，Einstein 即大胆地决定 $G_{\mu\nu} = R_{\mu\nu} - \frac{Rg_{\mu\nu}}{2}$，这就是猜测和拼凑。由于在线性近似条件下 Einstein 引力场方程和 Newton 万有引力定律一致，人们通常以为这就证实了 Einstein 引力方程的正确。但这是错误的，要证明 EGFE 正确，必须证明它在一般情况下的正确性，必须证明在线性近似不适用的强场条件下 Newton 定律是错的而 Einstein 引力方程是正确的。但在实际上没有这种证明。至于 EGFE 的无法求解及实际上没有用处，我们已在文献［19］中详述，这里就从略了。

另外，相对论力学的许多方面是对经典电动力学的模仿，而且这一做法超过了合理的限度。问题在于 Maxwell 方程组的每个式子都有实验现象和定律作基础，而引力场类电磁方程组却没有。仅靠摆弄矢量代数并不能证明二者的统一性。研究引力场可以向电磁场理论学习，但不能做过头。否则就会失去相对论力学的创新性质，也在可信度方面大打折扣。

8　结束语

本文细致地评论了关于 GPS 系统"相对论修正"问题的实质，认为"没有相对论就没有全球卫星定位系统"的说法是错误的。它如同"没有相对论就不会有原子弹"的论调一样荒唐，如果不是更荒唐的话。本文指出，相对论的一些基本要素（例如不存在绝对坐标系、同时的相对性、引力势概念、引力场方程、引力红移等），要么错误，要么缺乏实验基础，或是不合理地被夸大。这不仅反映了该理论自身的逻辑困难和不自洽，而且给人们带来了很大的思想混乱。尽管如此，人们（包括一些多年前曾参加"北斗"的研究的人员），仍然得出了"GPS 无须做相对论修正"的明确结论。为了对比，在本文中，我们也引用了相对论专家的有关论述和分析，读者可自行思考和鉴别。

致谢：笔者感谢三位院士（程津培、吴培亨、李天初）的鼓励和建议；感谢多位专家学者（郭衍莹、马青平、王令隽、梅晓春、张建勋、季灏、马晓庆）的宝贵意见和有益讨论。

参考文献

［1］相对论有什么用［N］. 报刊文摘，2020 – 07 – 22.

［2］郭衍莹. 致黄志洵的电子邮件［L］. 2020 – 08 – 01.

［3］黄志洵. 运动体尺缩时延研究进展［J］. 前沿科学，2017，11（3）：33 – 49.

［4］Lorentz H A. Electromagnetic phenomena in a system moving with any velocity less than that of light ［J］. Proc Sec Sci, Koninklijke Akademie van Wetenschappen（Amsterdam），1904，6：809 – 831.

［5］Langevin P. L'evolution de léspace et du temps［J］. Scientia, 1911, 10：3l – 54.

［6］Brown J, Davies P. 原子中的幽灵［M］. 易必洁, 译. 长沙: 湖南科学技术出版社, 1992.

［7］Einstein A. Zur elektro-dynamik bewegter körper［J］. Ann d Phys, 1905, 17: 891 – 921. (English translation: On the electrodynamics of moving bodies, reprinted in: Einstein's miraculous year［C］. Princeton: Princeton University Press, 1998. 中译本: 论动体的电动力学: 爱因斯坦文集［M］. 范岱年, 赵中立, 许良英, 译. 北京: 商务印书馆, 1983, 83 – 115.)

［8］马青平. 也谈相对论与 GPS 的关系——兼论讨论此关系时常见的认识误区［J］. 博文, 2020, 6.

［9］王令隽. 致黄志洵的电子邮件［L］. 2020 – 07 – 30.

［10］马青平. 相对论逻辑自洽性探疑［M］. 上海: 上海科学技术文献出版社, 2004.

［11］Einstein A. The influence of the gravity on the light propagation［J］. Ann d Phys, 1911, 35: 98 – 908.

［12］Wang L J (王令隽). One hundred years of General Relativity-a critical view［J］. Physics Essays, 28 (4), 2015.

［13］Qing-Ping Ma. The Theory of Relativity: Principles, Logic and Experimental Foundation［M］. New York: Nova publishers, 2013.

［14］费保俊. 相对论与非欧几何［M］. 北京: 科学出版社, 2005.

［15］张建勋. 铯钟航行和 GPS 星钟降频实验对广义时间膨胀公式的检验［J］. 博文, 2020, 6.

［16］张建勋. 致黄志洵的电子邮件［L］. 2020 – 08 – 03.

［17］Hafele J, Keating R. Around the world atomic clocks predicted relativistic time gains［J］. Science, 1972, 177: 166 – 168.

［18］Rosser W. An introduction to the theory of relativity［M］. London: Butterworths, 1971. (中译本: 岳曾元, 关德相. 相对论导论［M］. 北京: 科学出版社, 1980.)

［19］黄志洵, 姜荣. 美国 LIGO 真的发现了引力波吗?——质疑引力波理论概念及 2017 年度 Nobel 物理奖［J］. 中国传媒大学学报 (自然科学版), 2019, 26 (3): 1 – 6.

附　录

■ 黄志洵教授的基础科学系列著作和主要贡献

黄志洵教授的基础科学系列著作和主要贡献

一

2020 年 9 月，黄志洵教授的新著《微波和光的物理学研究进展》出版。该书由 28 篇论文组成，共 520 页、78 万字；中国雷达界泰斗张履谦院士作序。此书集总结性、理论性、创新性于一身，既体现了新的科学思想，也是研究成果的汇总展示。该书的出版也标志着一套（三种）基础科学系列的完成，它由国防工业出版社陆续推出，包括：

2014 年出版的《波科学与超光速物理》（*Wave Sciences and Superluminal Light Physics*）；其内容主要是：波科学基础理论；超光速物理导论；三负（负波速、负折射率、负 GH 位移）研究。在"作者题记"中表达了以下思想——"高品位的科学和艺术，不能全都'抛售'给市场……真正的科学家在社会激变面前必须清醒，维护由于自己的知识系统而凝聚成功的精神独立，并发出自己的声音，以回答历史和后人的诘问"。又说："得青年才俊而教育之，其乐无穷；为洞悉自然而求索之，其乐无穷；弃旧思谬识而更新之，其乐无穷。"

2017 年出版的《超光速物理问题研究》（*Study on the Superluminal Light Physics*）；其内容主要是：波科学理论、光子和光速理论；超光速物理研究；量子理论及应用；引力理论与引力波；基础科学研究评论。在"作者题记"中表达了以下思想——"是时候了，中国应该在经济发展的基础上进行有中国特色的基础科学研究。不要总是跟着西方人亦步亦趋，也不要过分迷信和崇拜权威。中国科学家要增强自信心，勇于创新，敢于对现存知识的某些方面质疑"。

2020 年出版的《微波和光的物理学研究进展》（*Research Progress in Microwave and Light Physics*）；其内容主要是：电磁波、场的消失态理论；截止波导理论；金属壁波导新方程及导波系统新结构；电磁波负性运动及物理学中的负参数；超光速、引力波问题研究；量子理论和量子信息学。在"作者题记"中表达了以下思想——"在学术上，只有苛刻地审视，才能接近真理……杰出的思想可能照亮一个新领域，发现一个新方向……中国科学界目前非常缺乏全新的创新性思想与学理……人们过分迷信权威，也就难以在科学理论思维上取得突破"。

三种书的总量（在除去少数重复以后）约200万字，是大体量的科学工作。这套成系列的基础科学著作对多个领域作出了发展和贡献，内容丰富，写作严谨，有许多原创性成果。他们对科学家、工程师有益，可供大专院校师生阅读，对物理学家、电子学家、计量学家、航天专家尤有参考价值。三种书均用铜版纸印刷，精装，外表美观大方。它是一份独特的成品，是献给国家和学术界的礼物。

二

这套书中创新性的科学贡献有其丰富的内容，分析和处理了在微波和光两大领域中长期未能解决的若干问题。以下的叙述大体上反映作者黄志洵及他领导的团队所完成的创新性科学工作的价值。

对微波和光的导波系统理论的发展作出了重要贡献。微波和光的一个基本科学问题是如何进行导波传播，很早就发明了波导和光纤（光波导）；前者可能是金属和电介质的混合系统，后者完全用电介质，两者在理论上均有高复杂性。

例如广泛使用的圆波导，Carson-Mead-Schelkunoff 方程实际上是本征值方程，推导时横向场分量看成电型场与磁型场的叠加，并不预分为 TE、TM 模式，因而是普遍性的理论。它不仅成功地处理了非理想导电壁圆波导，而且后来还用到介质圆棒波导及光纤的分析。作为创新研究工作者，黄志洵和研究生曾诚从 1991 年到 1993 年发表了 2 篇英文论文，提出了圆波导壁电导为有限值而内壁有介质层时的普遍化特征方程，相比之下 CMS 方程和其他一些方程都只是这个所谓"黄曾方程"（HUANG-ZENG's equation）的特例；文章在美国发表后受到各国科学家的重视。这种非理想导电金属壁圆波导内壁敷介质层时的新特征方程，为降低喷气式飞机进气口的雷达散射截面（RCS）提供了可能，并有其他方面的用途。不仅如此，黄志洵还在另一篇论文中提出了精确求解 CMS 方程的算法。

又例如，多年来黄志洵对横电磁（TEM）波系做专门研究。虽然许多人认为横电磁波简单粗浅因而不屑一顾，他却意识到这种波有独特的应用价值，带领团队开展研究工作。具体有以下几个方面：①研究在矩形波导内建立 TEM 场区的方法，并在波导内有电介质时解决了非常复杂的场强计算方法。②研究矩形同轴线这种双导体结构，并引申到对横电磁传输室和 GTEM 室的研究；先研究横电磁传输室和吉赫横电磁室的准静态分析和计算方法；再利用广义电报员方程组求解矩形导波结构，取得了成功。然后集中研究最困难的问题——吉赫横电磁室内部场强分布的计算方法，编制出相应的计算软件。这些高难度理论与计算，对发展我国的电磁兼容技术有很大的帮助。③在中国计量科学院（NIM）建立起横电磁传输室的完整测试方法，又推动该院用此技术建成高频电磁场场强标准（该项目获国家科技进步奖）。④发明了独特的在双过渡段采用指数结构的 TEM cell，从而改善了阻抗分布。

如上所述，他对圆截面和矩形截面的导波系统做的研究持续多年，发表十余篇原创性论文，贡献很大。

对电磁学中的消失态理论（theory of evanescent states）和截止波导理论（theory of waveguide below cutoff）的发展作出了重大贡献。可以说，国内外学术界尚无人像黄志洵如此关注这两个相互联系的学科的状况。《微波和光的物理学研究进展》这本书第一部分即论述"电磁波、场的消失态理论"。在这部分中有 5 篇论文：《波科学中的消失态理论》是全面的论述，不仅把经典状态和量子状态沟通联系起来，还给出了消失态的虚光子理论。《消失场的能量关系及 WKBJ 分析法》一文，通过对电抗性系统（网络和互感电路）功率、能量关系的分析，以新的方式阐明消失场的概念；又讨论了 Schrödinger 方程的 WKBJ 近似法求解。论文《消失态与 Goos-Hänchen 位移研究》深入探讨了界面发生全反射时的消失态表面波和在全反射条件下 GHS 的计算；此外，还重点讨论了双界面问题，指出关于 GHS 的精确理论至今尚不存在。《表面等离子波研究》一文证明消失态是普遍存在的现象，讨论了 SPW 的产生条件和激发方法，给出了本团队用 Kretschmann 方式的三棱镜系统激发 SPW，成功地在 632.8nm 激光波长上测出了纳米级金属薄膜厚度，并精确测量了金属的负性介电常数。最后，论文《消失模波导滤波器的设计理论与实验》第一次给出了消失模波导滤波器的设计理论，能使微波滤波器的体积重量大为减小；又提供了自行加工的样品的测量结果。总体来看，5 篇论文对消失波、场的理论和应用作出了贡献。

与此相联系的是多年来对截止波导理论的持续探索。早期论文《H_{11} 模截止式衰减器的误差分析》，成为他后来对截止波导理论作系统性研究的开端。这篇论文根据米波标准信号发生器的输出衰减器，推导了衰减方程和非线性偏差公式，把理论与实验做了比较。此外，从二端口网络理论出发推导了普遍性的衰减方程，指出 1950 年的 Barlow 与 Cullen 方程只是本文结果的简化形式或特例；还给出了线性段的误差分析。

作为计量学中的衰减标准，截止波导衰减器的高精确性非常突出。故需要一个高精度的衰减常数计算公式，以表征对金属壁圆波导中 H_{11} 模（严格来讲是 HE_{11} 模）的物理性能。黄志洵用表面阻抗微扰法导出了圆截面截止波导的衰减常数的高精确公式，精度达

1×10^{-6}，可用于建立国家一级衰减标准的计算。此外，黄志洵等对圆波导内壁氧化层的影响做了艰巨的分析计算，使氧化层的微小作用都能算出，有力地配合了中国计量科学院建立衰减标准的工作。以后，黄志洵对圆截止波导的传播常数进行解析式的分析和精确的数值求解。特别是，他写出了 50 万字的专著《截止波导理论导论（第二版）》（北京：中国计量出版社，1991 年）。该书第一次把截止波导理论整理为完整的体系，并有若干自己的贡献，因而荣获全国优秀科技著作奖；在国内外该书至今仍是独一无二的著作。

对微波和光两大领域中的负参数做深入研究，在此基础上在国内外率先提出"电磁波负性运动"概念，从而把波科学理论带入一个新的境界。黄志洵指出，苏联科学家 V. Veselago 于 1964 年提出媒质电磁参数可以为负（即同时有 $\varepsilon < 0$，$\mu < 0$），几十年后演变为左手材料（LHM，也称超材料）的大发展；但我们应从一个更广阔的角度来看待这件事。他强调说：物理参数的正或负都是客观世界对称性的固有本质。实际上，早在 1991 年在研究截止波导理论时他已发现在 WBCO 中有负群速（NGV）和负相速（NPV），后又指出这就是 Maxwell 方程超前解的物理表现，过去人们简单地把它抛弃是不对的。他进一步开展了对天线近区场中超光速现象的研究，指出这是发生在自由空间的类消失态（evanescent-state like）现象。另外，他提出开展"三负研究"的建议，认为只有把负折射、负波速、负 GH 位移联系在一起做统一研究，才能真正揭示波动和光学现象的本质。《波科学与超光速物理》一书，收入和总结了许多工作成果。

黄志洵指出，负群速是一种比无限大群速还大的速度，并且此时的群时延也为负。这个奇异现象看起来不符合人们的经验和逻辑，但却是经过实验精确测量得到的。论文《电磁波负性运动与媒质负电磁参数研究》，提出了"电磁波负性运动"（electromagnetic wave negative characteristic motion）的概念，并将其与简单的"反向运动"相区别。认为必须接受 D'Alembert 方程的超前解，才能理解负速度概念。可以说，黄志洵以他的理论阐述深刻揭示了大自然的真实和丰富。

这种对客观世界规律性的洞见在他的另一些文章中得到了进一步升华。论文《金属电磁学理论的若干问题》，指出金属对微波照射和可见光照射的反应很不相同。在微波，金属的相对介电常数（ε_r）为复数，但实部为负，虚部为正。然而对光频而言，ε_r 为正实数，金属很像是电介质。因此，如做表面等离子波（SPW）实验，在微波容易成功，在光频就不顺利。论文《负 Goos-Hänchen 位移的理论与实验研究》给出了其团队在实验中发现的新现象——采用 Kretschmann 结构对金属（铝）纳米级薄膜造成的 GHS 进行测量，竟在 TE 极化（而非通常认为的 TM 极化）时发现负位移。论文《量子隧穿时间与脉冲传播的负时延》着重研究了量子隧穿中的负群速特征，指出存在两种情况：空间中的反向运动和对时间的反向运动。又指出在波动力学中波速度（如 v_p、v_g）是标量，故 NGV 的含义并非仅为"运动方向反了过来"。着重说明 NGV 波是超前波，它不仅比

真空中光速 c 快，而且快到在完全进入媒质前就离开了媒质。本文给出了其团队使用互补类 Ω 结构（COLS）构成的左手传输线的微波脉冲传输特性的实验研究；在阻带中获得了负群速：$v_g = (-0.13c) \sim (-1.85c)$。

在光子理论和光速理论方面作出了独特的贡献。例如《虚光子初探》一文对虚光子做消失态解释，引起科学界的注意。《光子是什么》一文指出：令人费解之处在于，既然人们公认光是电磁波的一种，光子还是微观粒子吗？如果是，为什么光波不是几率波？光子的原始定义是一个个"孤立的能量子"，这算不算是微观粒子、有无大小和结构？另外，光子的不可定位性造成无法为它确定一个自洽的波函数。光子似不能与电磁波等同。

黄志洵提出"光子是一种独特的微观粒子"，认为 Proca 方程组（修正的 Maxwell 方程组）可作为光子新理论体系的基础。2019 年初发表《单光子技术理论与应用的若干问题》一文，对光子做了深刻完整的分析。在这篇论文中他做了本应由法国物理学家 A. Proca 来做但却未做的事——从 Proca 场方程出发导出新的（光子与电磁波的）波方程，并称之为 Proca 波方程（PWE）。这样，物理学中的一个自洽性缺失的理论问题得到了改善。值得注意的是，在 Maxwell 波方程中没有粒子质量，而在 PWE 中出现了粒子质量。

黄志洵一贯对基本物理常数感兴趣，尤其重视其中的"真空中光速 c"。2014 年他在《"真空中光速 c"及现行米定义质疑》一文中说，1973 年国际计量局（BIPM）决定真空中光速 c 值为 299792458m/s；它的基础是高精度光频测量和高精度光波长测量，再用标量方程 $c = \lambda f$ 求出真空中光速。1983 年根据这个值规定了更新的米定义；从那时起 c 值被固定化了，即真空中光速成为指定值。但是当考虑量子物理真空概念时，实际上 c 是一个有起伏的值。分析显示，c 的恒值性和稳定性仍然有待解决。此外，真空极化作用也会改变光速。再者，真空中有许多忽隐忽现的虚光子，数量与环境温度有关。把真空看作一种媒质，光通过它时速度会减慢，其速度将与温度有关。这时真空中光速 c 已不再是一个恒量。他指出，现在停止测量 c 值是错误的；必须继续做高精度的光速测量。近年来光频测量技术飞速发展，锶晶格钟的不确定度达到 10^{-16}（或更低），这为探讨基本物理常数是否真的恒定创造了条件。而且当前已在研究修改秒定义；故米定义也可以考虑修改。因此，他向国际上提出了一个重大的科学问题。

在国内率先倡导进行超光速研究并建议设立"超光速物理"（Superluminal Light Physics，SLP）学科，独立地提出一系列科学思想并组织了若干相应的实验，取得了可喜的成果，影响日益扩大。以下是持续 20 年研究取得的成绩和贡献：①对几十年来国内外的研究情况做了全面总结和梳理，进行分类学研究，即物质运动速度、能量传送速度、信息传送速度；而物质运动速度又分为宏观物体速度、微观粒子速度。②深刻阐明两大理论体系（相对论、量子力学）之间存在的根本性的矛盾，指出虽然狭义相对论（SR）认为不可能有超光速，但量子力学（QM）不但不禁止而且提供有力的支持，表现为多个成功量子光学超光速实验；在此基础上他提出量子超光速性（quantum superlu-minality）的概念。③提出小超光速性（small superluminality）和大超光速性（giant superluminality）的区分，前者指 $v<(5\sim10)c$ 的现象或实验结果，后者指 $v>10^4c$ 的现象或实验结果。目前已知自然界中这两者都有，而人类实验室中的实现主要是小超光速性的。④坚持不懈研究负波速现象，指出在 Sommerfeld-Brillouin 经典波速理论中说负群速（NGV）是"比无限大速度还快的波速度"的论点正确，但该理论否定"相速可能为负"是错误的，负相速（NPV）已在截止波导中观察到。并且，NPV、NGV 现象均表示一种标量波速反时间行进的特性。不过，虽然在人类实验室中观察负波速并不困难，但尚未在自然界发现天然负波速现象。⑤深入研究消失态与超光速的联系，指出消失波对应虚光子（virtual photons）是量子超光速性的一种表现形式。⑥提出"近区场有类消失态（evanescent-like）超光速现象"的论断，即在自由空间天线近区场内电磁波可以按超光速行进；并且也可能有负波速。用类消失态原理和超前波理论（theory of advaced waves）做了分析。⑦利用反常色散原理做超光速实验：2003 年，研究团队用同轴线结构模拟光子晶体进行测量，发现和测出了阻带中的超光速群速，为 $(1.5\sim2.4)c$；英文论文《电磁波传播中的超光速群速和负群速》在 *Engineering Science* 杂志上发表，而中国工程院刊物《中国工程科学》立即做了题为"我国首次超光速实验"的报道。⑧用独特的方法实现负群速（NGV）：指导博士生利用左手材料（LHM）设计芯片，获得了 $[(-0.13)\sim(-1.85)]c$ 的实验结果。⑨提出在微波和光两大领域开展"三负研究"（study on three negative physical parameters）的倡议（即把负折射率、负波速、负 Goos-Hänchen 位移当作一个整体而开展研究），加以实行并取得成果。⑩对"突破声障"与"突破光障"作比较研究，指出在这两方面做相互联系、参照研究的必要性。从超声速飞机的成功可知，那个奇点造成的无限大其实只存在于数学描写之中，不应被它吓住。文章又深入分析了所谓"超光速造成时间倒流"的说法，证明它是错误的。对有质量微观粒子做超光速运动的可能性进行研究，认为 Lorentz 质速公式即使适用于电子也不能像 SR 那样推广到一切动体，况且根本没有证明该公式适用于中性粒子和中性物体的实验；故"光障"不一定真的存在。由于已有大量"群速超光速实验"获得成功，根据波粒二象性，可以期待超光速电子（或质子）的存在，但有待实验证明。

以上理论和实验研究成果不仅大大增强了人们对实现超光速的信心，而且把超光速物理学（SLP）的框架建立起来。

用量子力学理论和方法处理在微波和光两大领域中的科学问题，取得了成果：①文章《波导截止现象的量子类比》，指出对微波也要关注其粒子性（微波光子或微波量子），而对波导可以从量子隧道效应的角度来观察和研究。该文证明截止波导可在物理实验中当作势垒而使用（文章发表几年后德国科隆大学 G. Nimtz 教授用这一思想测出了截止波导中的超光速群速）。此外，文章给出了量子隧道效应等效传输线电路模型。②论文《Casimir 效应与量子真空》发表后曾引起国外学术界的注意，该文认为 Casimir 的双平行金属板结构造成了两种真空：板外的常态真空和板间的负能真空（negative energy vacua），后者造成板间的电磁波速（相速、群速）大于真空中光速。③论文《相对论性量子力学是否真的存在》说，虽然 Dirac 量子波方程（DE）的推导从表面上看是从相对论出发，而不像 Schrödinger 量子波方程（SE）那样从 Newton 力学开始其推导；但 DE 的推导源于两个与质量有关的方程（质能关系式和质速关系式），而它们都能用狭义相对论（SR）出现前的经典物理导出；而且它们在 1905 年之前即分别由 H. Poincarè 和 H. Lorentz 提出，因此不能说 DE 是从 SR 出发得到的结果。文章评论了 P. Dirac 在晚年时的科学思想，认为他强调"无法使相对论和量子理论融合一致"是正确的。因此，所谓相对论性量子力学其实并不存在。另外，该文批驳了"Schrödinger 方程只能用在低速条件下"的说法，用该方程处理光纤中光子的运动状态取得了成功。④从理论上深刻分析了量子通信（QC）技术的安全性问题。

2016 年初开始，西方对"发现引力波"做了声势浩大的宣传。2017 年初黄志洵对此做了批评，指出美国 LIGO 所谓观测到引力波，并非有了新的物理学、天文学证据，而是和过去一样，只要有信号且与数值相对论（numerical relativity）数据库中的海量波形能对上，就向全世界宣布观测到引力波；但这只是一场计算机模拟和图像匹配的游戏。他和中、美、巴西科学家联名在 Jour. Mod. Phys. 杂志上刊文进行批评；后又单独写文章（《对引力波概念的理论质疑》）做强烈抨击。强调指出，目前流行的观点是把引力作用速度与引力波波速混为一谈，这是错误的，而引力作用不可能以光速传播。文章论证说，Einstein 引力场方程的非线性造成无波动解，故引力波是一个无意义的概念。论文《美国 LIGO 真的发现了引力波吗?》包含中文、英文两个版本，它的内容更精炼、逻辑性更强。他与科学家们联名致信 Nobel Prize Committee，指出 LIGO 收到的"引力波信号"其实是噪声，为此事颁发 Nobel 奖是错误的。

三

本材料所介绍的这套书是黄志洵一生的典范作品，表明他的人格追求与学术研究的一致性：坚持既做基础研究又做应用研究（以前者为主）；坚持理论思维但也搞工程设计与实验；坚持既尊重权威又不迷信权威；坚持夯实基础、独立思考、努力创新。

国内电子学界、计量界、航天界的专家学者们对黄志洵的系列著作表现了很大的兴趣和较高的评价。这里再举数例。中国航天科工防御技术研究院的老专家郭衍莹研究员说："黄志洵是那种敢于标新立异的科学家，他的著作是我们的'老师'。他对微波技术的探索，以及涉足科研的深水区如超光速问题，不迷信经典、不迷信名人，作出了卓越贡献。"他在2020年夏季指出，黄志洵的一套（三种）专著在几年内陆续出版，是"学术界的一件大事"。解放军理工大学的老教授谢希仁先生说，这是一套"科学巨著"，黄志洵完成它"一辈子活得很有意义"。他认为，黄教授的最大特点是敢于想别人（包括某些大人物、大学者）不敢或不愿想的学术问题。对一些"公认"的事，他总是问"是真的吗?"因而能做创新研究。这是罕见的，值得学习……其他来自老、中、青专家学者的好评语还很多，不再一一赘述。至于程津培院士说这套系列著作"是对世界科学的贡献"。黄志洵本人认为是评价过高了。

以上所讲便是一位老科学家不顾年高体弱，持续顽强拼搏，终于取得系统完整、包含杰出思想的基础科学研究成果的故事。但他本人认为这只是大海中的一滴水，也得力于许多单位（例如中国传媒大学、中国科学院电子学研究所、国防工业出版社）和许多专家学者的支持；否则不可能取得这一成果。

2021年有新的情况：黄教授的著作引起了国外的注意，有的出版公司（如新加坡的World Scientific、德国的Springer）要求出版《微波和光的物理学研究进展》一书的英文版，此事增强了他的信心。

后　记

在本书的结尾处，我还有一些话想说：科学的本质究竟是什么？科学家们迄今走了有多远？为什么说基础科学的研究非常重要？……这些问题在本书中都有所回答。我想传达的是科学思想的美丽和讨论思辨的重要。探索真理的道路十分漫长，人类现有的知识多数仍是相对真理，绝对真理还在极远处。大自然的面纱还远未撩开，在"未知"的海洋中，"已知"这个岛屿只不过扩大了其面积和周界而已。

本书大多数文章在学术期刊上发表过。它们已是历史，现在不便改动；但如发生了错误则除外。例如论文《关于电磁波特性的一组新方程》［见《中国传媒大学学报（自然科学版）》，2019，26（5）：7.］，主要做了从 Proca 电磁场方程组出发推导 Proca 波方程（PWE）的工作；但我却为电场方程与磁场方程的结果"不对称"而困惑，当时亦未细致检查推导有无疏漏。感谢王令隽教授指出问题所在，本次收入书中时得以纠错——原来两个方程是完全对称的！当然，它们考虑的只是如果光子有微小静质量（$m_0 \neq 0$）的情况；如取 $m_0 = 0$，就得到我们熟悉的 Maxwell 波方程。

另外，我觉得本书内容引申出的思路是"很多事情还有深入研究的必要"。例如书中有一篇英文论文（梅晓春研究员为第一作者，我为第二作者），是讨论恒星光通过太阳附近时的偏折问题，指出历史上某些著名实验其实不实在、不可靠。此文于 2021 年 7 月在国外刊物上发表。然而，长期以来我一直都考虑这个课题似乎尚缺少透彻的理论，但自己多次计算都未突破。我总觉得如果说光是电磁波，又说大质量物体和引力会使电磁波偏折方向显得十分勉强，是难于说通的。不管怎样，1.75″这个数据，甚至 0.875″的数值，迄今我一直持有怀疑。考虑到我已年高体弱，只有寄希望于中青年学者去解决了（假如他们有兴趣的话）。

现在谈一下本书的审稿。我必须说，我们意外地从审稿人那里获得了思想收获。王令隽教授（Prof. Lingjun Wang）早年曾是中国科学院理论物理研究所的研究生，后到美国长期从事教学和科研，任田纳西大学查塔努加分校物理化学系终身教授。近年来他不仅常在国际性学术会议上做报告，对我们国内的科学发展也十分关心（2017 年曾在《前沿科学》杂志上发表长篇论文《致中国物理界建议书》）。本次他承担了《物理学之光——开放的物理思想》书稿的审核，花费了许多时间，又写出了长而深刻的评审意见。首先他做了一般性评论，他说："黄志洵教授的书稿《物理学之光》是他近年来论述物理科学一系列基础问题的力作，涵盖面既广且深，涉及许多困惑了学术界多年的物理前沿问题。此书的出版将在物理学界乃至整个科学界产生振聋发聩的作用。其特殊的意义在于，作者以超常的睿智和勇气分析了涉及理论物理根基的重大问题并大胆表述了自己的意见。"择其要者，可以举出：

　　1. 肯定了经典的时空观，即空间是三维的，时间是一维单向的，时间与空间互相独立；否定了爱因斯坦的相对论时空观。正确的时空观是一切科学研究的基础。近代物理中之所以充满许多混乱概念和悖论，追根溯源，都是因为错误的相对论时空观。因此，确立正确的时空观是理论研究中提纲挈领的工作。作者从计量学的角度出发，认为时间和空间是两个基本物理量，它们不可能依赖于速度或者其他次级的物理量而变。在 GPS 等遥控测量中，也没有人考虑什么相对论时间的修正。这是非常正确的观点。

　　2. 肯定了以太论，指出如果没有媒质任何波场的传递都是不可能的。这一观点非常专业。作者在批判相对论否认以太存在时，也指出了爱因斯坦在以太是否存在问题上态度前后矛盾的历史事实，对于廓清许多业界同行中的糊涂概念应该会有很大启迪。

　　3. 大胆直接地否定爱因斯坦相对论。作者对狭义相对论和广义相对论都有多方面的批判，尤其着重于对相对论产生的历史演变和物理大师们对相对论的批判，以及通过对实验检验工作的质疑和剖析，证明相对论的谬误。作者在否定爱因斯坦相对论的同时，又指出有的相对论结果其实可以从相对论之前的经典关系中导出，爱因斯坦只是根据这些已知结果拼凑理论而已。

　　4. 作者明确表示对近代物理中一些耸人听闻的时髦概念，如黑洞理论、大爆炸宇宙学、超弦理论等的深度质疑和否定。在学术界盲目崇拜权威、维护传统教义、反对独立思考、脱离物理现实钻进数学死胡同不能自拔的潮流中，黄志洵教授的直言是一股清流，科学的清流。

与此同时，王教授表示他并非完全同意书中的所有观点，他谈了几个方面：

1. 关于重光子概念

　　光子的质量等于零，不仅仅是因为相对论的要求，本质上它还涉及光的波粒二象性的概念。波是一种在空间上延展、在时间上可以被产生和消失的运动形态；而粒子是一个在空间上有限的、在时间上持久的物质形态。电子和质子的寿命至少比大爆炸宇宙学的宇宙寿命长 30 多个数量级，实际上是永恒的存在。电子和质子的尺寸小于费米（10^{-15} 米）。质量守恒定律和粒子数守恒定律在核物理中都还是遵守的，这些都是刚性的逻辑约束。所以波和粒子是逻辑上无法相容的概念。波粒二象性只是哥本哈根学派为了照顾不同祖师爷的面子，从基督教的三位一体（Trinity）和神人二象性（Duality）中搬来的辞令，算不得科学原则的。

从引力理论来看，即使我们暂时容忍光是粒子的概念，它也不能带有质量。我们知道，万有引力和电磁相互作用是互相独立的两个基本作用，这点已经被无数实验事实证明，否则不能说这是两个基本相互作用。作者在书稿中也批判了引力使光线弯曲的所谓相对论实验检验。也就是说，光子是不受万有引力约束的。根据牛顿万有引力定律，光子所受的万有引力与光子的质量成正比。如果光子所受的万有引力为零，其质量必定为零。

因此，光子是否有质量，是一个关系到科学逻辑的问题，不能因为假设光子有质量可以对某些实验数据给出现象逻辑性的解释就下结论说光子有质量。

2. 关于超光速

经典物理中速度没有上限，因此超光速的概念没有逻辑错误。太阳系以外的天体相对地球转动、相对线速度都大于光速。但是，一个物体相对于以太坐标系的速度大于光速是完全不同的事情。特别要将一个几吨重的宇宙飞船加速到光速是非同小可的事情。我们不妨做一点简单的计算。假如飞船以$10g$的加速度持续加速，从零开始加速到光速需要一个多月。以这种加速度往外飞，十分钟就完全脱离地球大气层了，因此飞船绝大部分时间都是在真空中飞行。没有地球上发射架和大气层的支持，飞船在真空中的加速就只能全靠燃料反冲获得动量。火箭发动机燃料喷出的速度不到每秒钟一公里，要保持1吨重的飞船以$10g$的加速度飞行，根据动量守恒定律，飞船必须每秒钟喷出100公斤的燃料，或者每分钟喷出6吨燃料，比飞船本身还重！如此加速一个月，需要30万吨燃料。

另外，书中提到了类星体的超光速运动，举类星体3C345、3C278、3C279为例，认为观测到其两部分的分离速度达到了光速的8倍，这个结果是不可靠的。我们在地球上观测天体的运动，只能测量到其角速度。要算出线速度，必须知道该天体到地球的距离。这个距离怎么算呢？对于类星体，距离是根据谱线红移和哈勃定律来推算的。可是如此算出的距离非常之大，所有的类星体都得在宇宙的边界上，而且质量也异乎寻常地大，这完全破坏了宇宙质量均匀分布的图像，无异于地心说。再者，同一个类星体上不同谱线的红移相差非常大，意味着同一个星体以不同的速度运动，这不合逻辑。因此，所谓类星体超光速运动的"观测"并不是真正的观测，而是根据谱线红移的估算，完全不可靠。至于T. Flandern 声称引力的速度可以超过光速的1010倍的报道，就更不靠谱。

3. 关于负速度

所谓负速度，即一个粒子还没有进入系统就先离开了，就像一个人在出生之前先死亡。这本质上是颠倒因果，不符合科学逻辑。不能因为假定速度是负数可以解释某些实验数据就抛弃因果律。在对待因果律的态度上，狄拉克的意见不足为训。黄志洵教授正确地指出，有些理论物理学家为了凑结果而做出一些不符合科学逻辑的临时假定，完全违背科学规律。我们在批判这种唯象主义时应该吸取的历史教训是：不能为了解释实验数据而做出违背科学逻辑，比如因果律的假定。

4. 黎曼几何不等于广义相对论

书稿中提到了某位学者的一个观点，认为要彻底推翻广义相对论，就一定要推翻它的数学基础黎曼几何。我不能同意这种观点。黎曼几何没有错，广义相对论错在其物理思想和对数学量的物理解释，错在它的时空观，不能怪数学工具。相对论还用到了代数、微积分和算术，难道要推翻所有这些数学工具才能否定相对论吗？

……

此外，利用这次机会，王教授以国际性视野提出了他对当今物理学发展方向的看法。他说：

长期以来，理论物理学圈于一个非常小的数学圈子，奉相对论和量子场论为圭臬，使出群论拓扑等浑身解数在高维空间中腾挪，结果使理论物理学蜕变为应用数学游戏，越来越远离物理现实，陷入一个接一个的数学悖论泥潭而不能自拔，对社会文明进步毫无推动，却又花费大量的人力物力科研资源。可是主流物理学界为了维护小圈子的利益和正统教义，尽量排斥任何偏离主流的批评，特别是来自理论物理圈子以外的质疑和批判。但是，科学中若没有质疑和独立思考，无异于科学精神的死亡。……在这种万马齐喑的局面下，黄志洵先生对现时主流物理学的大胆质疑和批判尤其难能可贵。《物理学之光》既反映了黄志洵教授的深厚学养、睿智和胆略，更表现了他对科学忘我的责任精神。《物理学之光》的出版，一定会激励科学界诸位同仁和年轻学子正视理论物理中存在的诸多问题，从星相学思维和教条主义中解脱出来，回归启蒙运动确立的科学精神。

我觉得王教授的表扬过誉了，但也使我对本书有了信心。感谢王教授为审读书稿所付出的辛劳，他不仅直率地说出看法，还在文字上做了许多指正。

最后，收到宋健院士寄来的新年贺卡和信（写于 2021 年 12 月 22 日）。原信较长，这里引录其要点以供参考。他说已细读了我写的论文和书，给他增添了不少乐趣。又说公理（公设）是不证自明之理，但有突变和漂变，推理就会截然不同。总之，公设有舛，处处皆是；科学无止境，真理无绝伦。

另外，我还要感谢在成书过程中北航出版社编辑邓彤女士细致的工作安排，以及王雨女士、研究生毛浩为的有力支持。

黄志洵

2021 年 12 月

评 LIGO 发现引力波实验和 2017 年诺贝尔物理奖

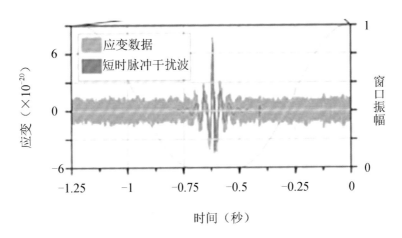

图1 双中子星合并时间中的噪声波型

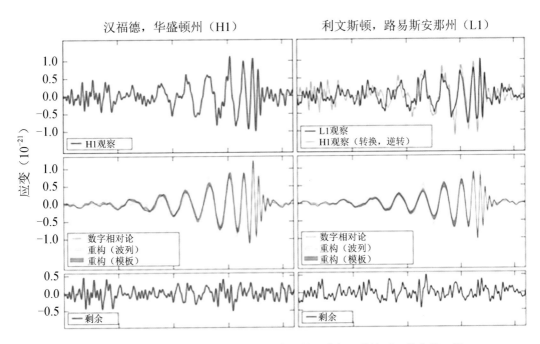

图2 LIGO 公布的 GW150914 引力波事件的观察与理论波形，其中第一行
是在两个干涉仪上观察到的所谓引力波形，第二行是理论计算的引力波形，
第三行是二者之差，LIGO 认为它们代表噪音

我们可以很容易地找到许多啁啾实例

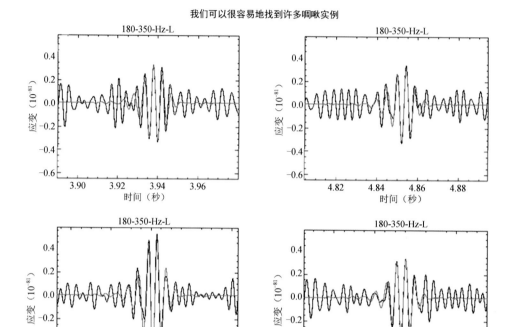

图3 LIGO 实验中大量存在与理论引力波相似的噪音波形，其中红线是用
数值相对论计算的理论波形，黑线是 GW150914 事件附近的噪音波形

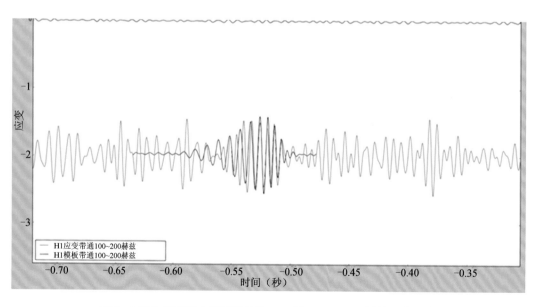

图4 LIGO 所谓引力波爆发前约 0.50 秒 Hanford 干涉仪上出现的
噪音波形（绿线）和数值相对论计算的理论引力波形（黑色）

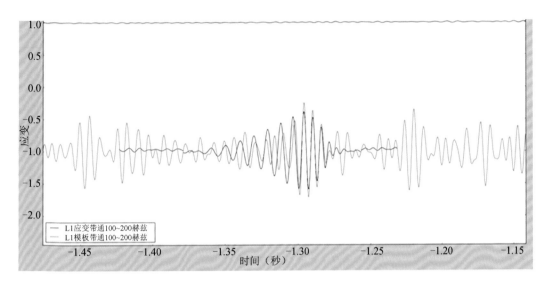

图 5　LIGO 所谓引力波爆发前 1. 30 秒 Livingston 干涉仪上出现的
噪音波形（绿线）和数值相对论计算的理论引力波形（黑色）

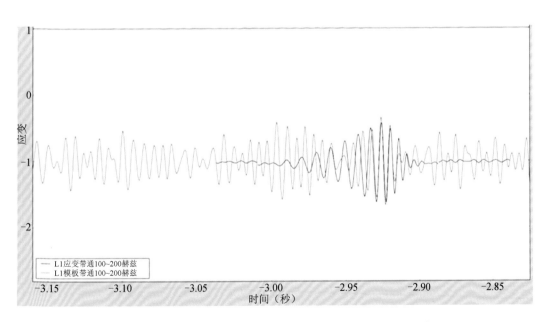

图 6　LIGO 所谓的引力波爆发前 2. 90 秒 Livingston 干涉仪上出现
噪音波形（绿线）和数值相对论计算的理论引力波形（黑色）